스스로 생각하고 행동하는
아이로 키우는 노하우 7가지

스스로 생각하고 행동하는
아이로 키우는 노하우 7가지

스스로 *self - directed* 생각하고 행동하는 아이로 키우는 노하우 **7**가지

엘리사 메더스 지음 | 이상춘 옮김

한문화

내게 큰 힘이 되어준, 훌륭한 스승인 남편과
다섯 아이들에게 이 책을 바친다.
그리고 아이를 키우는 모든 부모들에게도 이 책을 바친다.
그들의 헌신과 비전, 불굴의 인내심은
인간에게 미래에 대한 희망을 갖게 해주었다.
부모들의 위대함에 찬사를 보낸다.

거대한 산을 허무는 일도
작은 돌덩이 하나를 치우는 첫 삽질에서부터 시작된다.
−작자 미상

많은 사람들이 부모의 역할을 험난한 여행길에 비유한다. 부모인 우리는 아이가 담배나 술, 약물, 폭력, 살인 같은 외부적인 악에 휩쓸리지 않기를 늘 노심초사한다. 또 냉소주의나 정서불안, 무책임, 충동적 행위 같은 내적인 유혹에 빠지지 않도록 주의를 기울이는 것도 잊지 않는다. 이런 함정들은 우리 아이들의 장래를 어둡게 만드는 결정적인 요인이 될 수도 있기 때문이다. 우리 부모들은 이런 유해한 환경 속에서도 아이를 유능하면서 자신감 넘치는 독립적인 인간으로 성장시켜야 할 임무를 가지고 있다.

나는 의사라는 직업 덕분에 다른 사람들이 쉽게 접할 수 없는 사람들의 은밀한 삶을 들여다볼 행운을 누려왔다. 환자들은 자신이나 가족의 지극히 사적인 삶을 드러내줌으로써 나에게 새로운 세계를 보여주었다. 지난 수년 간 나는 여러 사례를 목격하며 매우 흥미로운 경험을 할 수 있었다. 우선 남부러울 것 없는 모든 조건을 갖췄음에도 불구하고 불만과 절망, 우울증에 빠져 삶을 비관하는 사람들을 만났다. 그들은 자신의 삶을 겉모습만 화려한 텅 빈 조개껍질에 비유했다. 그 중에서도 특히 잊혀지지 않는 한 남성이 있었다. 그는 여러 대의 자동차와 호화 요트를 갖고 있었으며 텍사스의 고급 주택가에 600여 평의 호화저택과 대목장을 소유하고 있는 백만장자였다. 그의 아이들은 최고급 디자이너 의상을 걸치고 다녔으며 엘리트의 산실인 유명 사립학교의 학생이었다. 그러나 이런 윤택한 환경에도 불구하고 그의 삶은 서서히 좌초되고 있었다. 아이 셋 중 하나는 교통사고로 죽었으며 둘은 마약에 빠져 허송세월을 보내고 있었다. 그렇다고 이런 고통을 나눌 만큼 부부 간에 애정이 돈독한 것도 아니었다. 사랑이 사라진 두 사람 사이에는 다툼이 끊이지 않았고 그 관계는 심하게 삐걱거렸다. 그는 사회적 성공이 행복을 가져다줄 거라는 잘못된 사고방식에 사로잡혀 있었던 것이다. 그러나 인간의 삶은 대차대조

표의 결과에 따라 좌우되지 않는다. 그의 불행은 스스로 느끼고 생각하는 내적 요소보다 외적 성공에 더 큰 가치를 두고 인생을 살아온 당연한 결과였다.

반면 낡은 트레일러에서 사랑하는 부인과 여섯 아이들을 데리고 근근히 생계를 꾸려가는 한 환자의 경우는 정반대였다. 석유탐사 장비를 생산하는 한 기업에서 기술자의 조수로 일하는 그는 허리가 휘도록 일하면서도 수입은 늘 형편없었다. 그는 가족을 부양하기 위해 밤늦도록 일에 매달려야 했기 때문에 자신을 위해 시간을 할애한다거나 휴가를 즐긴다는 건 꿈도 못 꾸었다. 그러나 나는 그 가족들이 경쾌한 발걸음으로 내 진찰실을 드나들며 밝은 미소와 진심 어린 감사의 말을 던지던 모습을 잊을 수가 없다. 그들 사이에 흐르던 서로에 대한 깊은 사랑과 존경은 어떠한 외부 조건에도 흔들리지 않을 만큼 견고한 것이었다. 그들은 값비싼 게스 청바지나 스케처스 신발에 집착하지 않았으며 공립학교에 다니면서도 무척 만족스러워했다. 또 아이들의 교육도 비싼 사립학교에 맡기기보다는 부모가 직접 학교 생활에 관심을 가지며 숙제를 잘 지도하는 것이 더 중요하다고 생각했다. 그리고 호화 휴양지인 트레비스 호수에서 호화요트를 타는 것보다 트레일러 뒤에 있는 이끼 낀 작은 연못에서 노는 것이 아이들에게 더 많은 웃음을 선사한다고 생각했다. 이 남성이 행복을 누릴 수 있었던 건, 내면의 소리에 따라 자신의 의지대로 삶을 선택했기 때문이다. 그는 자신의 인생관이 철저히 무시되는 외부의 압력에 맹목적으로 따르기보다는 자신의 가치관에 맞게 살아가는 방법을 터득한 사람이었다.

이렇게 상반되는 여러 사람들을 관찰하면서 흥미를 느끼던 내가 현대 사회에서 벌어지는 온갖 종류의 악행과 환자들의 삶을 연결지어 생각하게 된 것은 한참 후의 일이었다. 매일 아침 신문에 보도되는 끔찍한 기사들을 대할 때마다 나는 사람의 탈을 쓰고 어떻게 그런 짓을 할 수 있는지 믿을 수 없었다. 자식이 부모를 죽이고, 형제가 형제를 죽이며, 폭력배들이 제 몫을 더 챙기기 위해 동료를 살해하고, 엄마가 자기 자식을 지하실 기둥에 묶어놓고 배설물을 억지로 먹인다는 게 과연 사실이란 말인가? 이런 잔인하고 끔찍한 행동들을 대할 때마다 나는 심각한 의문에 사로잡혔다. 의사인 내가 혼신의 힘을 기울여 구하고자 노력하는 고귀한 인간의 생명이, 왜 다른 사람에 의해서는 그렇게 쉽게 박탈되곤 하는 것인가.

그러던 어느 날 나는 충격적인 한 기사를 접하게 되었다. 한 젊은 엄마가 자꾸 보챈다는 이유로 두 살짜리 아들을 살해해 작게 토막낸 뒤 냄비에 끓여 집에서 기르는 개에게 먹였다는 것이다. 기사를 읽으면서 내 마음 속에는 이런 미친 짓을 당장 중지시키기 위해서라도 무언가 해야만 한다는 사명감이 불타올랐다. 세상은 내게 많은 혜택을 베풀어준 곳이자 우리 아이들이 살아갈 곳이기에 나에겐 보다 살기 좋은 세상을 만들고자 노력해야 할 의무가 있었다.

나는 먼저 세상을 바라보는 사람들의 시각에 대해 조사하기 시작했다. 텍사스와 캘리포니아뿐 아니라 멀리 유럽의 노르웨이까지 전 세계의 선생님들, 부모들, 아이들을 인터뷰했다. 대부분의 아이들은 부모님이나 교장 선생님의 동의를 얻어 점심 시간과 쉬는 시간에 인터뷰했으며 그 외의 경우에는 전화를 이용했다. 이 책을 읽으면서 여러분은 이런 인터뷰 사례들을 많이 접하게 될 것이다.

이러한 일련의 인터뷰는 세상이 요즘처럼 각박하게 변하게 된 주요인에 대해 연구하도록 나를 채찍질했다. 그리고 연구를 시작한 지 얼마 지나지 않아 나는 중요한 사실을 깨달았다. 사회적인 문제를 해결할 때, 대부분의 사람들은 그 뿌리를 치료하기보다는 병든 가지만 잘라낸다는 사실이었다. 따라서 문제점은 완화되기만 할 뿐 근본적으로 치료되지 않는 악순환을 되풀이하고 있었다. 예를 들면, 폭력배 근절이나 사회복지 정책, 마약이나 알코올 중독 치료 프로그램을 위해 많은 돈과 자원을 쏟아붓는 경우가 그렇다. 그리고 걸핏하면 선포되는 범죄와의 전쟁 역시 마찬가지이다. 그러나 이런 많은 노력에도 불구하고 우리는 한 가지 중요한 사실을 망각하고 있다. 왜 이런 문제들을 초기 단계에서 해결하려고 노력하지 않았던가.

내가 내리게 된 결론은, 현대 사회에서 아이들이 직면하고 있는 위협이나 도전이 한 가지 원인에서 비롯되었다는 것이다. 그것은 바로 우리가 아이들을 내부 지향적이 아닌 외부 지향적으로 키우고 있다는 사실이다. 다시 말해서 우리 부모들이 아이들을 가르칠 때, 다른 사람들로부터 인정이나 갈채를 받을 행동만 선택하도록 강요한다는 뜻이다. 따라서 우리 아이들은 성장하는 과정에서 인간이 다른 창조물보다 우수하다는 증거인 '소중한 선물'을 포기할 수밖에 없다. 즉

'이성의 힘'을 키울 기회를 빼앗기고 있는 것이다.

아이들이 자아를 길러가는 과정에서, 외부의 영향이라는 정글을 헤치고 나가는 칼로 사용하는 것이 바로 '이성의 힘'이다. 아이들은 '이성의 힘'을 빌어 자신의 선택이 어떤 결과를 가져올 것인지 예측한다. '이성의 힘'이 강한 아이들, 즉 자기 주도적인 아이들은 모든 가능성을 충분히 검토한 다음 결정을 내린다. 이 결정은 다른 사람들의 인정을 받기 위해서가 아니라 자신에게 가장 적절하기 때문에 선택한 것이다. 이런 이성적이고 내부 지향적인 사고방식은 자기 주도적인 아이들의 기본적인 특성이다. 우리는 부모로서 아이들에게 이런 '이성의 힘'을 심어주기 위해 최선을 다해야 한다. 그리고 그 시기는 빠르면 빠를수록 좋다.

차례

스스로 생각하고 행동하는 아이들이란?

스스로 생각하고 행동할 줄 아는 아이들에게는 크게 두 가지 특징이 있다. 하나는 자아에 대한 강한 인식이고, 다른 하나는 그룹에서 중요한 존재가 되고자 하는 강렬한 욕망이다. 이 두 가지 기본적인 특성을 바탕으로 스스로 생각하고 행동하는(자기 주도적인) 아이가 가질 수 있는 5가지 특성을 찾아보자.

1. 강한 자부심과 자신감

자기 주도적인 아이들은 자부심이 매우 크다. 따라서 자신을 손상시키기보다 스스로 분발하는 사고방식을 가지고 있다. 즉 이성으로 무장한 아이들은 공정하면서도 관대한 판단을 내릴 능력을 갖추게 된다. 이런 아이들은 절망감을 잘 극복하고, 실패를 배움의 기회로 여기며, 자기들의 단점을 약점 — 존재가치를 손상시키는 — 으로 여기지 않고 관대하게 받아들인다. 또한 외부의 자극에 분별없이 반응하지 않기 때문에 모든 일에 대해서 이기적이거나 방어적인 태도를 취하지 않는다.

아이들이 이런 통찰력을 갖추기 위해서는 성장과정에서 자아가 강화되어야 한다. 무조건적인 사랑과 충분한 칭찬은 아이들에게 자부심과 자신감을 갖게 한다.

2. 자신의 능력에 대한 믿음

자기 주도적인 아이들은 주변환경을 이해하고 스스로 조절할 줄 아는 뛰어난 능력을 지니고 있다. 이런 아이들은 실패를 두려워하지 않기 때문에 편안한 마음으로 새로운 시도에 과감히 도전하거나 지적·신체적 한계를 극복하고자 노력한다. 또한 그들은 모험을 즐기기 때문에 가끔 실수를 저지르기도 하지만 시간이 흐르면서 놀랄 만한 업적과 기술을 달성해낸다. 따라서 이런 아이들은 점차 자신들의 잠재 능력에 대해 자신감을 갖는다. 이런 성공이 거듭될수록 그들의 자기 확신이나 자부심은 더욱 강화된다. 자기 주도적인 아이들은 새로운 모험을 시도할 때마다 따뜻한 격려를 받았거나 실패로 인한 비난과 비판을 두려워하지 않고도 모험을 감행할 수 있는 환경에서 자란 아이들이다.

3. 독립심

자기 주도적인 아이들이 일단 자신의 능력에 자신감을 갖게 되면 독립심은 자연스럽게 뒤따라온다. 독립심이란, 어떤 결정을 자신의 내부에서 이끌어낼 수 있는 능력을 말한다. 그들의 강화된 이성은 스스로 문제를 이해하고 해결하도록 도울 뿐 아니라, 선택을 강요하는 외부의 압력에 대항할 힘을 길러준다. 반면 분별력이 부족하고 의존적인 아이들은 외부 환경에 대항할 능력이 부족하다.

4. 올바른 윤리관

자기 주도적인 아이들은 선택을 할 때 올바른 분별력 — 다른 사람의 기대나 칭찬에 연연하지 않는 — 을 발휘하기 때문에 다른 사람의 관심보다는 자신의 관심에 따라 선택을 하게 된다. 도덕적인 면에 있어서도 이런 아이들의 가장 큰 관심사는 행동이 얼마나 올바르냐 하는 것이다. 예를 들어, 타미가 운동장에서 돈이 든 봉투를 발견했다고 가정해보자. 만일 타미가 자기 주도적인 아이라면 자신의 내면과 대화를 나눌 것이다. 그 대화를 통해 타미는 그 돈을 몰래 갖는다면 죄의식에 시달릴 거라는 결론을 끌어낼 것이다. 또 다른 예를 들어보자. 크리스티나는 절친한 친구가 여러 아이들에게 둘러싸여 놀림을 당하는 장면을 목격했다. 그녀는 위험을 무릅쓰고 친구의 편을 들 것인가, 모르는 척 지나칠 것인가? 아니면 아무도 모르게 그 자리를 피할 것인가? 최악의 경우에는 친구를 놀리는 무리에 동참할 수도 있다. 그러나 자기 주도적인 아이는 곤경에 처한 친구를 돕는 올바른 길을 택할 것이다. 크리스티나의 이성은 친구를 외면하면 배신자의 기분을 느낄 거라는 사실을 알고 있다. 또 이번 일로 소중한 우정에 금이 갈 거라는 점도 충분히 파악하고 있다. 그녀는 자부심이나 자신감에 차 있기 때문에 다른 아이들의 칭찬은 따위는 중요하지 않다. 따라서 결론은 간단하다. 이처럼 자신의 도덕관이나 가치관에 합당한 선택을 한다는 건, 그 아이가 자제력과 분별력, 그리고 성실성을 갖춘 자기 주도적인 아이라는 걸 증명하는 것이다.

5. 그룹의 주요 인물

인간은 사회적 동물이기 때문에 어떤 그룹에 속해 그 안에서 중요한 위치를 차지하고자 하는 본능을 가지고 있다. 따라서 그런 염원을 충족시키는 방향으로 생각과 행동이 나오기 마련이다. 아이들 중에는 그룹의 요구에 무조건 따르는 아이들이 있다. 그들의 목표는 그룹에 헌신적으로 기여함으로써 자신의 존재를 인정받는 것이다. 이런 아이들이 바로 외부 지향적인 아이들이다. 그들의 행동은 그룹의 찬사를 얻는 데 집중된다. 그들은 다른 사람의 인정을 받기 위해 자신의 정체성을 포기하고 외부 압력에 자신을 내맡긴다. 부모가 아이들을 이런 방식으로 키우는 가장 큰 이유는 다루기 쉽기 때문이다. 외부 지향적인 아이들은 부모의 요구에 잘 순종하기 때문에 부모가 원하는 모습으로 만들어가기가 한결 쉽다. 그러나 안타까운 사실은 이런 성향이 부모 이외의 다른 외부 환경에도 동등하게 적용된다는 점이다. 이런 아이들은 해로운 친구나 대중매체 같은 판도라의 상자가 열렸을 때, 걷잡을 수 없이 휩쓸리게 된다.

그러나 일부 아이들은 그룹 안에서 자기 역할이나 그룹에 기여할 만한 일을 스스로 찾는다. 그들은 자신이 가치를 나타낼 수 있는 방향을 스스로 찾아나간다. 이런 아이들은 그룹의 인정을 구걸하기보다 스스로 획득하는 방법을 택한다. 이것이 자아가 강화된 자기 주도적인 아이들의 특성이다. 그들은 자신에 대한 그룹의 평가에 개의치 않고 주변 환경도 두려워하지 않는다. 그러므로 스스럼 없이 자신의 의지대로 행동한다. 그들은 무조건 복종하거나, 타협하거나, 주춤거리지 않는다. 그리고 자신이 갖추고 있는 풍부한 능력을 바탕으로 그룹에 기여할 방법을 찾아낸다. 스스로 자신의 위치를 확립해가는 것이다. 이처럼 그들은 그룹에 기여함으로써 소속감을 느끼고, 그 소속감은 다시 그들의 자신감과 정체성과 독립심을 더욱 강화시킨다. 얼마나 바람직한 사이클인가?

자기 주도적인 아이들은 목표의식과 개성이 강하기 때문에 어떤 그룹에나 잘 적응한다. 그들은 인정받기 위해 어느 한 그룹에 매달릴 필요가 없다. 또 다른 사람의 비위를 맞추면서까지 그룹의 인정을 받을 필요가 없다. 따라서 소속 그룹을 택할 때, 객관적인 시각으로 자신의 능력이나 힘을 빛낼 수 있는 그룹을 택할 수 있다. 예를 들면, 사라는 학교에서 성적이 부진한 친구들을 도와주기 위해 선생님의 도움을 받아 우등생 그룹을 만들었다. 이런 사라의 리더십은 친구나 형제 사이의 갈등을 해소하고 원만한 관계로 이끄는 역할과도 연결된다.

자아가 강화된 아이들은 다른 아이들에 비해 다루기 힘들 수도 있다. 그들은 삶에 대해 확고한 주관을 갖고 있으며 때에 따라서는 그 가치관이 부모의 가치관과 다를 수도 있기 때문이다. 그러나 우리 부모들의 임무는 아이들을 조종하는 것이 아니라 인도하는 것이란 점을 명심하자! 이런 점을 인식을 확고히 한다면 아이들을 보다 발전적인 방향으로 인도할 수 있다. 모든 선수들이 유격수로 키워졌다면 휴스턴 아스트로스 구단이 지금처럼 명성을 날리겠는가? 물론 아니다. 한 그룹 안에는 리더도 필요하지만 중재자나 지지자, 해결사, 기획가, 섭외가, 스승 등 여러 부류의 사람들이 필요하다.

부모는 아이들을 자기 주도적인 길로 인도함으로써 이런 사회적 본능을 유익하게 이끌어갈 수 있다. 아이들은 근본적으로 우두머리 늑대인 우리 부모들을 기쁘게 하려는 본능을 갖고 있다. 그들은 부모에게 인정받길 바라며 무언가 특별한 걸 보여주고 싶어한다. 우리의 임무는 그들을 외부의 영향이 아닌 내면의 정체성을 통해 소망을 실현하는 길로 안내하는 것이다. 즉 소속 집단의 요구에 무조건 복종하기보다 기여하는 방법으로 다른 사람의 인정을 구걸하지 않고 당당하게 얻어내는 법을 가르치는 것이다. 이 책은 그런 부모들에게 좋은 길잡이가 될 것이다.

여러분은 이런 의문을 가질 수도 있다. "아이들에게 이런 자질을 가르치고 자기 주도적인 아이로 키우면 어떤 이익이 있는가?" 만일 아이들이 앞서 설명한 5가지 기본적인 자질을 갖춘다면 칭찬을 받기 위해 외부로 눈을 돌릴 필요가 없어진다는 게 내 주장이다. 외부에 의존하는 성향이 적어질수록 이 5가지 특성은 더욱 강화될 뿐 아니라, 외부의 힘을 빌어 자신의 정체성을 강화하려는 외부 의존도도 줄어들기 때문이다. 따라서 자기 실현을 향해 지속적인 상승곡선을 그리며 정진할 수 있게 된다. 결국 그들은 세상을 행복하게 살 수 있는 필요충분 조건을 두루 갖추는 것이다. 더 이상 무얼 바라겠는가?

내부 지향적인 아이와 외부 지향적인 아이

이제 내부 지향적인 자세와 외부 지향적인 자세의 의미에 대해 좀 더 자세히 살펴보도록 하자. 아이들의 자아가 어떤 과정을 거쳐 발달하는지에 대해 보다 잘 이해하려면 아이가 태어난 시점에서부터 추적해야 한다. 아이의 성장 과정을 되돌아보는 일은 스스로 선택의지를 갖추는 중요 시점까지 아이의 이성이 어떻게 성숙해왔는지를 파악하는 매우 중요한 과정이다. 아이에 따라서는 외부 요인에 크게 영향받는 아이도 있고, 자신의 가치관에 맞는 선택을 할 줄 아는 분별 있는 아이도 있을 것이다. 전자는 ‘외부 지향적인 아이’ 이고 후자는 ‘내부 지향적인 아이’, 즉 ‘자기 주도적인 아이’ 이다.

신생아 시기

갓 태어난 아기에게는 자아에 대한 개념이 전혀 없다. 아이들은 자신에 대한 한계나 가능성을 전혀 모르는 백지 상태로 세상에 태어난다. 이때 아무런 자극이 주어지지 않는다면 아이는 자아에 대한 개념을 발전시킬 수 없다. 아이들이 ‘나는 누구인가’ 라는 정체성을 갖기 위해서는 다른 사람들과 비교하고 대조하는 자극 과정이 반드시 필요하다. 이 과정은 아이들이 ‘자아’ 라는 밑그림을 바탕으로 정체성을 확립하기 위해 기본적으로 거쳐야 하는 단계이다. 이 시기에 부모의 가장 중요한 역할은 정신적으로 아이들에게 ‘무조건적인 사랑’ 을 충분히 베푸는 것이다. 조건없는 사랑을 받고 자란 아이들은 자신이 어떤 모습의 ‘자아’ 를 갖게 되든 기꺼이 받아들여질 거라는 자신감을 안고 세상에 나갈 수 있기 때문이다.

유아 시기

이 시기에 아이들은 외부 세계와 접촉을 시작한다. 그리고 모든 행동에는 반드시 반응이 있다는 걸 빠르게 깨달아간다. 조니가 마루에 이유식을 엎지르면 엄마는 이해할 수 없는 말로 야단치며 마루에 엎지러진 음식을 닦아버린다. 레이첼이 처음으로 빨대를 빨던 날, 가족들은 마치 치어 리더처럼 환호성을 지르며 뛸 듯이 기뻐한다. 이런 예를 통해 알 수 있듯이 이 시기에 아이들이 몸으로 경험하는 신체적 성공과 실패는 자아를 형성하는 데 결정적인 요소로 작용한다. 그들의 행동에 따라서 일어나는 외부의 반응이 자아 형성에 큰 영향을 미치는 것이다.

취학 전후의 아동 시기

이 시기에 아이들은 처음으로 다른 사람의 평가나 비판을 경험한다. 그들은 보다 많은 사람들에게 노출될 뿐 아니라(선생님, 급우, 친구들, 이웃 사람 등등), 모든 사람들이 자기를 무조건 사랑하거나 칭찬하지 않는다는 사실을 깨닫기 시작한다. 이 시기의 아이들은 살아가는 데 필요한 간단한 기술들을 이미 배운 나이이다. 이 기술들을 이제 다른 사람에 의해 평가받는 시기를 맞이한 것이다. 구두끈을 얼마나 빨리 매며 책을 얼마나 잘 읽는지, 공을 1m 이상 찰 수 있는지, 어린이 프로그램인 바니 비디오를 이해할 만큼 자랐는지 등이 도마 위에 오르게 된다. 이처럼 조건이 따르는 인정이나, 비판, 칭찬 같은 평가는 산만한 자아·외부 지향적인 자아를 형성하는 주된 요소이다.

고학년 아동 시기

초등학교 3학년 정도의 나이가 되면, 아이들은 자신을 남과 비교하기 시작한다. 따라서 그들은 자신의 도덕성, 사회성, 인격, 학습 능력, 외모, 운동 능력 등이 주위 사람들에 의해 냉정하게 평가되는 고통을 경험한다. 이 과정은 아이들의 자부심이 강화되느냐 손상되느냐의 중요한 갈림길이다. 바로 이 시기에 아이가 내부 지향적인 아이로 자랄지 외부 지향적인 아이로 자랄지가 결정된다. 그리고 이런 성향은 외부 세계와의 접촉에서 서서히 두드러지기 시작한다. 이 책은 '어떤 아이로 자라느냐'에 영향을 미치는 요인들에 대해서 중점적으로 다루고 있다.

자기 주도적인 아이들은 내면의 통제에 따라 행동하기 때문에 외부의 영향에 대해 스스로 생각하고 판단하고 선택할 수 있는 능력을 갖추게 된다. 이런 내부 지향성은 감정적 집착을 배제하고 자신을 객관적으로 평가할 수 있도록 만든다. 그들은 어떤 일을 선택할 때, 앞으로 일어날 결과를 예측하기 때문에 자신에게 가장 적절한 선택을 할 수 있다. 그들은 삶에 대해 '즉각적인 반응'을 보이는 것이 아니라 '적절한 대응'을 생각한다. 이런 아이들은 이성에 따라 행동하고 그 결과에 다시 고무된다.

반면 외부 지향적인 아이들은 외부의 통제에 따라 행동하기 때문에 외부의 영향을 이성적 판단으로 여과하지 못한다. 다른 사람의 인정과 칭찬을 원하는 그들의 욕구가 판단력을 흐리게 만들기 때문이다. 이런 '외부의 판단'에 익숙해진 아이들은 점차 사회적 가면을 쓰기 시작한다. 자기의 참모습을 숨긴 채, 사람들이 원하는 모습으로 위장하는 것이다. 안타까운 사실은 그러한 위선적인 정체성에 의존하면 할수록 자신의 진정한 정체성으로부터는 점점 멀어진다는 것이다. 시간이 흐르면서 이런 경향은 더욱 굳어진다.

외부 지향적인 아이들이 어떤 선택이나 판단을 할 때 자신과의 대화법이나 자신을 객관적으로 모니터하지 못하는 이유는 내면과 대화하는 법을 익히지 못했기 때문이다. 이런 기술을 습득하지 못한 아이들은 통제력이 부족하기 때문에 충동억제 능력이 떨어지게 된다. 이 책은 아이들이 이런 과정을 밟게 되는 원인에 대해 다룰 것이다. 그리고 그 핵심은 아이들에게 자기 주도적인 사고방식으로 전환할 수 있는 대응책을 제시하는 데 핵심을 두게 될 것이다.

우리 아이들이 전부 자기 주도적인 아이들이 된다면 세상은 얼마나 달라질 것인가! 현재의 외부 지향적인 세상과 비교해보라. 이 세상은 치열한 생존경쟁 속에서 남보다 높은 지위를 차지하기 위해 혈안이 되어 있는 사람들과 자신의 인생을 다른 사람들의 가치관이나 도덕관에 맞춰 살아가는 사람들로 가득 차 있다. 인류가 나아갈 방향이 우리 부모들의 역할에 달려 있다. 다행스러운 점은 우리 부모들이 몇 가지 기술만 익힌다면 자기 주도적인 세상을 만들 수 있다는 사실이다. 하지만 오랫동안 외부 지향적인 행동 방식을 지지하는 세상에서 살아온 우리들에게 이런 변화는 결코 쉬운 일이 아니다. 더구나 부모인 우리 자신이 이런 식의 교육을 받고 자랐기 때문에 사고방식을 전환시키는 데도 많은 어려움이 있다. 그러나 힘써 노력한다면 얼마든지 가능한 일이다. 이제 우리 함께 이 가치 있는 도전에 도움이 될 기술들을 탐구해보자. 스스로 생각하고 행동하는 아이로 키우는 노하우 7가지가 바로 그것이다.

따뜻한 보살핌이 있는 가정을 만들어라

태양은 다른 빛의 도움 없이도 스스로 빛날 수 있다.

– 작자 미상

스스로 생각하고 행동하는(자기 주도적인) 아이로 키우는 데 필요한 노하우 7가지 중 가장 기본적인 요소는 적절한 가정환경이다. 만일 가정환경이 부적절하다면 우리가 아무리 나머지 6가지 유형을 잘 활용하더라도 기대한 만큼의 효과는 얻기 힘들다. 마치 모래 위에 집을 짓는 것과 같아서 언제 무너질지 모르기 때문이다. 따라서 든든한 반석 위에 기초 공사를 튼튼히 하는 것이 무엇보다도 중요하다. 이를 위해 가장 먼저 할 일은, 부모들 스스로가 외부 지향적인 가정 환경을 형성하는 데 앞장서 왔음을 인식하는 것이다. 이런 깨달음이 있어야만 잘못된 습관을 바로잡을 수 있다.

무엇이 아이를 외부 지향적으로 만드는가

아이를 외부 지향적으로 만드는 부모들의 행동 유형은 3가지로 요약할 수 있다. '부모의 외부 지향적인 생활 태도' '아이들에 대한 조건적인 사랑' '아이들을 믿지 못하는 부모' 등이다.

외부 지향적인 생활태도를 가진 부모

부모의 생활 태도는 아이의 자아 형성에 많은 영향을 미친다. 우리 부모들이 외부의 영향에 어떻게 느끼고 생각하고 행동하느냐가 아이에겐 그대로 본보기가 되기 때문이다. 아이들은 부모를 통해 외부 세계와 만나게 되며 나중에 부모 같은 어른이 되고자 한다. 정신이 번쩍 드는 말이 아닌가! 우리들 대부분은 다른 사람에게 인정받고 싶어하는 외부 지향적인 성향을 어느 정도 가지고 있다. 따라서 조심하지 않는다면 아이들에게 외부 영향에 지나치게 흔들리는 모습을 보여주게 될 것이다.

| '그럴듯한 이미지' 를 추구하는 행동 |

아이들은 부모들의 외부 지향적인 행동을 민감하게 알아차린다. 출세를 향해 달려가는 부모를 둔 아이는 부모의 출세지향적인 모습을 보면서 자라게 된다.

우리는 성공을 상징하는 물건들을 사기 위해 신용카드를 긁어대고 그 대금을 갚기 위해 밤낮 없이 일에 매달린다. 또 고급 의상과 값비싼 물건, 듣기 좋은 말로 자신을 포장하려고 노력한다. 그럴듯한 직업과 사회적 지위를 추구하며 명사들과 어울리고 대중적 인기나 갈채를 얻으려고 애쓴다. 아이들은 우리의 행동이나 말, 느낌을 통해 이런 욕망을 정확하게 감지한다. 부모에 따라서는 아이들을 대리 만족의 도구로 여겨 이런 행렬에 동참시키는 사람도 있다.

그렇다면 이처럼 불건전한 외부 지향적인 반응을 멈추고 다람쥐 쳇바퀴 같은 삶에서 자유로워지려면 어떻게 해야 할까? 우리의 행동을 객관적으로 되돌아보고 가능한 한 자주 자신에게 질문을 던져보는 게 좋다. 우리가 지금 한 선택은 자신을 위한 것인가, 아니면 다른 사람의 사랑과 인정을 받기 위한 것인가? 이런 자신과의 대화를 아이들이 듣도록 소리내어 표현하는 것도 좋은 방법이다. 어떤 결정을 내릴 때 신중하게 저울질하고 비교 검토하는 모습을 보인다면 아이들은 자연스럽게 내면과의 대화를 배울 것이다.

│ 타인의 사랑과 갈채에 연연해하는 행동 │

우리의 삶이 외부 지향적인 방향으로 흐르는 가장 큰 이유는 타인의 사랑과 갈채에 연연해하는 마음이다. 예를 들어, 직장에서 중대한 실수를 저질러 자신의 가치를 손상시켰을 때, 우리는 더 이상 상사나 동료의 사랑을 받지 못할 거라고 생각한다. 자기 자신이나 다른 사람들에 의해 그럴듯하게 조작된 가식적인 조건을 만족시키지 못했다는 이유로 자신의 가치를 비하시키는 것이다. 우리가 시도 때도 없이 늘어놓는 자기 비하는 아이들에게, 실패자나 탈락자는 사랑받을 가치가 없다는 메시지를 전달한다. 이런 모습을 보며 자란 아이들이 어떤 생각을 품겠는가? 자신의 가치보다 외부 요인이 더 중요하다는 사고 방식을 갖게 되지 않겠는가?

이런 무의식적인 메시지를 중단하기 위해 부모들은 자기 비하의 말은 되도록 삼가해야 한다. "지난번 상사의 생일에 보다 값비싼 선물을 보냈어야만 했어. 바보같이 왜 그런 생각을 못 했을까? 나 대신 신디가 승진할 게 틀림없어!"라고 말하기보단 이렇게 말하자. "이번엔 반드시 승진하고 싶어. 나는 최선을 다했고 반드시 그 대가가 따를 거야. 머지 않아 분명히 좋은 소식이 있으리라고 믿어. 앞으로도 나는 최선을 다하는 모습을 보여주겠어!" 아이들은 다른 사람의 평가에 연연하지 않고 최선을 다하며 결실을 믿는 우리의 사고방식을 자연스럽게 받아들일 것이다. 다시 말해서 자기 통제권 밖에 있는 외부 환경에 전전긍긍하는 대신 자기 통제권 안에 존재하는 내면의 소리를 따르는 방법을 배우게 되는 것이다.

| 보상과 특권에 대한 기대감 |

우리 일상에 스며 있는 보상에 대한 막연한 기대감 역시 아이들을 외부 지향적인 성향으로 인도한다. 다른 사람에 대해 어떻게 느끼고 행동해야 하는지를 결정할 때, 결정적인 역할을 하는 것은 부모의 행동이다. 예를 들어, 우리가 병원에 입원한 이웃집 노인에게 음식을 가져다주고 돌아와서 "생각해서 가져다줬더니 고맙다는 인사 한마디 없어!"라고 불평을 했다고 가정하자. 이런 말을 통해 아이들은 선의를 베풀면 반드시 보상받아야 한다는 사고방식을 갖게 된다. 더 나아가 사랑이나 친절을 베풀고도 보상받지 못하면 아이들은 다른 사람으로부터 사랑이나 인정을 받지 못한 것으로 확대 해석하게 된다.

이 같은 보상에 대한 기대감은 자연스럽게 특별한 권리에 대한 부당한 요구로 이어진다. 우리 사회의 경제적 안정을 위협하는 주된 요소 중 하나는 일반 대중들이 정당하지 않은 권리나 특권을 부당하게 요구하고 있다는 점이다. 많은 사람들이 자유로운 주차나 안정된 직업, 낮은 의료보험료에 대한 권리 등을 주장한다. 물론 이런 요구 중 일부는 정당하며 반드시 보장되어야 하지만 대부분의 경우는 그렇지 않다. 특권에 대한 부당한 요구와 불평을 지나치게 듣고 자란 아이들은 자기도 모르게 같은 기대감에 젖게 된다. 이런 태도 역시 삶의 가치관을 형성하는 단계에서 아이들을 외부 요인에 반응하게 만드는 요소로 작용한다. 이런 식으로 형성된 가치관은 나중에 부모인 우리에게도 영향을 미친다. 언젠가 당신의 아이들도 자기 차의 휘발유 값이나 보험료를 당당하게 요구할지 모른다!

특권에 대한 지나친 요구는 우리 사회를 부패와 탐욕으로 이끄는 원인이기도 하다. 우리는 아이들에게 분명히 설명해야 한다. 우리가 누릴 수 있는 특권은 우리 자신의 삶과 후손을 생산할 수 있는 권리, 그리고 여기에 연결된 일들에 국한되어 있다. 아이에게 학부모 회의에 참석하기 위해 동생을 돌보는 일을 맡겼을 때, 왜 부모가 대가를 지불해야 하는지 물어보라. 그리고 아이가 이성적인 판단을 내리도록 도와주자. 아이는 자신의 의무를 보상받는 기회로 잘못 알고 있었다는 걸 깨닫게 될 것이다.

그렇다면 이런 잘못된 기대감이 외·내부적으로 미치는 악영향은 무엇일까? 물론 이루 헤아릴 수 없이 많다. 이런 기대감은 아이들에게 자신의 가치를 높이는 데 외부 사람이나 사물이 필요하다는 메시지를 전달한다. 이런 사고방식이 아이들에게 물드는 걸 방지하기 위해 우리는 다른 사람에게 아무 보상도 바라지 않고 사랑과 친절을 베푸는 모습을 보여줘야만 한다. 또한 노력없이 얻어진 대가는 가치가 없다는 신념과 노력만 하면 원하는 건 얼마든지 얻을 수 있다는 삶의 이치도 가르칠 필요가 있다. 이런 부모를 보며 자란 아이들은 성실한 노력과 선행의 가치를 충분히 이해하게 된다. 그리고 자신의 가치를 높이는 데 필요한 진정한 요소는 자신의 내부에 존재하고 있음을 자연스럽게 깨닫게 된다.

당신은 아이들 앞에서 감정을 잘못 처리하고 있지는 않은가. 그 사례들을 짚어보자. 첫째, 우리는 슬픔, 절망, 죄의식, 당혹스러움, 분노 등의 감정을 쉽게 드러내지 않는다. 예를 들어, 엄마가 잭 아저씨의 죽음 앞에서 슬픔을 억누르려고 애썼다면 아이들은 '슬픔을 드러내는 건 나쁜 짓이니까 감춰야 한다' 라고 해석한다. 둘째, 가끔씩 감정을 제대로 제어하지 못하고 엉뚱한 곳에 화풀이를 한다. 당신은 직장에서 심한 스트레스를 받고 기분이 엉망인 채 집으로 돌아와 아이들에게 화를 낸 적이 없는가. 이럴 경우 아이들은 자신들의 잘못이 아닌데도 다른 사람의 기분에 대해 책임감을 느낀다. 마지막으로, 우리는 분노나 슬픔 같은 부정적인 감정을 표출하지 않고 꾹꾹 눌러 참는다. 그러나 이런 모습은 자칫 아이들에게 나쁜 감정에는 해결책이 없으므로 참고 견디는 수밖에 없다는 사고방식을 심어주게 된다.

아이들 앞에서 감정을 서툴게 대처하는 모습은 두 가지 외부 지향적인 행동을 촉진시킨다. 하나는 자신의 진정한 모습을 숨기기 위해 보다 두꺼운 가면을 쓰게 만드는 것이다. 또 하나는 아이들이 외부 영향을 지나치게 강력한 것으로 받아들이게 된다는 점이다. 그 결과 아이는 자신의 감정 — 주변 세계와 활기차게 교류하는 수단이 되어야 할 — 을 오히려 위축되고 파괴되어야 하는 대상, 또는 인내해야 되는 대상으로 인식한다. 이렇게 되면 아이들은 자연스럽게 외부의 영향을 거역할 수 없는 막강한 힘으로 여기게 된다. 아이들의 관심을 외부 세계로 향하게 만드는 이런 사고 방식은 내부의 통신수단을 방해하고 무시한다.

따라서 아이들 앞에서 감정을 표현할 때, 우리 부모들은 건전한 방법으로 표출하도록 노력해야 한다. 사람들의 비판이나 비웃음을 피하기 위해 감정을 지나치게 억제하거나 오랫동안 한 감정에 집착하는 모습은 보이지 않는 것이 좋다. 다른 사람을 파괴하는 무기로 감정을 사용하는 모습 역시 마찬가지이다.

아이들에게 조건적인 사랑을 베푸는 부모

외부 지향적인 삶의 자세에 이어 부모들이 흔히 저지르는 두 번째 실수는 사랑에 조건을 붙이는 것이다. 부모들의 이런 행동은 아이들이 어떤 문제에 직면했을 때, 자신의 내부에서가 아니라 외부에서 해답을 찾게 만든다.

조건적인 사랑이란, 부모가 원하는 대로 행동할 때만 아이들에게 보상하는 것을 말한다. 우리는 아이들이 '사랑을 가장 원할 때'가 아니라 '가장 사랑스런 모습을 보일 때'만 사랑을 베풀곤 한다. 이제 우리가 아이들에게 베푸는 사랑이 얼마나 즉흥적인지를 살펴보고 이 잘못된 사고방식을 깨뜨릴 수 있는 방법에는 무엇이 있는지 알아보자.

| 조건을 제시하는 표현들 |

때로 우리는 아이들에게 애정을 표현할 때, 뒤에 조건을 붙이곤 한다. "이렇게 엄마를 잘 도와주다니 네가 정말 사랑스럽구나!" 또는 "엄마는 널 사랑한단다. 하지만 요즘 버릇이 없어진 것 같구나." 이런 '수식어'는 우리의 사랑에 조건이 붙는다는 걸 암시할 뿐 아니라 아이들에게 부모의 사랑이나 인정을 받기 위해서는 부모가 원하는 사람이 되어야 한다는 메시지를 은연중에 전달하고 있다. 일단 이런 사고방식이 아이들 뇌리에 입력되면 다른 인간관계 역시 이런 식으로 발전시켜 나가는 건 시간 문제다. 우리의 사랑이 무조건적이라는 걸 증명하기 위해서는 아이들에게 '만일 ~하면 나는 너를 더욱 사랑하겠다'는 식의 표현은 삼가도록 노력해야 한다.

| 아이들이 최선을 다할 때, 사랑을 베풀어라 |

우리는 아이들이 완벽한 결과를 보여줄 때만 사랑과 칭찬을 베푸는 경향이 있다. 예를 들어, 아이들이 모든 숙제에서 A를 받거나 테니스 시합에서 좋은 플레이를 보였더라도, 우리는 등을 툭툭 치며 격려하는 데 인색하다. 100점짜리 시험지만 냉장고에 붙여놓고 나머지 완벽하지 않은 것들은 모두 쓰레기통에 던져버린다. 다시 말해서 아이들이 우리가 바라는 최고의 성과를 이룩했을 때만 칭찬을 아끼지 않는다. 즉 완벽하길 바라는 우리의 기대에 부응해야만 사랑받을 수 있다는 메시지를 아이들에게 보내는 것이다.

그러나 우리의 사랑이 조건 없는 진정한 사랑이란 걸 인식시키기 위해서는 아이들이 어떤 성적을 받든, 어떤 의견을 보이든, 어떤 옷을 입든 변함없는 사랑과 이해심을 보여줘야 한다. 아이가 열심히 받아쓰기 연습을 했다면 B$^+$를 받았더라도 자랑스럽게 냉장고에 붙여놓을 수 있어야 한다. 또 배구 시합에는 졌지만 넘어진 친구에게 손을 내밀어 일으켜줬다면 자랑스럽게 껴안을 수 있어야 한다. 그리고 학교에서 길고 힘든 하루를 보낸 아이가 지쳐서 집으로 돌아왔을 때, 우리가 얼마나 사랑하는지 말해줄 수 있어야 한다.

우리의 조건없는 사랑을 증명할 수 있는 보다 효과적인 방법은 말보다 행동으로 보여주는 것이다. 행동으로 보여주는 사랑은 한결 효과적인 결과를 보장한다. 불편함과 힘든 노력을 감수하면서 '너를 사랑한다'라는 마음을 행동으로 표현하는 것은 확성기에 대고 소리치는 것과 같은 효과가 있다. 아이와 나란히 앉아 함께 색칠공부를 할 수도 있다. 또 아이들 도시락 가방에 애정 어린 쪽지를 써넣을 수도 있다. 때에 따라서는 아무 이유 없이 조용히 아이를 껴안아주는 것만으로도 얼마나 사랑하는지를 충분히 전달할 수 있다.

한편 우리는 아이들의 현재 모습을 이해하기보다 앞으로 어떤 인물이 될지에 더 관심을 갖는 잘못을 저지르기 쉽다. 그러나 신경외과 의사가 되기 위해서, 또는 다음 시험에 좋은 성적을 얻기 위해서, 반장이 되기 위해서, 지금 열심히 애쓰고 있는 아이들의 노력에도 관심을 기울이자. 현재 그들의 노력이 얼마나 훌륭한지를 충분히 표현해주자. 베서니라는 13살 난 한 소녀는 이렇게 말했다. "우리 엄마는 당신이 원하는 모습이 아닌 지금 그대로의 제 모습을 사랑하세요. 저는 이런 엄마의 사랑 덕분에 하고 싶은 일을 마음껏 할 수 있어요."

나는 가끔 아이들과 둘러앉아 그들이 얼마나 소중한 존재이며, 내가 그들의 엄마가 된 걸 얼마나 감사하는지 말해주곤 한다. 또 내가 아이들을 왜 그렇게 소중하게 생각하는지, 그리고 그들이 얼마나 특별한 재능을 가졌는지, 예전에 그들이 힘든 도전을 받았을 때 어떻게 극복했는지에 대해 자랑스럽게 설명하길 좋아한다. 이 말을 꼭 기억하라. 아이들을 무조건 사랑한다는 말의 의미는 우리가 원하는 모습이 아닌 '있는 그대로의 모습'을 사랑하는 것이다.

아이들을 믿지 못하는 부모

많은 가정이 공통적으로 갖고 있는 또 하나의 문제점은 아이들을 전적으로 신뢰하지 않는다는 점이다. 하지만 이러한 불신은 아이들에게 내적인 면보다 외적인 조건을 더 따르도록 부추기는 역할을 할 뿐이다. 우리의 잘못된 믿음을 되짚어보고 해결 방법을 모색해보자.

| 억압된 아이들 |

아이들은 태어나면서부터 끊임없이 '너는 부족한 존재다'라는 메시지를 받는다. 그들은 연약하고 무능하기 때문에 힘을 갖춘 부모나 다른 사람이 그 부족함을 보충해야 한다는 가르침도 더불어 받는다. 예를 들어, 아이들이 울음을 터뜨리면 우리는 아이를 안고 어르며 이렇게 말한다. "우리 아가 착하지. 그만 뚝!" 물론 울음을 그치라고 달래는 말이지만 이런 말은 감정 표현을 비난하는 메시지로 전달된다. 하지만 울음이 유일한 표현 수단인 아기가 달리 어떻게 감정을 전달하겠는가.

우리 아이들은 이처럼 갓난아기 시절부터 억압을 경험한다. 그러나 이런 실패나 비난에도 불구하고 대부분의 아이들은 6,7살이 되면 자신감이 충만해진다. 그들의 손에 닿지 않는 물건이 없고 자신의 힘으로 못할 일 또한 없다고 생각한다. 이 또래의 아이들이 산불이나 대형사고를 많이 저지르는 것도 이런 이유 때문이다.

우리는 아이들의 이런 특성을 자칫 이기심으로 오해하기 쉽다. 그리고 이런 특성은, 이기심을 악덕으로 여기는 사회적 인식 때문에 우려의 대상이 되기도 한다. 그래서 풍부한 감성과 자기 중심적인 태도를 보이는 아이를 보면 부모는 걱정이 앞선다. 혹시 다른 사람과 협력하고 공존하는 게 힘들지는 않을까, 또는 강해진 자아 때문에 다루기가 힘들어지지는 않을까 염려하는 것이다. 내 경우에도 아이들이 여러 사람 앞에서 화를 벌컥 낼 때마다 가슴이 뜨끔하다. 내가 아동 심리 학자라는 것을 알고 있는 주위 사람들이 아이들을 잘못 가르치고 버릇없이 키운다고 생각할까봐 두려운 것이다. 그렇다면 이런 두려움에서 벗어나는 길은 무엇인가? 안타깝게도 우리는 아이들에게 '감정을 있는 그대로 드러내는 것' 은 나쁜 행동이라고 가르친다. 심지어 이기적이고 분별없는 행동이라고 매도하기도 한다. 예를 들어, 촛불을 만져보고 싶은 순수한 충동에서 손을 뻗으면 대부분의 부모들은 재빨리 손을 때려 물러나게 만든다. 뜨거우니까 손을 델 수 있다는 걸 깨달을 기회를 빼앗는 것이다. 그러나 아이들에게는 스스로 경험해서 분별력을 키우는 과정이 매우 중요하다. 이런 과정은 다른 사람과 관계를 맺을 때도 마찬가지다.

나는 아이들의 이런 탐구심을 자유롭게 허용하는, 한 아프리카 부족을 매우 높이 평가한다. 그들은 아무리 어린 아기가 물가에서 놀아도 평화롭게 빨래에 열중한다. 그리고 아이들이 칼이나 위험한 물건을 갖고 놀아도 크게 주의를 기울이지 않는다. 우리 같으면 그런 물건을 손에 쥐거나 심지어는 쳐다보는 것조차도 막을 것이다. 그런데 흥미로운 사실은 이 부족의 어린이 사망률이나 질병 발병률이 매우 낮다는 점이다. 더구나 물에 빠져 죽을 뻔하거나 실제로 익사한 사건은 거의 일어나지 않았다. 이런 결과는 우리의 생각, 즉 자기 암시와 관계가 있을 것으로 추측된다. 만일 우리가 세상은 위험한 곳이라고 생각하면 실제로 세상은 위험한 곳이 된다. 위험이 아이들을 해칠 거라고 믿으면 이 역시 믿음대로 된다. 이처럼 자기 암시적인 예언이 악몽으로 실현되는 경우는 많다.

어려서부터 행동이나 생각에 제약을 받아온 아이들은 스스로 생각하고 판단하는 것을 두려워한다. 그러다보니 그들은 부모나 다른 어른들의 권위에 의지하게 된다. 이것은 아이들이 더이상 내면의 소리에 귀기울이지 않는다는 뜻이다. 대신 아이들은 다른 사람의 인정이나 거부 같은 자신들을 강력하게 지지해주는 외부의 미묘한 반응을 터득하게 된다.

| 부모의 통제와 지배 |

아이를 키우는 가장 바람직한 방법은 무엇일까? 그동안은 모든 경험과 수완을 발휘해 아이를 유리한 방향으로 통제하는 것이 최고라고 여겨왔다. 그러나 아이들에게서 선택의 기회를 빼앗고 적절한 방법을 알려주지 않는다면, 즉 우리가 원하는 사람을 만들기 위해 억지로 강요만 한다면 아이들은 결국 우리와 똑같은 사람 — 외부 지향적인 아이 — 이 되지 않겠는가.

우리가 아이들에게 사회의 인위적인 행동규범이나 사고방식을 따르도록 가르치는 데는 두 가지 이유가 있다. 첫째, 아이들을 다른 사람의 비웃음이나 따돌림, 비난으로부터 보호하고 싶기 때문이다. 부모들은 누구나 자기 아이들이 사회에서 인정받는 사람이 되어 행복하고 성공적인 삶을 영위하길 바란다. 둘째, 자기 삶의 부족한 부분을 아이를 통해 성취하고 싶기 때문이다. 이런 부모들에게 아이들은 외부 세계에 과시할 트로피에 불과하다. 이런 두 가지 이유로 부모들은 아이들을 자신들의 욕구와 사회의 기대감을 충족시키는 그럴듯한 모습으로 자라도록 가르치는 것이다. 그러나 불행하게도 이런 부모 밑에서 자란 아이들은 자아에 대한 상실감과 가치관의 혼동 때문에 행복해지기 힘들다. 그러면 이런 문제점을 야기시키는 우리의 잘못

된 습관을 바로잡기 위해서는 어떻게 해야 할까? 우선 부모의 세 가
지 지배 유형을 알아보자.

❶ "어떻게 이럴 수 있니? 나쁜 녀석!"
❷ "엄마에게 해달라고 하렴." 또는 "아빠(엄마)가 잘 아실 거야."
❸ "네가 어떤 사람이 되어야 하는지 말해줄까?"

1) "어떻게 이럴 수 있니? 나쁜 녀석!" | 이 방법은 지배 방법 중에
서 가장 드러나지 않는 방법이다. 아이들이 통제당하고 있다는 사실
을 거의 깨닫지 못하기 때문이다. 이런 부모들은 죄의식이나 수치심,
죄책감 같은 은밀한 책략을 동원한다. 그리고 이미 눈치챘겠지만 사
랑과 인정을 받으려면 조건을 충족시켜야 한다는 메시지를 아이들에
게 은연중에 전달한다. 15살 난 하이디라는 소녀는 인터뷰에서 이렇
게 말했다. "아빠는 제 성적에 늘 지나치게 집착하세요. 그래서 어쩌
다 B를 받으면 나쁜 아이가 된 것 같은 기분이 들어요. 초등학교 6학
년 때, 82점을 받은 적이 있었는데 내가 진짜 바보가 아닌가 의심스
러울 정도였다니까요." 다음은 내가 우연히 듣게 된 대화로 이런 유
형의 부모를 잘 대변하는 내용이다.

"하지만 얘야, 네가 엄마를 정말 사랑한다면 학교에서 좀더 열심히
　공부해야 하지 않겠니?"(죄의식)
"그래, 좋아. 내일 도시락을 싸달라면 싸줘야지. 집안일은 모두 엄마
　차지니까 당연히 해야겠지. 엄마를 마치 네 몸종처럼

부려먹는구나."(죄책감)

"화학 시험을 망쳤다는 게 말이 되니? 둘 다 화학자인 부모 얼굴에
　　먹칠을 해도 유분수지!"(수치심)

위와 같은 예는 다소 심한 경우지만 당신이 아이들에게 하는 말을
되새겨본다면 이와 유사한 표현을 분명히 발견하게 될 것이다.

"아침에 제 시간에 좀 일어날 수 없니? 버스를 놓치면 엄마가
　　데려다줘야 하잖아. 엄마는 일찍 일어나면 하루 종일 머리가
　　아프단 말야."(죄의식)
"이렇게 회사를 빠지다간 아마 직장에서 쫓겨날지도 모르겠다.
　　그래도 네 소프트볼 게임을 한 번도 가보지 않는 나쁜 엄마가 되고
　　싶지는 않아. 이번에야말로 점수를 딸 절호의 기회니까 꼭
　　갈게."(죄책감)
"받아쓰기 시험에서 C를 받았다고? 와우, 기록을 세우셨군. 혹시
　　반에서 꼴찌 아니니?"(수치심)

이처럼 은연중에 죄의식이나 수치심, 죄책감을 지극히는 말들은
부정적인 영향을 미친다. 죄의식이나 수치심을 자극하는 가장 흔한
말은 "너한테 정말 실망했다"는 말이다. 겉보기에는 대수롭지 않게
들리기 때문에 우리는 이 말을 자주 사용한다. 그러나 이 말은 아이
들이 무언가를 선택할 때, 자신이 옳다고 생각하는 것보다 부모를 즐
겁게 해주는 방법을 선택하도록 은근히 강요하는 말이다. 따라서 부
모들은 자신의 입을 통해 나오는 말에 늘 주의를 기울여야 한다. 아
이들에게 무언가를 말할 때마다 이렇게 반문해보는 습관을 갖자. 이

말은 아이들을 인도하는 말인가, 억압하는 말인가?

2) “엄마에게 해달라고 하렴.” 또는 “아빠가 잘 아실 거야.” | 모든 부모들은 아이들에게 ‘이렇게 사고해라’ ‘이렇게 느껴라’ ‘이렇게 행동해라’ 라고 강요하는 것에 대해 반성해야 한다. 아이들이 어떻게 받아들이는지 살펴보자.

“우리 부모님은 항상 제가 무슨 잘못을 저지르지 않나 감시하는 것
  같아요.”
“우리 부모님은 항상 제 인생을 좌지우지하려고 들어요. 정말
  짜증나는 일이죠. 제발 무슨 일이든 제 방식대로 할 수 있도록 믿고
  맡겨줬으면 좋겠어요. 부모님은 제가 일을 그르칠 거라고
  생각하지만, 얼마든지 잘 해낼 자신이 있거든요.”
“젠장, 저는 가끔 현미경으로 샅샅이 관찰당하고 있는 기분이
  들어요. 그런 기분을 피하려면 제 방에 올라가 문을 닫아버리는
  수밖에 없죠.”
“우리 엄마 아빠는 제게도 뇌가 있다는 걸 가끔 잊어버리시나 봐요.
  아니면 아직 그걸 사용하는 법을 모른다고 생각하시거나요. 하지만
  제 생각에 정말 손을 봐야 할 건 부모님들 뇌라고 생각해요.”
“제발 엄마 아빠가 제 삶에 사사건건 참견하지 않았으면 좋겠어요.”

이번에는 부모가 아이에게 생각과 느낌을 강요하는 6가지 유형을 소개한다. 이제까지 해오던 습관을 하루아침에 바꿀 수는 없지만 최선을 다해 나쁜 습관을 고쳐 나가자.

- 비난
- 판단과 평가
- 질책과 부당한 체벌
- 주입식 훈계
- 지나친 간섭
- 과보호

비난 | 비난은 누군가의 잘못을 찾아내는 행동이다. 보다 나은 결과를 얻기 위한 동기라면 바람직하지만 비난하기 위한 비난은 피하라. 모든 아이들이 싫어하는 심한 잔소리(비난의 위장 수단)도 비난의 한 형태이다. 두 가지 모두 아이에게 '너는 지금 나의 기대에서 멀어지고 있다' 라는 사실을 은연중에 알리는 말이다. 비난이나 잔소리는 스스로를 장점보다 단점이 많은 사람이라고 생각하게 만들 뿐 아니라 부모의 사랑이나 인정에는 조건이 따른다고 믿게 한다.

무심히 행해지는 '파괴적인' 비난을 통해 우리 아이들은 스스로를 평가하게 된다. 자신의 이성적인 판단에 의해서가 아니라 부모나 다른 권위 있는 사람의 관점에서 자신의 가치를 저울질하는 것이다. 그래서 어떤 비난을 할 때, 우리는 이해득실에 대해 꼼꼼히 따져봐야 한다. 우리가 은연중에 쓰는 말 중에는 하지 않는 편이 훨씬 좋은 말이 많기 때문이다.

판단과 평가 | 판단과 평가는 아이를 자기 주도적으로 키우는 것과 매우 거리가 멀다. 우리는 아이들이 사회적 기대에 부응하지 못할 거라는 두려움에 사로잡힌 나머지, 아이들에 대해 부정적인 판단과 평가를 내린다. 다시 말해서 아이들에게 우리의 믿음이나 생각이 더 뛰어나다고 확신시키는 것이다. 하지만 이러한 판단과 평가는 자신의 시각과 사고방식을 아이들에게 강요하는 수단일 뿐이다. 이것도 조건적인 사랑에서 나온 책략의 일종이다. 우리는 다음과 같은 말을 흔히 사용한다. 이 중에 혹시 당신이 자주 사용하는 말이 포함되어

있지 않는가?

"열심히 공부하지 않으면 사는 게 힘들단다."
"교장선생님이 설마 거짓말을 하셨겠니?"
"유기 화학은 지독히 힘든, 죽음의 과목이란다."
"네가 원래 행동이 굼떠서 그렇지 네 잘못은 아니란다."

긍정적인 말도 평가가 될 수 있다. 예를 들면,

"괜찮아, 엄마도 고등학교 시절엔 머리 모양에 신경을 곤두세우곤
  했단다."
"걱정 말아라. 아빠도 어렸을 때, 그 단어 스펠링을 틀렸단다."

이런 말을 할 때마다 사실 우리는 아이에게 우리와 똑같아지면 안
된다는 메시지를 전달한다. 과거로 돌아가 다시 한번 잘 해보고 싶다
는 현재의 불만을 간접적으로 표현한 것이다. 따라서 어떤 평가를 내
릴 땐 아이들에게 이건 단지 하나의 의견에 불과하며 반드시 지켜야
하는 법령이 아니란 점을 분명히 이해시켜야 한다. 다시 한번 강조하
지만 우리는 판단과 평가에 신중을 기해야 하며, 우리가 하는 말에
주의를 기울이고, 아이들이 스스로 생각하게끔 용기를 북돋아주어야
한다.

질책과 부당한 체벌 | 비판적인 질책 역시 자기 주도적인 아이들
을 외부 지향적인 겁쟁이로 만드는 강력한 무기이다. 질책은 비난이
한 단계 발전한 형태이다. 비난이 아이들에게 우리가 정해 놓은 궤도
를 이탈했다고 경고하는 수준이라면 질책은 잘못된 목적지에 도착했

음을 확실히 인식시키는 것이다. 질책은 때로 우리 부모들의 부정적인 감정, 특히 분노나 실망감을 반영하기도 한다. 이런 질책들이 얼마나 아이들을 파괴하는지 살펴보자.

"네가 어떻게 엄마한테 감히 그렇게 언성을 높일 수 있는 거냐,
  피터!"
"쓰레기 봉투 하나도 제대로 내다버리지 못하는 게으름뱅이
  같으니라고!"

부당한 체벌은 이런 부정성이 더욱 발전된 형태로, 질책에 부모의 권력을 이용한 부당 행위가 첨가된 것이다. 예를 들면, 아이가 거짓말을 했다고 때리거나, "부모님 말씀에 무조건 복종하겠습니다!"를 종이에 100번 쓰라고 강요하거나, 숙제를 안 했다고 저녁밥을 굶겨 잠자리에 들게 하는 것이 여기에 속한다. 이런 체벌은 아이들 마음을 부모에 대한 원망으로 가득 차게 만들어 오히려 역효과를 일으킨다. 한마디로 부모의 권위를 내세우기 위한 부당한 체벌은 아무 효과가 없다. 이런 처벌은 스스로 올바른 길을 찾으려는 아이들의 능력을 파괴할 뿐이다. 게다가 아이들은 시간이 지날수록 질책이나 체벌을 피하기 위해 행동을 조심하게 된다. 그런 행동은 자신이 올바르다고 생각해서가 아니라 체벌에 대한 두려움 때문이다. 이런 아이들이 갖고 있는 부모에 대한 존경심은 마음에서 우러난 것이 아니라 강요된 것이다.

주입식 훈계 | 주입식 훈계는 우리 부모들이 가장 저지르기 쉬운 잘못이다. 앞서 설명한 방법들이 아이들의 사고 과정을 변화시키는

간접적인 방법인 데 반해, 주입식 훈계는 보다 직접적인 방법이다. 다음은 그 전형적인 예다.

"그렇게 좋은 성적을 받다니. 너는 자신을 자랑스러워해야 한다."
"부끄러운 줄 알아야지! 네 형은 아무 문제없이 축구팀에
　가입했었단다."
"학교에서 그렇게 저속한 말을 쓰다니 부끄러운 줄 알아라."

이런 훈계는 아이들이 어떤 생각을 가져야 하는지를 직접 언급하고 있다. 이런 말을 들은 아이들은 어떻게 생각하고 느껴야 하는지를 결정하는 자각 능력이 잠시 마비된다. 다음은 위와 같은 말을 보다 바람직하게 표현해본 것이다.

"와우, 그렇게 열심히 준비하더니 결국 A를 받았구나. 그래, 기분이
　어떠니?"
"저런, 축구팀 선발 테스트에 떨어졌니? 열심히 연습했는데
　안됐구나. 실망하지 말고 다음 학기에 다시 도전해보렴."
"그런 저속한 말을 썼을 때, 반 친구들이 널 어떻게 생각했을까?
　잃어버린 명예를 어떻게 되찾을 생각이니?"

여러분도 알다시피 이런 표현들은 이성적인 분별력을 사용해 스스로 판단하고 해결책을 이끌어내도록 인도하는 말들이다. 그리고 말하는 사람의 의견이나 판단을 무조건 강요하지도 않는다.

지나친 간섭 | 우리는 아이들의 자아가 잘못되었다는 걸 강력하게

전달하기 위해 노골적인 지시나 신체적 체벌, 위협, 최후통첩 같은 강압적인 수단을 자주 사용한다.

노골적 지시는 아이들에게 어떻게 살아야 하는지를 '직접' 훈계하는 것이다. 그러나 이런 태도는 제페토 할아버지와 꼭두각시인 피노키오 사이에나 필요한 일이다. 여기 제시한 그 몇 가지 예와 대응책을 보자.

"책가방 가져가는 거 잊지 말거라." 대신 "버스가 오기 전에 잊어버린 물건이 없는지 잘 챙겨보렴." 하고 말하면 어떨까?

"자전거 타러 나갈 때 춥지 않게 모자를 쓰거라." 대신 "오늘 오후에 기온이 뚝 떨어진다는구나"라고 말하자.

"간식을 먹은 다음에 곧장 네 방에 올라가 숙제를 하거라." 대신 아이들이 스스로 숙제해야 한다는 생각이 들게 만들어라. 만일 아이가 숙제를 매일 미룬다면 그건 숙제를 하느냐 안 하느냐보다 더 큰 문제점을 내부에 안고 있는 것이다.

"제리에게 전화를 걸어서 네가 학교에 두고 온 단어 목록을 팩스로 보내달라고 해라." 대신 다음날 시험에서 뼈아픈 결과를 몸소 겪어 자신의 잘못을 깨닫게 만들어라.

앞서 보았듯이 아이들에게 무엇을 히리고 직접적으로 지시하는 것이 보다 손쉽더라도 스스로 할 일을 찾도록 도와주거나 결과를 몸소 체험하게 하는 것이 더 좋은 방법이다.

체벌이 놀라울 정도로 성행하고 있는 이유는 부모들이 바쁜 현대 생활에서 스트레스를 많이 받기 때문이라고 나는 생각한다. 많은 부모들이 아이를 고분고분하게 만들려면 때리는 게 가장 효과적이라고 생각한다. 일상 생활에서 심한 스트레스를 받는 일부 부모들은 화가 치밀어오르는 순간 자제심을 잃고 감정적으로 체벌을 가한다. 그러나 이러한 체벌은 좋지 않은 두 가지 결과를 초래한다. 첫째, 아이들에게 '폭력'은 '갈등을 해소하는 정당한 해결책'이라는 인식을 심어준다. 둘째, '아이들'을 '지배와 통제가 필요한 미숙한 존재'로 전락시킨다. 즉 아이들은 귀찮은 존재에 불과하며 어른만큼 세상에 도움이 못 된다는 메시지를 은연중에 전달하는 것이다. 감정을 억제하지 못하고 아이에게 화를 내거나 체벌을 가했을 때는 곧바로 사과하라. 그리고 다음과 같은 변명을 달지 않도록 하라. "때려서 미안하구나. 하지만 네가 너무 떠들어서 참을 수가 없었단다."

오늘날 우리 사회는 체벌로 인한 악영향에 크게 흔들리고 있다. 청소년에 의한 살인, 폭행, 파괴, 강간 등과 같은 범죄가 기하급수적으로 늘고 있는 것이다. 더구나 문제가 되는 것은 이 같은 강력 범죄의 동기가 점점 사소해지고 있다는 사실이다. 최근 발생한 한 사건은 이런 사회적 흐름을 잘 반영하고 있다. 8살짜리 아이가 15센트 때문에 휠체어에 앉은 노인을 총으로 쏴서 치명적인 상처를 입힌 것이다. 사람들은 이런 의구심을 가질 것이다. '8살짜리 아이가 무슨 생각으로 그랬을까?' 그것이 바로 내가 관심을 기울이는 부분이다. 이 아이는 갈등을 해소하거나 충동을 억제하기 위해 '이성의 힘'을 사용하는 대신 무의식적으로 반응했던 것이다. 다시 말해서 폭력을 문제 해결의 효과적인 방법으로 인식하고 있었을 뿐 아니라 남의 물건을 가로채는 데 대해 아무 죄의식도 느끼지 못했다. '이성의 힘'으로 자아를 창조해야 하는 의무를 배우지 못했던 이 아이는 다른 사람의 사고방식과 믿음을 무조건 받아들인 것이다. 다시 말해서 그는 자기 내면이 아닌 외부의 영향에 따라 자신의 행동을 선택했다.

이 밖에도 위협이나 최후 통첩 역시 강력한 통제 수단으로 이용되고 있다. 예를 들면,

"당장 그 담뱃불을 끄지 않으면 한 달 동안 외출 금지야!"
"마지막으로 경고하는데 다음 시험에도 성적이 오르지 않으면
  자전거 살 생각은 꿈도 꾸지 말아라. 걸어서 학교에 가든 말든 네
  맘대로 해!"
"다시 한번 엄마한테 그런 저속한 말을 쓰면 따귀 맞을 줄 알아!"

다시 강조하지만 이 같은 위협이나 최후 통첩도 신체적 체벌과 마찬가지로 부모의 생각을 아이들에게 강요하는 하나의 수단이다. 아이들은 자신의 이성적 판단에 따라서가 아니라 두려움 때문에 마지못해서 이에 따른다. 아이들을 인도하고 훈련시키는 과정에서 부모들이 명심해야 할 점은 아이들에게 생각할 시간을 주는 것이다. 자기 주도적인 아이가 되기 위해서는 스스로 생각하고, 행동하고, 그것에 대해 동기를 부여할 수 있어야 한다. 자기 주도적이란 말의 의미는 이성적 판단을 통해 선택하려는 의식적인 노력이다.

과보호 | 바쁘게 살고 있는 현대인은 정신없이 앞만 보며 달린다. 이런 급행열차에 탑승한 우리는 아이들을 위한다는 미명 아래 그들의 삶을 대신 살아주는 경우가 허다하다. 나도 아이들의 밥그릇을 대신 치워주거나, 다음날 입고 갈 옷을 준비해주거나, 다른 친구의 가방에 달려 있던 쇠로 된 열쇠고리의 의미를 알기 위해 여기저기 전화를 해댔던 경험이 있다. 또 아이들이 흘린 우유를 대신 닦아주고 SAT(대학 진학 적성 검사)를 볼 때 계산기를 휴대할 수 있는지 학교에 전화한 적도 있었다. 그러나 이런 일들은 아이 혼자서도 충분히 할 수 있는 것임을 명심하라. 아이들은 일을 혼자 처리해봄으로써 자신감을 키울 수 있고, 문제해결 능력과 올바른 판단력을 기를 수 있다.

그러나 내가 먼저 서둘렀던 이유는 아이들에게 맡기는 것보다 내가 빨리 끝내고 그 일에서 벗어나는 게 더 손쉬웠기 때문이다. 그리고 만일 이런 일들이 제대로 처리되지 않았을 경우 엄마의 역할에 소홀했거나 아이들에게 좋은 엄마가 되지 못했다는 자책감에 시달리기 싫어서이다. 두 경우 모두 나의 외부 지향적인 성향에서 나온 행동들이다. 결국 나는 다른 사람에게 무관심하고 능력 없는 부모로 보여지는 게 견딜 수 없었던 것이다.

많은 부모들이 실제로 아이들에게 취미, 스포츠, 옷, 심지어는 친구까지 대신 골라준다. 이들은 아이들이 잘못된 선택으로 고통받는 모습을 보고싶지 않아서, 또는 아이들의 선택이 행여 자신의 명예에 먹칠을 하게 되지 않을까 두려워서, 아이들을 대신해 생각하고 느끼고 행동한다. 하지만 선택권을 박탈당한 아이들은 문제해결 능력을 배우지 못한 것이므로 결국 나이를 먹어감에 따라 많은 대가를 치러야 한다.

여기 과보호의 몇 가지 예와 그 해결책을 제시한다.

아이들이 학교에서 전화로 "엄마, 나 오늘 지각해서 방과후에 벌을 받게 되었어요. 그런데 하필이면 오늘 우리 축구팀이 가장 중요한 시합을 하지 뭐예요. 선생님께 전화해서 날짜 좀 조정해 주시겠어요?"라고 도움을 청한다면 이렇게 말하라. "얘야, 정말 운이 나쁘구나. 하지만 너는 영리하니까 해결 방법을 잘 찾을 수 있을 거야. 축구 시합에 참가하든 못하든 네가 해결하렴."

또 아이들이 이렇게 애원할 때도 있을 것이다. "아빠, 우린 서로 잘 통하니까, 제 리포트 좀 대신 워드로 쳐주세요. 써 놓은 리포트 여기 있어요. 제가 해야 하는 건 알지만 오늘밤 신디네 집에 가기로 했거든요. 그 애를 실망시키고 싶지 않아요, 도와주실 거죠?" 그러면 이렇게 대답하

라. "물론 도와주고 싶지만 전에 워드치는 거 보니까 귀신같이 빠르더구나. 지금 얼른 시작하고 네가 신디에게 좀 늦겠다고 전화하면 어떻겠니?"

요약해서 말하면, 일부 부모들은 아이들이 고통당하는 게 안쓰러워서 그들의 구조 요청을 무조건 들어준다. 또 어떤 부모들은 남의 눈에 나쁘게 비치는 게 싫어서 아이들 요청을 거절하지 못한다. 이 밖에도 아이들이 일을 잘못 처리했을 때 발생할 불편함을 피하려고 과보호하는 부모들도 있다. 어떤 유형이든 우리 사회에서 흔한 모습이다. 하지만 이런 과보호는 아이들에게서 이성적인 판단을 키울 기회를 빼앗는 동시에 잘못된 자아 뒤로 몸을 숨기도록 부추기는 역할을 한다. 또한 아이들은 자라면서 자신의 내면에는 안전하고 믿을 만한 해답이 들어 있지 않다는 사고방식을 갖게 된다. 자신의 내면을 찬찬히 들여다볼 기회가 없었기 때문이다.

3) "네가 어떤 사람이 되어야 하는지 말해줄까?" | 아이를 외부 지향적으로 인도하는 말인 "안 돼!"를 연발하는 부모 유형은 세 가지로 분류할 수 있다. 아이들에게 순종을 강요하는 타입, 다른 아이들과 비교하는 타입, 딱지나 낙인을 붙이는 타입이다. 각 타입에 내해 살펴보자.

순종을 강요하는 타입 | 15살 난 한 아이를 인터뷰하면서 들은 말이다. "제 친구 엄마는 친구가 누구와 만나는지 어떤 옷을 입는지 일일이 간섭하세요. 사람들 입에 오르내릴까봐 걱정이 된다고 하시지만 제가 보기에는 오히려 딸을 망치고 있어요." 우리 부모들은 남과 다르게 보이는 걸 좋아하지 않기 때문에 아이들도 튀지 않는 평범한

모습이길 바란다. 더구나 이렇게 억압하지 않으면 아이들이 지나치게 비순종적이고 개성이 강해져서 우리를 힘들게 할 수도 있다고 생각한다. 그렇다면 표현력이나 창의성이 풍부한 아이로 키우는 방법은 무엇일까? 아이들은 때로 우리가 사회에서 물려받아 그들에게 건네준 인위적인 기준을 받아들이려고 하지 않는다. 그렇다고 그 아이가 우리를 아이 하나도 통제하지 못하는 못난 부모로 만드는 것인가? 아이들이 비순종적이어서 세상이 뭐가 잘못되었나? 그들이 다른 사람들을 실망시켰는가?

아이들이 노란 양말과 빨강 셔츠, 자주색 스커트를 입고 학교에 간다고 무슨 큰일이 나는 건 아니다. 물론 부모나 다른 사람에게 악영향을 미치는 것도 아니다. 말을 그릴 때, 갈기를 파란색으로 칠한다고 무슨 해가 되는가. 하지만 이렇게 말하는 나도 우리 아이들이 현란한 옷차림을 하고 신이 나서 학교로 달려갈 때, 당혹스러움을 느낀다. 아이들의 판단력이 염려되서라기보다 다른 사람들 눈에 무심한 부모로 비쳐질까봐 걱정되서이다.

다음은 아이들에게 순종을 강요하는 말들이다.

"반바지에 군화를 신다니, 너 정신 나갔니?"
"그런 옷차림으로는 밖에 못 나간다. 사람들의 웃음거리가 될 거야."
"세상에! 뒷골목 불량배가 따로 없구나. 그 애들은 다 어디로
　사라지고 네가 대신 나섰니?"
"체크 무늬 바지에 페이즐리 무늬(가는 곡선 무늬) 셔츠를 입다니
　전혀 어울리지 않는구나. 가서 단색 셔츠로 갈아입거라."

아이들에게 사회적 인습에 순응하도록 강요하는 말이 무엇인지 분

명하게 인식하자. 그리고 아이들의 개성과 창의성, 사회적 관습을 넘어선 표현의 자유를 인정하자. 다시 말해서 주위의 이목에 연연해하지 말고 오로지 아이들을 위해서 생각하고 선택하자는 뜻이다. 개성이 억압당한 아이들은 나중에 어른이 되어 어떤 선택을 할 때, 자신의 내면이 아닌 다른 사람의 가치관에 맞는 안전한 선택을 하는 외부 지향적인 사람이 되기 십상이다. 당신의 보석이 진짜 값진 보석일지 누가 알겠는가. 인류의 발전에 공헌해온 훌륭한 사람들 중에는 창의력 넘치는 괴짜가 많았다. 앨버트 아인슈타인이나 조지아 오키프 *Georgia O'keeffe*(저명한 여성 전위 예술가)를 보라. 이 괴짜들이 그 사실을 증명하지 않는가?

다른 아이들과 비교하는 타입 | 일부 부모들은 아이들의 실력 향상을 위해서라도 남과 비교하는 전략은 꼭 필요하다고 생각한다. 하지만 이 방법 역시 조건적인 인정과 갈채의 한 형태이다. 내가 인터뷰했던 부모들의 다음과 같은 말이 그 사실을 잘 반영하고 있다.

"왜 너는 다른 애들처럼 축구팀에 들어가려고 애쓰지 않는 거니?"
"옆집에 사는 빌리는 지난 학기에 전부 A를 받았다는구니. 너라고
　못 할 이유가 없잖니? 좀더 분발하렴!"

이런 비교 전략은 열등감이라는 한 가지 결과밖에 얻을 수 없다. 남과 비교하는 행위는 아이들에게 부모의 기대에 못 미치고 있음을 간접적으로 알리는 수단이다. 이렇게 평가당한 아이들은 내면과 대화해 스스로 판단하는 법을 잃어버리고 점점 자신에 대한 평가를 다른 사람에게 의존하게 된다. 다시 말해서 그들은 자신을 정의하는 데

외부 지향적인 방법을 사용한다.

　하지만 아이들을 과거 자신의 모습과 비교하는 것은 남과 비교하는 것보다 한결 바람직하다. 이런 기회를 통해 아이들은 스스로 어떤 면을 고쳐야 하는지 깨닫기 때문이다. 내면과의 대화를 통해 자신을 평가하는 아이들은 스스로 평가하는 일이 익숙하다. 이것이 바로 자기 주도적인 아이로의 지름길이다.

　딱지나 낙인을 붙이는 타입 | 우리 아이들에게 딱지나 낙인을 붙이는 말보다 더 치명적인 영향을 주는 것은 없다. 이 두 가지 전략은 아이들에게 우리 기성세대의 사고방식을 강요하는 것이다. 사실 이런 사고방식이 옳으냐 그르냐는 중요하지 않다. 다만 부모의 영향이 커질수록 아이들은 위축된다. 예를 들어보자.

　“얘야, 넌 정말 어쩔 도리가 없구나. 어려서부터 책 읽을 때는 항상
　‘굼벵이’ 더니 아직도 그렇니?”
　“너는 우리 가족의 ‘기둥’ 이란다.”
　“이런 ‘가위 손’ 같으니라고. 네 손만 닿으면 성한 게 없구나!”

　이런 말을 듣고 자란 아이들은 핑계나 정당화에 능숙해진다. 한 아이의 말이 이를 증명하고 있다. “우리 부모님은 저를 ‘게으름뱅이’ 나 ‘뚱보’ 라고 부르곤 했어요. 그래서 저는 무슨 일에 실패했을 때, 그걸 핑계로 내세우곤 했죠. ‘그래, 나 같은 게으름뱅이가 뭘 하겠어? 천성이 그런 걸’ 이라고 말이죠.” 이런 아이들은 자신의 진정한 정체성에 대해 혼란을 겪는다. 그들은 부모나 다른 사람의 영향을 받지 않고 스스로 자신이 누구인지 깨달을 필요가 있다.

이번에는 낙인 찍는 예를 살펴보자.

"넌 왜 항상 그렇게 잘 잊어버리니? 머리가 몸통에 달려 있지 않았더라
　면 아마 머리도 놓고 다녔을 거다."
"너는 늘 빈둥거리기만 하는구나. 제발 정신 좀 차려라!"
"무슨 일이든 야무지게 처리하는 꼴을 못 보겠구나."

　아이들을 낙인 찍는 말에는 '항상' 이나 '늘' 이라는 단어가 거의 들
어간다. 이런 말들은 부모의 기대에 부응해보려는 마음마저도 포기하
게 만든다. 또 이런 말이 깊이 각인되면 스스로 나아질 수 없다고 단념
하게 된다. 심지어 내면을 들여다 보려는 노력이나 자아의 정체성을
찾으려는 노력도 그만두게 된다. 자기 주도적인 아이는 오직 자기 평
가에 의해서만 자신을 정의한다. 자아에 대한 개념은 과거의 경험이나
행위, 목적의식, 재능이나 특성, 소망이나 관심, 그룹에 기여하는 자신
만의 방법에서 비롯되며 낙인 찍히지 않아야 제대로 형성된다.

형제는 서로 어떤 영향을 주고받는가

형제는 서로에게 최상의 친구도 최악의 적도 될 수 있다(시시각각 변한다). 형제 간에 맺어진 관계는 평생 동안 가장 중요하고도 영구적이다. 이처럼 서로에게 막대한 영향을 미치기 때문에 부모가 이들 관계의 역학구조를 이해하는 것은 매우 중요하다. 이들의 갈등은 부모의 사랑과 인정을 받으려는 경쟁심에서 시작된다. 부모의 관심을 끌기 위한 형제 간의 투쟁이 심하고 격렬할수록 아이들은 외부 지향적인 성향을 나타내기 쉽다. 그들은 서로의 관계를 통해 상황에 '단순히 대응'하기보다는 '적절히 반응'하는 기술을 배운다.

부모의 관심을 끌기 위한 아이들의 경쟁이 치열할수록 아이들은 형제나 부모에게 위장된 모습을 보여주는 법을 터득한다. 평생 지속될 아이-형제-부모간의 힘 겨루기를 피하려면 우선 부모가 형제 간의 갈등에 절대 개입하지 말아야 한다. 심각한 몸싸움이나 감정적 위협이 있기 전에는 어느 한쪽 편을 들거나 간섭해서는 안 된다. 우리 자신이 곧 외부 영향으로 작용하기 때문이다. 부모가 개입할 경우, 아이들은 서로 간의 합의를 통해 문제를 해결하는 경험을 할 수 없게 된다.

나는 형제 사이의 차이점이야말로 지혜와 성장의 원천이라고 생각한다. 그렇게 되려면 아이들은 다른 형제의 특성이나 사고방식·가치관이 자신의 성장에 어떤 도움이 되는지 스스로 파악하고 선택해야만 한다. 이런 선택은 자기 주도적인 아이의 대표적인 특성인 내면과의 대화 능력에도 많은 영향을 미친다. 만일 우리가 이런 내면과의 대화법을 아이들에게 가르치고 싶다면, 형제 사이의 싸움에 개입하거나 서로를 비교하거나 한쪽 편을 들어서는 안 된다. 부모(상대)에게 보다 잘 보이기 위해 무의식적으로 형제(타인)를 이용하지 않도록 하기 위해서라도 이건 꼭 지켜야 한다.

다음은 형제 사이의 전쟁을 휴전시키는 데 도움이 되는 방법들이다. 형제자매가 서로에게 끼치는 부정적인 영향에 아이들이 외부 지향적으로 반응하기보다는 긍정적으로 대응하도록 만드는 데 도움이 될 것이다.

😊 아이들에게 틀에 박힌 표현으로 사랑한다는 말을 하지 말라. 아이들은 자신이 부모와 특별한 관계가 아니라고 생각하기 쉽다. 나는 아이들에게 각각 다른 방법으로 사랑한다고 말해준다.

😊 다른 형제와 비교하지 말라. 그런 뉘앙스를 풍기는 말도 삼가라.

😊 편애하지 않도록 노력하라! 때로 이것은 매우 힘든 일일 수도 있다. 모든 부모에게는 보다 마음이 가는 아이가 있기 때문이다.

😊 다시 한번 강조하지만 뼈가 부리지거나 다리가 절단되기 선에는 형제들 싸움에 개입하지 말라. 형제 간에 싸우면서 심한 신체적 해를 입히는 경우는 극히 드물다. 이런 자유방임주의는 어느 한쪽을 편들지 않는 걸 전제로 한다. 조니가 울며 와서 형 보비가 머리를 잡아당기고 정강이를 걷어찼다고 고자질 할 때, 다음과 같이 말하는 건 잘못이다.

"알았다, 조니야. 형이 동생을 그렇게 때리다니 나쁘구나. 하지만

요즘 형은 학교 일 때문에 신경이 날카롭단다. 내가 너라면 형
가까이 가지 않을 거야."

그보다는 차라리 이렇게 말하라.

"저런, 많이 아프겠구나. 하지만 혼자 힘으로 형을 화나지 않게
하는 법을 찾아보렴. 그건 네 일이지 엄마 일이 아니란다."

😊 아이들이 서로에게 얼마나 필요한 존재인지 알려주라. 예를 들
어, 형에게 동생이 잠자리에 들 때 책을 읽어주게 한다거나, 동
생이 예술성을 갖췄다면 지도를 색칠하는 언니의 학교 숙제를
도와주게 할 수도 있다.

😊 형제 간의 다른 점이 서로에게 얼마나 도움이 되는지를 가르쳐
라. 서로 부딪쳐 상처를 입히지 않을 정도의 차이점은 자신의 정
체성이나 신념, 의견 등을 비교 탐구하고 확립시키는 좋은 기회
가 될 수 있다.

😊 다른 형제에 대한 아이들의 부정적인 생각에 동조하지 말라. 아
이들은 이런 우리의 행동을 역성드는 것으로 오해한다. 아이들
의 속상한 감정을 이해하는 모습을 보여주되 중립을 지키는 것
이 중요하다. 예를 들어보자.

레이첼: "엄마, 지미가 내 바비 인형을 빼앗아서 로버에게 주려고
했어요!"

엄 마 : "저런, 속상했겠구나. 엄마는 너희들이 사이 좋게
　　　　　　지냈으면 좋겠다."

😊 함께 일할 기회를 자주 마련해서 협력하는 기술을 배우게 하라.

"얘야, 메리와 같이 식기 세척기에서 설거지가 끝난 그릇들을
　꺼내주겠니?"
"로빈, 엄마가 전화할 동안 사라가 떠들지 않게 돌봐주겠니?"

😊 만일 언니나 오빠가 동생보다 나이가 많다면 아이 돌보는 일이
나 공부 봐주는 일을 맡겨라. 이런 경험은 가정의 평화를 위해서
서로 돕고 협력해야 한다는 사실을 몸소 체험시키는 좋은 기회
이다.

"타미야, 넌 수학을 잘하니까 아담한테 플래시카드(잠깐 보여주어
　글자를 읽게 하는 교습용 카드) 공부 좀 시키겠니?"

😊 한 아이가 다쳤을 경우에는 다른 형제들의 동정심을 끌어내라.

"사라야, 오빠가 자전거 타다 넘어져 다쳤단다. 엄마가 반창고
　가져올 동안 피가 안 나게 상처를 누르고 있어줄래?"

자신이 형제에게 도움이 된다는 생각은 우애를 더욱 돈독하게
만든다.

☺ 아이들에게 특정한 별명을 붙이지 말라.

> "조쉬는 우리 스승이야!"
> "조는 말썽꾸러기야!"

이런 별명은 다툼이 생겼을 때 놀림의 대상이 될 뿐이다.

☺ 아이들이 다른 형제를 친구로 생각하도록 인도하라. 서로의 친밀감이 소원해졌을 때, 평생 친구가 되어줄 형제를 두었다는 게 얼마나 행운인지 상기시켜라. 가끔씩 툭탁거리긴 해도 세월이 흐르면 차차 서로 사랑하는 법을 배우게 될 것이다.

☺ 어렸을 때는 한 침대에서 재워 유대감을 강화시켜라. 서서히 어둠이 깔리면 아이들의 마음도 너그러워진다. 이런 순간 서로 몸을 맞대고 함께 잠자리에 들면 아이들은 잠을 잊고 이불 속에서 서로 오순도순 형제애를 키워갈 수 있다.

형제 간에 치고 받고 싸우거나 말다툼이 있더라도 우리는 심판관이나 재판관이 아니라 중재자임을 잊지 말라. 이 말은 아이들에게 가능하면 갈등 해결의 기회를 주라는 의미이다. 아이들은 싸우면서 자란다. 형제 간의 갈등 구조는 사회에서 겪는 타인과의 갈등 구조와 크게 다르지 않다. 따라서 형제 간의 잦은 다툼은 인간관계의 갈등 해소법을 미리 배우는 좋은 기회이다. 우리는 아이들에게 사회에 적응하는 법을 가르칠 필요가 있다.

가정의 정체성은 왜 중요한가

아이들을 외부 지향적으로 만드는 요소들이 가정에서 제거되면, 즉 아이를 자기 주도적으로 키우는 데 필요한 환경이 만들어지면 가정의 정체성은 자연스럽게 강화된다. 가정의 정체성이 강화될수록 아이들은 자신의 참모습 안에서 더욱 편안함을 느낄 수 있다. 이것은 아이가 자기 주도적으로 자라는 데 중대한 전제 조건이다. 정체성이 약한 가정에서 자란 아이들은 가정에서 찾을 수 없었던 소속감을 얻기 위해 외부 영향을 길잡이로 삼는다.

가정의 정체성 강화는 아이들에게 소속감, 안정감을 주는 효과적인 방법이다. 따라서 우리 부모들은 어떤 방법으로든 아이들에게 정체성을 심어줄 필요가 있다. 가족이 함께 휴일을 보내느냐 못 보내느냐보다 아이들에게 중요한 것은 가정의 전통과 의식이다. 내가 인터뷰했던 많은 부모들은 가정의 정체성을 높이기 위해 여러 방법을 이용하고 있었다. 자기들만의 특정한 장소로 매년 휴가를 떠나거나, 생일 축하 노래를 자기들만의 방식으로 부르거나, 매해 추수감사절마다 특별히 징해진 접시를 사용하거나, 아이들과 차례로 단 둘이 외출을 하거나, 아빠-딸이나 엄마-아들이 커플이 되어 함께 저녁을 먹거나 외출을 했다. 함께 가족 비디오를 보거나 가족의 역사가 담겨 있는 앨범을 보며 이야기꽃을 피우는 것도 가족간의 유대감을 돈독하게 만든다. 이 중에서 많은 가정이 가족의 정체성을 높일 수 있는 가장 좋은 기회로 저녁식사를 꼽았다. 그들은 식사시간을 아이들이 가족의 한 구성원으로서, 또 한 개인으로서 자신을 자유롭게 표현할 수 있는 좋은 기회로 생각하고 있었다. 온 가족이 둘러앉아 외식을 즐기는 자리는 표현의 자유를 방해하는 비판이나 판단, 평가로부터 자유로운 환경임에 틀림없다. 이런 시간에 부모는 아이들의 말을 질책하거나 보다 나은 아이디어를 제공하라고 강요하지 말고 무슨 얘기든 일단 들어주는 너그러운 자세를 가져야 한다.

가정의 정체성이 강화되면 가정교육은 한결 쉬워진다. 우리는 이렇게 말할 수도 있다. "거짓말은 우리 집안의 수치이므로 절대로 안 된다." 또는 "우리 베스케즈 가문은 친구들을 친절하게 대하는 전통을 갖고 있단다." "집안에서는 언성을 높이지 말고 이야기하거라." 이런 말들은 우리가 가정을 얼마나 소중하게 생각하는지 아이들에게 간접적으로 보여준다. 아이들에게 관대함이 무엇인지 보여주고 싶으면 크리스마스 이브에 거리로 나가 노숙자들에게 담요나 양말, 벙어리 장갑 등을 나눠주라. 또 노동의 즐거움이나 성실성, 책임감을 보여주고 싶으면 학교 기금 마련 행사에서 자원봉사자로 일하는 모습을 보여주라. 이 밖에도 가정의 정체성은 자기 주도적인 주의나 주장을 옹호하는 수단으로 사용될 수도 있다. "우리 집안은 형제 간의 싸움에는 절대 개입하지 않는 게 원칙이다." 또는 "우리 집안은 자신의 일은 자신이 처리하는 걸 중요하게 생각한단다." "우리 집안의 전통은 음악을 많이 듣고, 옷차림을 단정히 하고, 친구를 신중히 사귀고, 부지런히 일하는 것이다. 우리에게 가장 필요한 일은 이런 것들이란다."

이제 우리는 아이를 자기 주도적으로 키우는 가정 환경을 확립하고 유지시키는 구체적인 방법을 알았다. 앞으로 남은 6가지 전략에서는 자기 주도적인 아이로 키우는 데 필요한 실질적인 교훈이 소개될 것이다.

내면 세계가 강한 아이로 키워라

당신 자신에 대해 다른 사람의 생각이 아닌
자신의 생각을 말할 수 있게 되는 순간부터
당신은 남보다 뛰어난 사람의 대열에 들어서게 되는 것이다.
–J. M. 배리

내면과의 대화 능력을 키우는 8가지 테크닉

자기 주도적인 아이가 되기 위한 가장 중요한 비결은 어떤 결정을 내릴 때 내면과의 대화 능력에 있다. 아이들은 내면과의 대화를 통해 내부에 저장되어 있는 과거와 현재의 경험에서 정보를 얻어 객관적인 시각을 갖춘다. 자신의 선택에 대한 장단점을 판단하고 그에 따른 합당한 결과나 유익한 점을 예측하게 되는 것이다. 이런 '내면과의 대화' 능력에 따라 외부 세계에 의식적으로 '적절히 대응' 하느냐와 무의식적으로 '즉각 반응' 하느냐가 결정된다. 다시 말해서, 내면과의 대화를 통해 아이들은 다른 사람이 아닌 자신을 위한 결정을 내리게 된다는 의미이다. 만일 우리 부모들이 아이들에게 내면의 소리에 귀기울이는 법을 가르치지 않는다면 아이들은 다른 사람의 소리에 더욱 귀기울이게 될 것이다. 주위 사람이나 자신의 과거, 뉴스를 잘 살펴보라. 이런 외부 지향적인 자세를 가진 사람은 성공하지 못한다는 사실을 확인할 수 있을 것이다. 2장의 마지막 부분에서는 내면과 대화하도록 인도하는 방법을 소개할 것이다. 위협이나 최후 통첩, 편견에 치우친 평가, 비판, 주장을 가장한 강요, 질책, 지시, 과보호, 잔소리, 변명, 매수, 협상 등은 아이들이 자신의 이성에 따라 스스로 결정하는 걸 방해하는 요소들이다. 이처럼 통제의 목소리가 높은 부모 밑에서 자란 아이들은 자신의 판단보다 부모의 판단에 맞춰 결정을 내리게 된다. 이제 아이들이 자기 성찰을 통해 원하는 선택을 할 수 있도록 이끄는 8가지 전략을 살펴보자.

1. 질문을 이용하라

내면과의 대화를 자극하는 가장 좋은 방법은 질문이다. 아이들에게 질문을 던지는 건, 반응을 기다린다는 암시이다. 만일 가정 환경이 자기 주도적인 면을 강조하는 분위기라면 아이들의 대답은 다양할 것이다. 적절한 대답을 위해서는 어느 정도 의도적인 유도가 필요하지만 이건 아이들이 질문에 완전히 몰두했을 때나 가능하다. 잘못된 방법으로 질문을 던진다면 전혀 효과를 기대할 수 없다. 화가 나서 소리를 지르거나 침울한 목소리로 질문을 던진다면 아이들이 속

마음을 드러내고 싶겠는가. 가능하면 상냥하고 부드러운 목소리로 질문을 던지는 게 중요하다. 효과적인 질문 방법을 예로 들어보자.

엄마: "빌리야, 다른 애들은 신나게 놀고 있는데 왜 너만 혼자 앉아 있니?"

빌리: "아무도 나랑 놀아주지 않아요!"

엄마: "무슨 일이 있었니?"

빌리: "저……, 타미가 절 놀렸어요."

엄마: "뭐라고 놀렸는데?"

빌리: "절 보고 사기꾼이래요."

엄마: "왜 그런 말을 듣게 됐는데?"

빌리: "숨바꼭질할 때 제가 몰래 엿봤거든요."

엄마: "어떻게 하면 아이들과 다시 사이 좋게 놀 수 있을까?"

빌리: "잘 모르겠어요. 어쨌든 타미가 미워요. 나쁜 자식!"

엄마: "어제까지 둘도 없는 단짝이었잖아. 오늘은 뭐가 달라졌는데?"

빌리: "제가 형편없는 놈이라는 기분이 들게 만들었어요."

엄마: "왜 그런 기분이 들었는데?"

빌리: "음, 친구들을 속였기 때문이에요."

엄마: "그래, 그럼 어떻게 하는 게 좋을까?"

빌리: "사과해야겠죠."

엄마: "바로 그거야. 빨리 사과하고 다시 사이 좋게 지내렴."

또 다른 예를 들어보자.

아 빠 : "레이첼, 화가 많이 난 것 같은데 무슨 일 있니?"

레이첼: "우리 선생님은 정말 이상해요. 아무것도 아닌 일로
　　　　 걸핏하면 벌을 주세요."

아　빠 : "왜 벌을 받았는데?"

레이첼: "별것 아니에요. 수학 책을 또 안 가져갔을 뿐이라고요."

아　빠 : "선생님은 왜 그런 일로 벌을 줄까?"

레이첼: "바보 같은 애들을 더 바보가 되지 않게 하려는 거겠죠."

아　빠 : "그래, 그렇다면 책을 몇 번 안 가져간 이번 학기 네 수학
　　　　 성적은 어떨 것 같니?"

레이첼: "좀 떨어졌을 거예요."

아　빠 : "그럼 어떻게 해야 할까?"

레이첼: "다시는 수학 책을 빠뜨리지 않도록 사물함 안쪽에 메모를
　　　　 붙여놓을까 봐요."

아　빠 : "좋은 아이디어구나! 효과가 있길 바란다."

　위의 두 보기에서 우리는 아이들이 어떻게 사고를 발전시켜가는지 알 수 있다. 다음에 예로 드는 부적절한 질문과 비교해보라.

엄마: "빌리야, 괜히 심술 부리면서 혼자 앉아 있지 말고 친구들과
　　　 어울리렴."

빌리: "하지만 타미가 저를 사기꾼이라고 놀렸는걸요."

엄마: "뭐! 사기꾼? 왜 그런 행동을 했지?"

빌리: "타미를 이기고 싶었어요."

엄마: "그런 짓을 하고도 친구와 어울릴 자격이 있다고 생각하니?"

빌리: "잘 모르겠어요."

엄마: "부끄러운 줄 알아야지. 당장 집으로 가자."

또 다른 예를 들면,

> 아　빠 : "아가씨, 왜 그렇게 심술이 나셨나요?"
> 레이첼 : "아빠도 방과후에 남는 벌을 받으면 저처럼 짜증이 나실
> 　　　　　거예요."
> 아　빠 : "뭐야? 앞으로 얼마나 더 그런 벌을 받아야 정신을
> 　　　　　차리겠니?"
> 레이첼 : "알게 뭐예요. 학교에 가기 싫어요."
> 아　빠 : "학교도 제대로 다니지 않고 나중에 어떻게 먹고살려고
> 　　　　　그래!"
> 레이첼 : "제발 절 좀 내버려두세요!"

첫 번째 예로 든 경우와 어떻게 다른가? 이것은 기분좋은 날이 되느냐 짜증나는 날이 되느냐의 차이이며, 좋은 관계를 유지하느냐 나쁜 사이가 되느냐의 차이이다. 내면의 소리에 따라 '적절히 대응'하는 아이가 되느냐 부모의 말에 '즉각 반응'하는 아이가 되느냐의 차이기도 하다. 결국 '자기 주도적인 아이'와 '외부 지향적인 아이'의 차이인 것이다.

2. 간단한 말로 자극하라

간단한 격려의 말 한마디로도 아이를 이끌 수 있다. 내가 잘 쓰는 방법은 정보를 제공하거나 주의를 환기시키고 자극의 말을 한두 마디 하는 것이다.

정보가 될 수 있는 예를 들어보자.

엄마: "데이비드야, 수영장 주위를 뛰어다니는 건 위험하단다."
데이비드의 생각: "그래, 맞아. 작년에 한 아이가 미끄러져서 머리를
다친 적이 있지. 난 그런 일을 당하고 싶지 않아!"

다음 대화와 비교해보자.

엄마: "데이비드! 당장 그만두지 못하겠니?"
데이비드의 생각: "젠장! 또 잔소리야! 맨날 어린애 취급한단 말야."

이번에는 주의를 환기시킬 수 있는 예를 들어보자.

아빠: "아직도 준비를 안 했니? 3시에 약속이 있다고 하지 않았어?"
리지의 생각: "어머나! 깜빡했네. 아빠 고마워요. 아빠까지
잊어버렸으면 큰일날 뻔했어요. 다음부터 중요한 약속은
달력에 표시해 놓아야겠어요!"

다음 대화와 비교해보자.

아빠: "지금이 몇 시인데 아직도 준비를 안 했니? 약속에 늦고 싶은
거냐? 앞으로 5분 안에 준비를 마치지 못하면 다른 차를 타고
가거라!"
리지의 생각: "젠장! 꼭 저런다니까. 제니에게 전화 걸어 함께
가자고 해야겠어. 아빠랑 같이 가기 싫어!"

이번에는 아이를 자극하는 말의 예를 들어보자.

엄마: "이라이저, 스쿨버스!"
이라이저의 생각: "맙소사! 늦었다! 아침밥은 가면서 버스에서
　　　먹어야겠네. 엄마, 고마워요. 아침에 단어시험을 보는데
　　　큰일났다! 내일부터는 15분 일찍 일어나야지!"

다음 대화와 비교해보자.

엄마: "이라이저, 벌써 스쿨버스 오는 소리가 들리잖니. 좀 일찍
　　　일어나면 어디가 덧나니? 버스를 놓쳐도 데려다주지 않을
　　　거니까 알아서 해!"
이라이저의 생각: "진짜 우리 엄마 맞아? 안 그래도 늦어서
　　　걱정인데 꼭 그렇게 잔소리를 해야 할까? 엄마가 당연히 일찍
　　　깨워줬어야지. 이건 다 엄마 때문이야!"

아이들은 이런 간단한 자극의 말(주위를 환기시키는)로도 스스로
문제를 생각하고 해결할 수 있다. 괜한 질책으로 아이들을 외부의 영
향에 즉각 반응하게 만들지 말라.

3. 선택을 하게 하라

우리가 아이들에게 선택의 권리를 부여할 때, 그들은 보다 편하게 내면과 대화할 수 있다. 예를 들어, 샐리에게 레스토랑에서 어느 자리에 앉아야 할지를 결정하게 하거나, 타미에게 추수감사절에 자신이 앉을 자리를 정하게 하라. 물론 한 가지 유의할 점은 있다. 아이들이 어떤 선택을 하든 기꺼이 받아들이겠다는 마음 자세가 필요하다. 만일 우리가 아이들의 선택을 바꾼다면 아이들은 점차 자신의 선택에 자신감을 잃게 될 것이고 시간이 흐르면서 자신이 원하는 것보다는 다른 사람들을 만족시킬 만한 선택을 하게 될 것이다.

4. 내면과 대화하는 모습을 보여주라

내면과의 대화를 발전시켜 나갈 때, 아이들은 부모를 거울로 삼는다. 자신의 생각을 큰 소리로 말한 적이 있는가? 아이들에게 내면과 대화하는 법을 보여주는 데 이보다 더 좋은 방법은 없다. 예를 들어 보자.

아버지: "내가 회의에 늦은 것에 대해 래스크 씨가 화를 많이
　　　　내더군. 그 회의가 그에게 얼마나 중요한지 알면서도
　　　　십자퍼즐을 맞추느라고 늦게 가다니! 내가 늦으면 그가
　　　　얼마나 초조해 할지 미리 생각했어야 했어. 당장 그에게
　　　　사과하러 갈까? 아니면 점심식사에 그를 초대해서 미처
　　　　듣지 못한 부분을 들을까? 그래 점심식사를 같이 하는 게

좋겠다. 그렇게 하면 그가 제안한 프로젝트에 도움이 되는
방법을 반드시 찾을 수 있을 거야.”

　혼자 중얼거리는 아버지를 보고 처음에는 아이들이 이상하게 생각
할지도 모른다. 그러나 이 방법은 아이들에게 ‘올바른 가치관’ 이나
‘문제 해결법’ ‘자기기만에 빠지지 않음으로써 얻는 유익’ 등을 자연
스럽게 가르칠 수 있다. 그리고 한번 실천해보면 주입식 훈계보다 한
결 효과적이라는 사실을 금방 알 수 있을 것이다. 더군다나 아이가
나중에 이와 비슷한 문제에 직면했을 때 스스로 대응할 수 있는 힘도
길러준다.

5. 역할 바꾸기 놀이를 시키자

　아이들과 역할 바꾸기 놀이를 해보는 것도 때로 문제해결에 도움
이 된다. 예를 들어, 학교의 불량배가 조니를 괴롭혔다고 가정해보
자. 그럴 땐 다음과 같은 방법으로 도울 수 있다.

　엄마: “요즘 학교에서 크리스가 너를 못살게 구는 것 같구나.”
　조니: “네, 자꾸 밀치고 내 머리가 곱슬머리라 계집애 같다고
　　　　놀려요.”
　엄마: “우리 둘이 게임 하나 해볼까? 엄마가 네가 되고 네가
　　　　크리스가 되는 거야. 함께 이 문제를 해결할 방법을
　　　　찾아보자꾸나.
　조니: “좋아요. 그 녀석은 항상 이렇게 말해요. ‘이봐, 곱슬머리!

어디 가냐? 인형놀이 하러 집에 가냐?”

조니 역할의 엄마: “날 이런 식으로 계속 대한다면 난 더 이상 참지
　　　　　　않겠어. 다른 친구들을 못살게 굴지만 않으면 넌 참 좋은
　　　　　　친구가 될 수 있을 텐데.”

크리스 역할의 조니: “내가 누굴 못살게 군다고 그래? 똘만이 너?”

조니 역할의 엄마: “그래, 날 괴롭히잖아. 너 커브 볼 잘 던진다면서?
　　　　　　실력만 봐서는 우리 야구팀에 끼워줄 수도 있지만 너처럼
　　　　　　불량한 아이는 가입할 수 없어.”

크리스 역할의 조니: “이봐, 친구. 미안해. 별 뜻은 없었어. 우리
　　　　　　화해할까?”

조니 역할의 엄마: “좋아, 내가 한번 힘써보지. 하지만 더 이상
　　　　　　애들을 괴롭히지 않는다는 조건이라는 걸 명심해.”

　물론 이런 식의 역할 바꾸기 놀이는 여러 다른 경우에도 적용될 수
있고 나쁜 역과 좋은 역을 두루해봄으로써 다른 시각에서 문제를 조
명해볼 수도 있다. 이러한 방법은 내면과의 대화를 건전하고 강력하
게 발전시킬 수 있는 매우 중요한 기회이다.

6. ‘장·단점 리스트’를 만들어라

　아이들이 문제 해결에 곤란을 겪고 있다면 ‘장·단점 리스트’를
만들도록 인도하라. ‘장·단점 리스트’는 내면과의 대화를 통해 문
제를 해결할 때나 까다로운 결정을 내릴 때 많은 도움이 될 것이다.
아이들은 이런 과정을 통해 자신이 내릴 결정에 대한 다양한 변수나

잠재적인 결과를 예측하는 법을 배우게 된다. 한 예를 들어보자.

팀　："엄마, 내년에는 축구팀에 들까요? 아니면 야구팀에 들까요?"

엄마："글쎄, 결정하기 힘든 문제구나. 우리 두 팀에 대한 장·단점
　　　리스트를 만들어볼까?"

팀　："무슨 말씀이세요?"

엄마："각 팀에 가입했을 때, 얻게 될 유익한 점과 불리한 점을
　　　생각해보자는 말이야."

팀　："아, 네. 알았어요. 저는 야구팀이 더 좋아요."

엄마："하지만 넌 축구 실력을 키우고 싶어했잖아?"

팀　："네, 그리고 가장 친한 지미도 축구팀에 들 생각이래요."

엄마："아빠가 야구팀을 지도하고 있는 게 장점이 될까 단점이
　　　될까?"

팀　："당연히 단점이죠. 아빠가 옆에 계시다는 것만으로도 신경이
　　　쓰이거든요."

엄마："그렇구나. 그럼 각 팀의 연습시간은 어떠니?"

팀　："축구는 방과후 바로 시작하기 때문에 숙제를 나중에 해야
　　　해요. 그리고 놀러 다닐 시간도 없어요."

엄마："하지만 축구를 하고 싶다면 감수해야 하지 않겠니? 저녁식사
　　　후에 연습하면 날씨도 서늘하고 좋을 텐데."

팀　："글쎄 말예요. 그래도 더위쯤은 참을 수 있어요. 아무래도
　　　올해는 축구팀에 드는 게 좋겠어요. 야구팀은 내년에 들면
　　　되죠, 뭐."

'장·단점 리스트'는 말로 하거나 적으면서 하면 된다. 글을 쓸 수

있는 아이들에게는 글로 적게 하는 것이 더 효과적이다. 문제가 해결
될 때까지 반복해서 볼 수 있기 때문이다.

7. '결과 목록'을 만들어라

'결과 목록'은 '장·단점 리스트'를 약간 변형한 것이다. '장·단
점 리스트'가 이익과 손해를 따지는 데 반해, '결과 목록'은 각 결정
에 따른 결과를 예측하는 것이다. 예를 들어, 샌드라가 학교 소녀단
에 들까 말까 고민하고 있다고 가정하자. 우리는 다음과 같은 가능한
결과를 제시해줄 수 있을 것이다.

나는 아침에 30분 일찍 일어나야 한다.

나는 친구와 선생님으로부터 신임을 얻을 것이다.

나는 어린아이들이 길을 건너는 걸 도와주게 될 것이다.

나는 9주 동안 방과후 체스 클럽에 가는 걸 포기해야 한다.

나는 딱딱해 보이는 견장을 달아야 한다.

나는 내년에 학생 자치 위원회에 위원으로 선출될 것이다.

나는 책임감 있는 세심한 자세를 배우게 될 것이다.

나는 시간 관리법을 배우게 될 것이다.

나는 매일 아침 제니와 함께 버스를 탈 수 없게 될 것이다.

나는 예의범절을 제대로 배우게 될 것이다.

이처럼 목록으로 작성된 결과를 잘 검토한다면 샌드라는 보다 쉽
게 결정을 내릴 수 있다. 그리고 이런 습관은 점차 내면과 대화하는

기술로 자연스럽게 발전한다. 즉 어떤 결정을 내릴 때, 다른 사람의 생각보다 자신의 생각을 존중하는 습관이 길러지는 것이다.

8. 칭찬과 보상을 적절히 사용하라

칭찬과 보상은 그 형태에 따라 유익할 수도 해가 될 수도 있기 때문에 어떤 형태로 사용하느냐에 따라 결과가 크게 달라진다.

아이를 자기 주도적으로 키우고자 한다면 아이들이 다른 사람의 칭찬과 보상을 무조건 받아들이지 않도록 주의해야 한다. 칭찬과 보상에 의해 어떤 행동을 했다면 그것은 외부 영향 아래에 있다는 말이다. 내가 인터뷰했던 15살 아이의 말이 이 사실을 여실히 증명하고 있다. "저는 어떤 일을 할 때, 선물이나 보상을 위해서 하는 경우가 많아요. 왜 그 일을 해야 하는지 다른 이유는 전혀 생각해본 적이 없어요." 우리 부모들의 임무는, 아이들이 자신에 대한 평가를 스스로 내릴 수 있도록 적절한 형태의 칭찬이나 보상을 찾아내는 것이다. 다음은 칭찬의 좋은 형태와 나쁜 형태에 대한 예다.

아이들이 트로피 또는 메달을 받거나, 시합에 이기거나, 좋은 성적을 받은 것에 대해서만 칭찬하지 말라. 이런 것들은 외부 요인으로 작용한다. "전 과목에 A를 받다니 정말 대단하구나!" 아이들이 얼마나 열심히 노력(내부적 요인)했느냐보다 어떤 결과를 얻었느냐(외부적 요인)에 중점을 두지 않도록 하라.

결과보다는 아이들이 기울인 노력에 대해 칭찬하라. "네가 얼마나 열심히 공부했는지 전부 A를 받은 성적표가 말해주는구나. 너 자신이 정말 자랑스럽겠다." 아이들의 수고와 노력에 초점을 맞춤으로써 아이들에게 자신을 되돌아볼 기회를 주라. 노력과 결과의 상관관계를 깨달을 수 있도록 인도하는 좋은 방법이다.

아이들을 한 인간으로 칭찬하지 말라. "넌 정말 멋진 남자야!" 이것은 아이들의 존재가치에 대한 칭찬이다. 자신의 존재가치에 대한 평가는 부모는 물론 어떤 외부적 요인에 의해서도 이루어질 수 없다. 자신이 어떤 종류의 사람인지를 평가하는 건 순전히 아이들 몫이다.

아이들의 행위에 대해 칭찬하라. "우리 딸은 친구들과 정말 사이 좋게 잘 지내는구나." 이런 말은 아이들에게 자신의 행위를 되돌아보게 만들고 자신이 어떤 행동을 잘 통제했는지에 대해 생각하게 만든다.

특별한 의미가 없는 일반적인 칭찬은 피하라. 이런 칭찬에는 부모의 의견이 은연중에 반영되기 때문이다. 당신은 아이들이 부모의 의견을 황금률 삼아 그에 부응하는 행동을 하거나 결정을 내리길 원하는가. 다음은 알맹이 없는 칭찬의 예다.

"너 낙엽 치우는 솜씨가 그만이구나!"
"어머, 정말 그림을 잘 그리는구나!"
"우리 딸은 정말 지도 만드는 데 도사구나!"

이런 칭찬은 말이나 행동의 옳고 그름을 평가하는 유일한 방법이 외부의 칭찬이나 인정이라는 사실을 아이들에게 은연중에 주입시킨다. 이런 칭찬은 점차 아이들을 다른 사람의 의견에 의존하게 만든다. 심지어 "네가 정말 자랑스럽구나"라는 말조차 아이들에게 동일한 메시지를 심어줄 수 있다. 그래서 나는 이런 표현을 즐겨 쓴다. "너 자신이 자랑스럽겠구나."

더구나 아이들은 일반적이고 의미 없는 칭찬을 받을 때, 반대의 의미로 받아들이는 경우가 많다. 만일 엄마가 "빌리야, 요즘은 제법 철이 든 것처럼 행동하는구나"라고 말한다면 빌리의 머리에 가장 먼저 떠오르는 생각은 자신의 행동이 그동안 철부지 같았다는 사실이다. 만일 아버지가 "제인, 요 며칠 사이 많이 착해졌구나"라고 칭찬한다면 제인은 지난주에 자신이 나쁜 행동을 많이 했었다는 생각을 먼저 떠올린다. 따라서 칭찬이 오히려 역효과를 불러일으킬 수도 있다. "내가 착하다고? 천만에! 난 문제아잖아. 아빠가 날 착한 아이로 만들려고 일부러 그런 말을 하거나 아니면 내가 아빠를 감쪽같이 속이고 있는 거야!" 한마디로 말해서 이런 종류의 칭찬은 아이들에게 과거의 잘못된 행동을 떠올리게 만든다.

칭찬할 때는 잘한 행동을 구체적으로 지적하는 것이 중요하다. 다음 보기처럼 객관적인 사실을 예로 들어 칭찬하라.

"네가 긁어 모은 낙엽이 얼마나 많은지 보렴. 10봉지도 넘겠구나. 정말 대단한 양이지 않니?"

"아직 6시밖에 안 됐는데 벌써 숙제를 끝냈단 말이니? 틀린 수학 문제를 혼자 풀다니 정말 대견하구나!"
"어쩜 그렇게 지도를 잘 칠했니? 강과 산, 도시가 한눈에
구별되는구나. 정말 멋진 지도다!"

여기에 더해 아이들이 열심히 노력한 대가로 어떤 이익을 얻을
수 있는지 확인시켜라.

"숙제를 빨리 마쳤으니 2시간은 신나게 놀 수 있겠구나."

아이들에게 구체적인 설명이 포함된 칭찬을 하게 되면 아이들은
점차 다른 사람의 의견이나 평가 대신 자신의 판단력을 믿게 된
다. 자기 행동이 인정받을 만한 가치가 있는지를 스스로 판단하
는 것이다. 결국 아이들이 자기 주도적인 능력을 갖추는 데 필요
한 요소는 자신이 얼마나 소중한 존재인지를 인식하는 것이다.

아이들을 칭찬할 때는 자기 통찰을 촉진시키거나 내면의 장점을
환기시키는 말을 사용하라. "너 자신이 자랑스럽겠구나." 이런
식으로 말하면 아이들은 자신의 행동을 되새겨보고 자신의 능력
이나 성취에 대해 만족감을 느끼게 된다. 칭찬을 통해 아이들에
게 정체성을 심어준 것이다.

칭찬을 아이들이 우연히 듣도록 하라. 아이가 듣고 있다는 사실
을 모른 척하면서 다른 사람에게 아이의 칭찬을 늘어놓는 것이
다. "그런 일이라면 에릭이 전문가죠. 에릭에게 물어봐요, 우
리." 또는 "요즘 마이클이 얼마나 공손해졌는지 모르시죠?" 이

런 종류의 칭찬은 효과가 매우 강력하다. 아이들이 자신을 조종하려는 저의가 깔려 있지 않은 칭찬으로 진지하게 받아들이기 때문이다. 엿듣게 하는 칭찬은 자기 주도적인 아이로 키우는 두 가지 강력한 방법 중 하나에 속한다. 나머지 또 다른 방법은 진지하게 아이들에게 도움을 청하는 것이다.

☺ 칭찬을 제스처로 보여주라. 고개를 끄덕이거나, 윙크를 하거나, 엄지손가락을 치켜올리거나, 다정한 미소를 짓거나, 등을 툭툭 두드려주는 행동이 여기 속한다. 경우에 따라서는 이런 행동이 말보다 진실한 신뢰감을 주기 때문에 한결 강력한 효과를 얻을 수 있다.

☹ 과장된 칭찬을 남발하지 말라. 칭찬에 익숙해진 아이들은 자신의 행동을 객관적으로 판단하는 이성을 갖추지 못하고 결국 무기력해진다. 칭찬받아왔던 자신의 행동과 능력이 사실은 과장된 거짓이었다는 걸 알게 되면 어떤 기분이 들겠는가. 과장된 칭찬을 받고 자란 아이들은 나중에 사회에 진출하고 나서야 자신의 실제 모습이 그렇게 훌륭하지 않다는 설 뼈저리게 깨닫게 된나. 자신에 대한 잘못된 믿음(외부의 영향에 의한 손실)이 만회할 시간과 기회마저 빼앗은 것이다.
아이들이 이런 현실을 깨닫게 되면 과장된 칭찬은 처음 의도와는 정반대의 효과를 나타낸다. 지금까지의 자부심에 치명적인 상처를 입게 되는 것이다. 과장된 칭찬은 초등학교에서 특히 남발된다. 아이들에게 자신감을 심어주고 기를 살려준다는 명목하에 외부적인 요인이 지나치게 강조되고 있는 것이다. 조그만 성취에도 스티커를 나눠주거나 당연한 행동에도 선생님의 칭찬이 쏟아진다. 이런 환경에서 초등학교를 마친 아이들은 한껏 자만심에 부풀어 중학교에 들어가지만 곧 자신의 실체를 깨닫게 된다. 이것은 중학교에 갓 입학한 13살짜리 아이들이라면 누구나 겪는 뼈아픈 경험이다.

지나치게 과장되거나 거짓된 칭찬을 삼가라. 아이들은 진심에서 우러나지 않은 칭찬을 예민하게 감지하기 때문에 이런 칭찬은 전혀 효과가 없다. 내가 인터뷰했던 한 아이의 말이다. "저는 어른들이 제발 우리를 아기처럼 대하거나 과장해서 칭찬하지 않았으면 좋겠어요. 우리를 마치 아무것도 모르는 바보나 철부지로 아시나봐요."

결론적으로 말해서 아이들을 칭찬할 때는 다른 사람의 평가에 의존하지 않고 스스로 판단하고 행동하도록 인도하는 데 중점을 둬야 한다. 내면 세계를 강화시키는 칭찬을 듣고 자란 아이들은 어떤 선택을 할 때, 결과를 예측할 때, 미래를 위해 어떤 결정을 내릴 때, 그동안 갈고 닦아온 내면의 분별력에 의존해서 판단한다. 이런 아이들이 바로 자기 주도적인 아이들이다. 이런 능력은 아이들뿐만 아니라 우리 부모들도 갈고 닦아야 한다.

이번에는 아이들이 올바른 선택을 할 수 있도록 인도하는 '보상'에 대해 살펴보자. 아이들을 우리가 원하는 모습으로 만들기 위해 행하는 모든 종류의 보상에 대해 나는 기본적으로 반대한다. 보상은 아이들이 어떤 결정을 내릴 때 내면과의 대화에 몰두하는 걸 방해하는 외부 영향이 될 수 있기 때문이다. 예를 들어, 아이들은 왜 심부름 값을 요구하는가. 아이들도 가족의 일원이므로 집안일을 돕는 건 당연하다. 심부름 값은 아이에게 외부 영향이다. 반면 나는 용돈에 관한한 아이들의 나이에 걸맞는 대우를 해줘야 한다고 생각한다. 가정의 수입은 시간이 흐르면 늘어나기 마련이다. 따라서 가족의 일원인 아이들도 경제적 성공을 함께 나눌 수 있어야 한다. 그리고 성적에 대한 보상도 삼가해야 한다. 좋은 성적을 받았다고 보상하는 것은 공부를 통해 습득할 수 있는 지식에 목표를 두기보다 성적 자체를 목표로 만든다. 아이들이 공부를 열심히 해야 하는 이유는 자신의 성장과 미래의 행복을 위해서, 그리고 노력에 대한 성취감을 맛보기 위해서이지 좋은 성적을 얻기 위해서가 아니라는 인식을 확실히 심어줘야 한다.

또한 아이들이 착한 일을 했다고 보상하는 것에 대해서도 나는 반대한다. 여기에 대해서는 나중에 다루기로 하겠다. 아이들에게 보상보다 더 중요한 것은, 잘못된 행동은 부정적인 결과를 올바른 행동은 긍정적인 결과를 가져온다는 사실을 깨우쳐주는 것이다. 만일 당신에게 시간과 인내심이 있다면 아이들과 함께 행동 목표를 세우고 도표를 만들어 성취 과정을 표시해가는 것도 좋은 방법이다. 그러나 중요한 건 간섭하지 말고 아이들 스스로 진행 과정을 점검하도록 뒤에서 도와줘야 한다는 점이다. 그리고 복표를 달성하더라노 스스로 성한 지침에 따라 행동했다는 성취감 이외에 다른 보상은 제공하지 말아야 한다. 굳이 보상을 하고 싶다면 두 가지 바람직한 방법이 있다.

첫째, 아이들이 옳은 일을 했을 때 격려의 말을 해주는 것이다. 예를 들어, 타미가 시키지도 않았는데 쓰레기를 내놓았다면 이렇게 칭찬하라. "우리 타미가 이렇게 많이 자랐구나. 엄마가 시키지도 않았는데 스스로 쓰레기를 치울 줄도 알고. 정말 고맙구나!" 이런 식의 격려는 아이들이 자신의 행동을 스스로 평가하도록 자극한다.

둘째, 긍정적인 결과를 자연스럽게 환기시켜 주는 것이다. 예를 들어, 브리애너가 숙제를 일찍 마쳤다면 친구와 더 많은 시간을 놀 수 있다. 이런 사실을 상기시킨다면 그녀는 내면과의 대화를 통해 자신의 행동을 평가하게 된다. "와우! 숙제를 일찍 마치니까 신나게 놀 수가 있구나. 이제부터는 학교에서 돌아오면 빨리 숙제를 마쳐야지!" 이 밖에 다른 종류의 보상은 일종의 뇌물이라고 할 수 있다. 뇌물은 우리 아이들의 자의식을 마비시키고 외부의 장단에 맞춰 춤추는 꼭두각시로 만드는 외부적 요인이다.

현실을 외면하는 아이들

어떤 결정을 내릴 때, 외부적인 요인에 의존하는 것보다 더 나쁜 것이 있다. 자기 기만, 자기 비하, 자기 정당화나 합리화가 바로 그것이다. 그렇다면 사람들이 이런 식으로 자기 파괴적인 행동을 하는 이유는 무엇인가? 그것은 진실을 마주하는 것이 너무 고통스럽기 때문인 경우도 있고, 비난이나 창피를 당할까봐 두려운 경우도 있다. 결국 어떤 경우든 다른 사람의 인정을 잃고 싶지 않은 것이다. 자신의 부족함이 드러나면 사람들이 더 이상 자신을 사랑하지 않을까봐 두렵고 또 자기가 특별히 싫어하는 면을 내부에서 발견할까봐 겁나는 것이다. 자신도 사랑하지 않는데 누가 자기를 사랑한단 말인가?

여기 진정한 자아와 만날 수 있도록(현실을 직시하도록) 아이들을 돕는 방법을 소개한다.

부모들은 아이들이 변명을 늘어놓거나 자신마저 속이는 모습을 보이면 현실을 직시하기보다 우선 피하고 싶어한다. 아이들에게 결점이 있다는 걸 인정하고 싶지 않을 뿐더러 그들의 여린 마음에 상처를 주고 싶지 않은 것이다. 또한 아이들이 물려받은 자신의 결점을 되새기고 싶지 않은 마음과 굳이 속임수를 지적해서 괴롭히고 싶지 않은 마음도 있다. 그러나 아이들에게 우리가 그들의 속마음을 꿰뚫고 있다는 걸 알려주는 것만으로도 우리는 많은 것을 얻을 수 있다. 예를 들어보자.

> 대니: "엄마, 와즈워드 선생님은 숙제를 너무 많이 내주세요. 어떻게 하면 우리를 괴롭힐까만 연구하시나 봐요. 그 많은 숙제를 언제 다해요. 적당히 빠뜨리고 해도 되죠!"(자기 기만)

> 엄마: 대니, 윌슨 부인이 그러는데 핼은 내일 시험보는 사회 공부를 하고 있다는구나. 너도 핼과 같은 반이지 않니? 더군다나 너는 사회 과목 때문에 늘 고생하잖아. 내일 시험 보는 거 맞긴 하니?

> 대니: "아마 그럴걸요. 지난번 시험에 낙제점수 받은 걸 생각하면 아직도 등골이 오싹해요. 엄마, 제발 이번 한번만 아파서 학교에 늦겠다고 전화해주세요. 그만큼 공부할 시간을 벌 수 있잖아요."

> 엄마: "그러니까 엄마가 사회 공부 미리 해놓으라고 말했잖니. 더 이상 엄마가 도와줄 수는 없단다. 이제 너한테 달려 있어. 공부를 했을 때와 안 했을 때 결과가 어떻게 달라지는지 너도

알잖아. 엄마는 단 한번이라도 너 때문에 거짓말할 생각은
추호도 없으니까 네가 알아서 하렴. 엄마가 해줄 수 있는
말은 엄마 눈을 속일 수 없다는 사실과 네가 사회에서 또
낙제 점수를 받게 할 수 없다는 거야. 가장 힘든 부분의
공부를 도와주마. 어떻게 도와줄까?"

대니: "각 장의 맨 끝에 나와 있는 연습문제를 질문해 주시겠어요?"

또 다른 예를 들어보자.

데비: "이제 제시카랑 친하게 지내지 않을래요. 걔는 너무 따분하게
　　굴어요."(자기 기만)

아빠: "지난 주말까지만 해도 실과 바늘처럼 붙어 다니더니
　　웬일이니? 둘 사이에 무슨 일이 있었구나?"

데비: "참, 기가 막혀서. 글쎄 내 생일파티에 자기를 초대하지
　　않았다고 재니카한테 고자질하고 다녔지 뭐예요."

아빠: "정말 초대하지 않았니?"

데비: "네, 그건 사실이지만 그렇다고 떠들고 다닐 것까진 없잖아요.
　　어쨌든 더 이상 제시카를 친구로 생각하지 않겠어요. 같은
　　반도 아닌 걸요, 뭐."(자기 정당화)

아빠: "사라는 같은 반이 아닌데도 오랫동안 친하게 지내고 있잖아.
　　아빠는 네가 자신과 아빠에게 솔직하게 마음을 털어놓았으면
　　좋겠구나. 그러면 함께 해결책을 찾을 수 있을 텐데 말야."

데비: "아빠 말씀이 옳아요. 오늘밤 제시카랑 솔직하게
　　얘기해볼게요. 어떻게 말을 꺼내야 할지 도와주시겠어요?"

아이들이 자신이나 다른 사람에게 솔직하지 못하다고 느껴질 때, 가장 먼저 해야 할 일은 그들을 스스로 만든 함정에서 빠져 나오도록 인도하는 것과 내면과 대화하면서 문제를 해결하도록 도와주는 일이다.

잘못을 인정하도록 도와주라

일단 아이들의 속임수를 알아채고 진실과 마주하도록 인도했으면 다음엔 그들의 아픔을 극복하도록 도와주라.

"이 문제에 관해 얘기하는 게 얼마나 괴로운 일인지 충분히
　이해한다. 대단한 용기가 필요한 일이지."
"자신의 잘못을 인정하는 건 매우 힘든 일이란다. 너도 이제 어른이
　다 되었구나."
"솔직하게 마음을 털어놓다니 고맙구나. 이제부터 네 말에 믿음을
　가질 수 있게 돼서 기쁘단다."

하지만 이런 시도가 아이들이 숨기고 있는 문제, 특히 우리 자신과 관계된 문제일 때는 반드시 명심해야 할 점이 있다. 죄의식이나 수치심, 당혹스러움, 분노 등을 유발시키는 말을 삼가고 아이들이 편한 마음으로 진실과 마주할 수 있도록 분위기를 만들어라. 물론 질책, 모욕, 위협, 최후통첩, 가혹하고 비논리적인 체벌 등도 피해야 한다.

내면과 대화하면서 문제를 해결하도록 가르쳐라

아이들이 일단 진실과 마주하고 그 아픔을 극복했으면 다음에는 갈등을 해결하는 방법을 모색해야 한다. 여기에는 앞서 소개한 8가지 전략이 효과적이다. 솔직하지 못한 내면과의 대화를 보다 솔직한 열린 대화로 변화시키는 방법이기 때문이다. 만일 문제가 심각하거나 복잡할 경우, 그리고 아이들의 나이가 추상적 사고나 역할 바꾸기 놀이, 장·단점 리스트, 결과 목록을 소화할 수 있을 정도라면 더욱 효과적이다.

부모가 먼저 솔직함의 본보기를 보여라

만일 아이들이 솔직하고 진실한 모습으로 내면과 대화하기를 원한다면 우리가 먼저 모범을 보여야 한다. 만일 우리가 실수를 변명하거나 정당화하려 한다면 아이들은 곧바로 따라한다. 나는 솔직함을 가훈으로 삼길 권장하고 싶다. "매사에 정직하라." 또는 "변명은 하지 말자."

일단 아이들이 내면과 대화하는 방법을 제대로 익히게 되면 외부의 영향에 쉽게 좌우되지 않는 힘을 갖출 것이다. 따라서 시간이 흐르면 흐를수록 아이들은 더욱 자립적이고 강화된 자아를 갖게 된다. 이제 그들은 외부적인 요인보다도 자기 자신의 판단력을 더욱 신뢰하게 되는 것이다.

특별하고 아름다운 힘, 직관을 키워주라

> 직관은, 영혼이 우리가 생각하는 것보다 더 큰 힘을 가졌다는 증거이다.
>
> —작자 미상

나는 정신요법사인 벨레루스 내퍼스텍*Belleruth Naparstek*의 직관에 대한 정의에 공감을 느낀다.

직관적인 지식이란, 정상적인 감각 채널 외에 다른 채널로 얻어진 사람이나 사물에 대한 불가사의한 지식이다. 우리의 능력 영역이 육체의 한계를 넘어 확대된 것처럼 우리는 직관을 통해 주위 환경으로부터 손쉽게 필요한 정보를 얻을 수 있다.

그렇다면 직관이 자기 주도적인 인격 형성에 중요한 이유는 무엇인가? 그것은 우리를 속속들이 알고 있는 내면의 영혼이 외부 환경보다 우리를 잘 인도할 수 있기 때문이다.

특히 아이들의 직관은 거의 초능력에 가깝다. 우리가 '지나친 상상력'이라고 몰아붙이며 잔소리를 해대는 아이들의 직관적인 감성이 아이들을 바른 길로 인도하는 안내자인 것이다. 직관은 영혼과 소통할 수 있게 도와주는 통신수단이다. 만일 아이들이 내면의 소리에 귀 기울일 때 방해를 한다면 그것은 외부의 소리를 향해 문을 활짝 열어주는 격이 된다.

아이들의 순수하고 특별한 능력을 일깨우는 방법을 소개한다.

부모 먼저 직관을 사용하는 본보기를 보여라

아이들에게 이렇게 말해보라. "샐리 이모가 우리를 기다리는 것 같은 예감이 드는구나. 이번 일요일에는 교회에 갔다 이모네 집에 들러볼까?" 만일 예감이 적중한다면 아이들에게 '내면의 소리'를 듣는 기쁨을 가르쳐줄 수 있다.

아이들에게 직관이 가지는 특별함에 대해 알려주라

만일 아이들이 외출할 때 좋지 않은 일이 생길 것 같다고 말하면 걱정하지 말라고 안심시키는 대신 그들의 직관을 믿고 따라라. 그리고 이 특별한 능력을 과소평가하고 비웃는 다른 사람들의 반응을 무시할 수 있는 힘도 길러주라.

도덕적인 면에 대해서도 나는 아이들에게 '내키지 않는 일은 하지 말라!' 라는 좌우명을 따르게 한다. 나쁜 행동을 하게 되면 자신도 모르게 마음이 편치 않으므로 어려서부터 양심에 꺼리는 행동은 하지 않는 습관을 익히는 것이 좋다.

마음의 소리에 귀기울이는 법을 가르쳐라

아이들에게 의식적으로 직관을 사용하도록 훈련시켜라. 예를 들어, 캐롤린이 리포트를 작성하는 데 어떤 책이 좋을지 망설인다고 가정해보자. 아이들에게 두 눈을 감고 한 권씩 마음 속으로 투시해보길 권하라. 분명 마음이 쏠리는 쪽이 있을 것이다. 직관의 도움을 받을 경우 잘못될 확률보다 성공할 확률이 훨씬 크다. 이런 성공을 경험한다면 아이들은 내면의 소리에 대해 믿음을 갖게 될 것이다.

나는 다음과 같은 방법으로 잠들어 있는 아이들의 직관을 깨운다.

👁 '예' 또는 '아니오'를 선택해야 할 질문에 직면했을 때, 나는 아이들에게 눈을 감고 커다란 풍선을 마음 속으로 그려보라고 권한다. 그런 다음 지신에게 질문을 던져 풍선이 떠오르면 '예', 가라앉으면 '아니오'라고 가르친다.

👁 여러 개의 보기 중 맞는 답을 선택해야 할 때, 나는 아이들에게 내가 손뼉을 치는 순간 맨 처음 마음 속에 떠오르는 번호를 선택하라고 권한다. 그런 다음 질문을 던지고 "1, 2, 3, 4, 5"를 큰 소리로 외친 다음 손뼉을 친다. 머리에 맨 처음 떠오른 번호가 어떤 것이든 그들의 직관이 인도하는 답이 정답일 확률은 매우 높다.

만일 보다 복잡한 답을 요하는 질문일 경우, 나는 아이들에게 편안히 누워 눈을 감고 천천히 심호흡을 하게 한다. 그리고 한적한 해변이나 꽃이 만발한 초원 같은 평화로운 장면을 연상시킨다. 아이들이 긴장을 풀고 편한 상태가 되면 마음 속으로 좁은 계단을 내려가 길다란 복도를 걸어가는 상상을 하라고 말한다. 복도의 양편에는 여러 개의 문이 있다. 그 문들 중에 하나를 열면 가장 적합한 해답을 얻을 수 있다. 나는 아이들에게 그 문을 찾아 열라고 권한다. 그리고 문을 열었을 때 어떤 것들을 보았는지 설명하게 한다.

직관을 발달시키는 이런 과정은 인내심이 요구되는 일이긴 하지만 이것을 통해 아이들은 직관의 힘과 효과를 깨닫고 직관의 실체를 느끼게 된다. 이런 능력은 앞으로 그들이 살아가는 데 많은 도움이 될 것이다.

직관게임을 함께 하라

직관게임은 온 가족이 함께 즐길 수 있는 게임이다. 우리 가족은 색깔 카드의 뒷면을 보고 색깔을 알아맞히는 게임을 좋아한다. 처음 시작할 때는 알아맞히는 확률이 50%에도 못 미쳤지만 되풀이할수록 놀랍게도 확률이 늘어났다. 우리는 또 주식 시세나 우편 트럭이 올 시간, 유명한 요리사 베니해너(매번 다른 색깔의 모자를 쓰고 나온다)의 모자 색깔을 알아맞히는 게임 등을 즐기기도 한다.

직관일기를 꾸준히 쓰게 하라

직관일기는 아이들의 직관을 발달시키고 직관적인 느낌을 이해시키는 데 많은 도움이 된다. 만일 아이들이 직관을 꾸준히 기록한다면 뇌리를 스치는 작은 영감들에 보다 많은 주의를 기울일 것이다. 그리고 촉감이나 냄새, 색깔, 그리고 복합적인 느낌 같은 보다 섬세한 부분도 놓치지 않게 될 것이다. 또한 잠자리에 들기 전이나 주말에 느꼈던 자신들이 '예감' 들의 적중률을 평가할 수도 있다. 시간이 흐를수록 시간이나 장소, 음식, 감정 상태에 따라 자신의 직관이 어떻게 달라지는지도 파악할 수 있다. 이처럼 직관일기를 꼬박꼬박 쓴다면 아이들은 얼마 지나지 않아 어떤 직관이 맞으며 어떤 직관이 잘못될 것인지를 보다 정확하게 예측할 수 있을 것이다.

명상을 가르쳐라

내면의 소리를 들을 수 있는 가장 좋은 방법은 명상이다. 온 가족이 실천할 수 있는 간단한 명상법을 개발하라. 나는 아이들에게 편안한 자세로 눈을 감은 다음 자신의 생각이나 느낌을 자연스럽게 관찰하도록 유도한다. 도중에 어떤 이미지가 뇌리를 스치면 그냥 바라만 보라고 가르친다. 이런 느낌들을 구별하고 분류하거나 해석하고 정의하려고 하지 말고 자연스럽게 따라가보라고 말한다. 얼마 지나지 않아 아이들은 전혀 손상되지 않은 자연스런 직관처리법을 배우게 된다. 자신의 직관을 보다 높은 수준에서 다룰 수 있게 된 아이는 견고하고 진지한 자기 주도적인 아이가 되는 것이다.

아이들에게 직관을 개발시키는 법, 신뢰하는 법, 의존하는 법을 가
르치는 것은 내면 세계를 키우기 위해 반드시 필요한 일이다. 내면 세
계가 충실한 아이는 어떠한 경우라도 중심을 지킬 수 있다. 아이들이
자신의 내면을 의식하면 할수록 그들의 영혼은 강해지기 때문이다.

'감정이입'과 '선의의 이기심'을 가르쳐라

> 다른 사람의 장점을 본받고자 하는 사람은
> 이미 많은 장점을 갖춘 사람이다.
> — 공자

자기 주도적인 아이가 되기 위해서는 '감정이입'이나 '선의의 이기심'이 꼭 필요하다. 감정이입이란, '다른 사람의 입장에서 문세를 바라봄으로써 그 사람의 생각이나 느낌, 태도 등을 간접 경험하는 것'을 말한다. 자기 주도적인 아이가 외부의 영향에 적절히 대응 — 즉각적인 반응이 아닌 — 하기 위해서는 감정이입을 이해하고 실천하는 과정이 반드시 필요하다.

이기심을 전통적인 방식으로 정의하자면 '자신의 이익을 먼저 생각하는 것'이라고 말할 수 있다. 이런 자질을 과연 좋은 점이라고 할 수 있을까? 그러나 진정한 이기심은 훌륭한 특성이다. 자신이 이익을 취하려면 올바르게 행동해야 하기 때문이다. 예를 들어, 새미라는 아이가 음료수대에 줄 서 있는 친구들 사이를 새치기했다고 가정해보자. 새미는 물을 빨리 마실 수는 있겠지만 친구들 간에 쌓았던 신뢰감은 잃게 된다. 또 한 남자가 자선단체에 기부금을 기증했다고 가정하자. 그의 동기는 '선의의 이기심'이라고 할 수 있다. 돈을 기부함으로써 보람을 느낄 수 있기 때문이다. 물론 그의 동기가 다른 사람들의 존경 심을 끌기 위한 '불순한 이기심'일 가능성도 있다. 그러나 이런 경우 는 이기심이라기보다 탐욕이다. 그가 보람을 느꼈을까? 물론 아니다. 사람들이 그를 보다 존경하게 되었을까? 그렇지 않을 것이다. 그가 자 신의 존엄성을 손상시키지 않으려고 노력했을까? 물론 아니다.

자기 주도적인 아이들은 감정이입을 매우 잘한다. 그들은 다른 사 람의 불행한 입장을 충분히 이해할 수 있을 때까지 지켜본다. 이런 아이들은 일단 다른 사람의 입장을 충분히 검토한 후 '선의의 이기 심'에 따라 대응한다. 앞서 예로 든 음료수대의 경우를 다시 살펴보 자. 만일 새치기 당한 아이 중 하나가 자기 주도적인 아이라면, 그 아 이는 이렇게 생각할 것이다.

"이제 어떤 일이 벌어질지 난 알아. 줄을 섰던 친구들이 화를 내며
새미를 비난하겠지. 다른 친구한테 비난받을 때의 기분을 난
충분히 이해할 수 있어.(감정이입) 새미가 그런 참담한 기분을
느끼게 그냥 놔둘 순 없어. 새미를 말려야 내 마음이 편할 거야.
새미가 이 일 때문에 따돌림을 당한다면 하루 종일 내 기분도
산뜻하지는 않을 테니까."(선의의 이기심)

이런 경우, 자기 주도적인 아이의 사려 깊은 생각은 다른 사람들에 게도 많은 도움이 된다. 만일 이 아이가 상황에 적절히 대응하지 않

고 즉각 반응하는 외부 지향적인 아이라면 새치기한 친구에게 욕을 하거나 다른 친구들의 비난에 동조했을 것이다. 상황이 그렇게 흘러가면 양쪽 모두 피해자가 된다.

그렇다면 '선의의 이기심'과 '자기 희생'의 차이점은 무엇인가? 다른 사람을 위해 자신을 희생시켜야 할 경우도 있지 않을까? 그렇지 않다. 만일 내가 젊은 독신 엄마로 6살도 안 된 어린아이를 셋씩이나 줄줄이 거느리고 있다고 가정해보자. 아이들을 돌보기 위해 일하는 시간을 줄이거나 사회생활을 뒤로 미뤄야만 할까? 물론이다. 나는 아이들을 사랑하기 때문에 그들에게 고통을 안겨주고 싶지 않다. 그러나 아이들이 자랐는데도 아이들 방에 TV를 한 대씩 놓아주기 위해 일주일에 84시간씩이나 힘들게 일해야 할까? 그건 아니다. 아이들을 과잉보호하는 것은 그들에게도 도움이 되지 않는다. 마찬가지로 십대가 된 아이를 대학에 보내기 위해 두세 군데의 일터를 뛰어다니는 것 또한 말도 안 되는 소리다. 만일 아이들이 아르바이트를 해서 도움을 주거나 장학금을 받지 않는다면 혼자 희생할 필요가 없다. 또 아이들이 차를 사거나 집을 얻는 데 도움을 주기 위해 융자를 받아야 할까? 그럴 필요도 전혀 없다. 왜 스스로 돈을 벌어 장만하는 기쁨을 빼앗으려고 하는가? 나중에 분명히 후회하게 될 것이다. 결론적으로 말하자면 자신의 고통을 피하기 위한 자기 희생은 숭고한 것이다. 그러나 좋은 이미지를 얻기 위해서나 잘못된 의무감에 사로잡힌 자기 희생은 자기 자신뿐 아니라 상대방에게도 가혹한 일이다.

'감정이입'과 '선의의 이기심'을 개발시키는 8가지 단계를 살펴보자.

아이들에게 '선의의 이기심' 에 대해 가르쳐라

아이들이 이해할 정도로 나이가 들면 '이기적인 것' 과 '독선적인 것', '탐욕적인 것' 의 차이점을 설명하라. 아이들에게 '자신의 양심에 꺼리는 일은 어느 누구에게도 유익하지 않다' 는 이치를 가르쳐라. 그러면 아이들은 보다 진지하고 순수한 동기를 가질 수 있다. 둘 사이의 차이점을 좀더 명확하게 이해시키고 싶다면 우리가 하는 '선의의 이기심에서 나온 행동' 을 본보기로 들어 설명하면 된다. 어떤 동기를 갖고 행하는지 다른 사람에게 왜 해가 되지 않는지 우리 자신에게 유익한 일이 주변 사람들에게 어떤 파급 효과를 주는지를 실제로 보여주는 것이다. 또한 자신의 행동 동기를 직접 분석하도록 도와줄 수도 있다. 즉 그들의 동기가 자신의 윤리관에 적합한 것인지, 그들의 행동이 장기적으로 자신에게 이익이 되는 것인지, 다른 사람에게 도움이 되는 것인지, 그들의 행동에 실제 드러나는 것보다 좋지 못한 저의가 숨어 있진 않은지 말이다.

다른 사람을 이해하는 수단으로 '감정이입의 3박자' 를 가르쳐라

서로 갈등 관계에 있는 사람과 지낼 때, 아이들에게 '감정이입의 3박자' 쓰는 법을 잘 가르친다면 아이들은 다른 사람을 보다 깊이 이해하게 될 것이다. '감정이입의 3박자' 는 행복 수치, 내면의 힘 수치, 통찰력 수치로 나눌 수 있다. 사라를 예로 들어보자. 그녀는 새 친구를 사귈 때마다 시샘하는 메건이란 친구와 갈등 관계에 있다. 만일 사라가 부모에게 '감정이입의 3박자' 를 배운 아이라면 다음과 같은

과정을 밟을 것이다. 우선 사라는 메건과 자신의 행복 수치를 비교해
볼 것이다. 절친한 친구를 다른 아이와 나누는 걸 질투하는 메건이
행복하지 않은 건 당연하다. 다음 단계로 사라는 내면의 힘을 비교해
볼 것이다. 이 특정한 상황에서 메건은 사라보다 내면의 힘이 부족하
다는 증거인 불안감에 사로잡혀 있다. 마지막으로 사라는 메건과 자
신의 통찰력을 비교해볼 것이다. 메건은 친구를 잃을지도 모른다는
불안한 상태로 자신을 몰아가고 있다. 그녀가 처음부터 피하고 싶었
던 게 바로 친구를 잃는 일이지 않은가? 만일 두 사람의 우정에 금이
간다면 그녀는 매우 낙심할 것이다. 반면 사라는 아무도 자신의 새로
운 우정을 비난할 권리가 없다는 걸 알고 있기 때문에 보다 유리한
고지에 서 있다. 따라서 우리는 사라와 메건의 수치가 얼마나 어떻게
다른지 아래 표를 통해 알 수 있다.

이 도표를 본 사람이라면 누구나 사라가 유리한 입장에 서 있다는
사실을 분명히 알 수 있다. 자신이 유리한 입장에 있다는 걸 알고 있
는 사라는 메건의 입장에 서서 여유있게 문제를 바라볼 자신감을 갖
게 된다. 상대방에 대한 원망이나 절망, 분노(즉각적인 반응)가 아닌
진정한 이해심(적절한 대응)을 발휘하는 것이다.

행복 수치

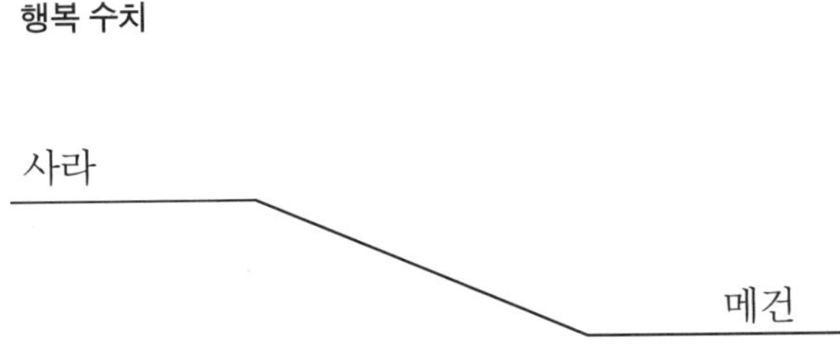

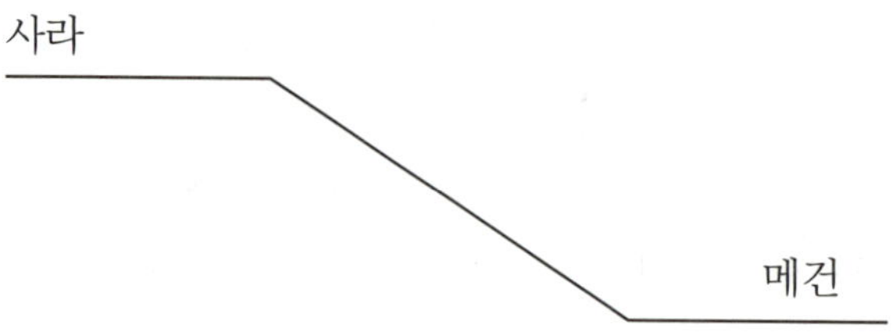

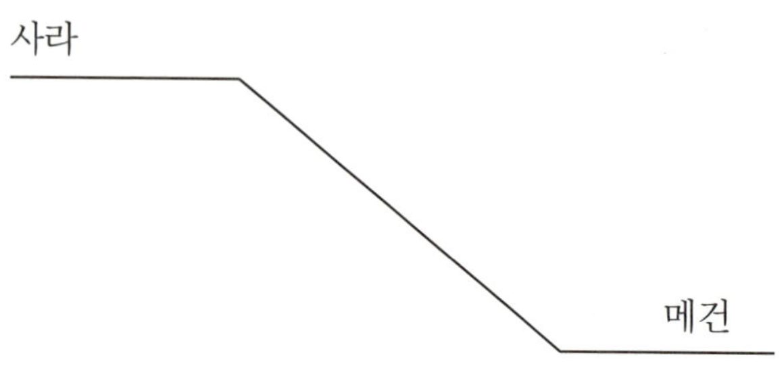

봉사정신과 동정심을 키워주라

고통받는 사람을 도와준 경험이 있는 아이들은 다른 사람의 고통을 보다 잘 이해한다. 추위가 유난히 극성을 부리는 날, 집 없는 사람들에게 담요나 따뜻한 차 한 잔을 제공하는 일을 돕게 하라. 또 최근에 홀로 된 이웃집 아줌마네 잔디를 깎아주거나 쓰레기를 대신 버려주는 도움 정도는 아이들도 얼마든지 할 수 있다. 이런 봉사를 경험한 아이들은 자신들이 돕고 있는 불쌍한 사람들에 대해 관심을 갖지 않을 수 없다. 이런 기회를 통해 아이들은 고통받는 사람들의 입장에서 사회를 바라보게 된다. 아이들이 좀더 자라면 우리는 그들이 사회에 봉사할 수 있는 일을 찾도록 이끌어줘야 한다.

우리는 또한 아이들이 이런 봉사정신과 동정심을 가까운 친구나 가족들에게도 베풀 수 있도록 도와야 한다. 만일 야구팀의 한 동료가 9회에 스트라이크 아웃을 당해 팀을 패배로 이끌었다면 의기소침해진 친구의 등을 두드리며 따뜻한 미소로 격려하도록 가르쳐야 한다. 만일 동생이 다 써 놓은 리포트를 잃어버려 울고 있다면 함께 찾아주는 형제애를 발휘할 줄도 알아야 한다. 가정이나 학교나 공동체에서 아이들은 헌신을 통해 고통을 배우게 된다. 이런 과정은 결과적으로 감정이입을 터득하는 좋은 기회이다.

다른 사람을 도와줄 때 가장 중요한 것은, 그들의 동기가 얼마나 순수하고 옳으냐 하는 것이다. 동기가 순수하다는 것을 증명할 수 있는 가장 효과적인 방법은 익명으로 도와주는 것이다. 익명일 경우에는 탐욕이나 독선, 이미지 상승 효과, 기타 부수적인 이익을 추구하는 게 불가능하기 때문이다. 익명으로 자선 행위를 한다는 건, 그들의 동기가 내면의 만족을 추구함으로써 영혼을 고양시키기 위한 것임에 의심의 여지가 없다.

내면과 대화하면서 감정이입을 발전시킬 수 있게 도와주라

부모인 우리는 아이들에게 내면과 진지하게 대화를 나누는 여러 방법에 대해 본보기를 제시해줄 수 있다. 예를 들어보자.

☺ 아이들이, 싫어하는 사람이나 사이가 나쁜 사람 때문에 갈등을

겪고 있다면 그 사람의 좋은 점을 찾아내도록 가르쳐라. 그러나 싫어하는 감정이 너무 강해서 "그래도 그 친구 발 냄새가 어제보다 오늘은 좀 덜 할 거야"라는 말로 도저히 달래지지 않을 경우에는 다른 아이디어를 사용하는 것이 좋다.

만일 아이들이 싫어하는 상대방에게서 호감을 가질 만한 점을 하나도 찾아내지 못한다면, 아이에게 눈을 감고 상대방을 방실방실 웃는 귀여운 아기나 몹시 아프고 가엾은 아기로 상상해보라고 권하라.

아직도 싫어하는 감정이 가시지 않았는가? 그렇다면 아이들에게 미운 상대방을 감당할 수 없는 무게의 십자가를 짊어진 불행한 인간이라고 설명하라. 사람에게는 누구나 자신이 짊어져야 할 십자가가 있다. 아이들에게 그들이 혐오하는 상대방도 예외가 아님을 인식시켜라. 영국의 소설가인 메리 울스톤크래프트 셸리 *Mary Wollstonecraft Shelly*는 이렇게 표현했다. "악을 선택하기 위해 악한 일을 저지르는 사람은 없다. 단지 행복을 추구하기 위해 실수를 저지르는 것뿐이다."

아이들에게 마음 속으로 상대방의 입장이 되어보라고 권하라.

누군가에게 화가 났을 때, 우리는 상대방이 의도적으로 우리를 괴롭혔다고 오해하기 쉽다. 그러나 상대방의 의도는 우리 생각과 다른 경우가 많다. 예를 들어, 토마스가 제프 집에서 놀고 있다가 갑자기 "심심해 죽겠어. 그만 집에 갈래"라고 말했다고 가정하자. 제프는 토마스가 자신을 따분한 애로 취급했다고 여기며 화를 낸다. "좋아, 맘대로 해. 나도 더 이상 너랑 안 놀 거야. 다시는 너한테 가지 않겠어!" 그러나 만일 제프가 '왜 그럴까?' 라고 생각할 줄 아는 아이라면 토마스에게 이유를 물어볼 것이다. "왜 갑자기 집에 가겠다는 거야?" 토마스는 배가 고프거나, 피곤하거나, 그냥 집에 돌아가고 싶어졌다고 설명할 것이다. 누군가에게 화가 나거나 속상한 일이 생겼을 때는 상대방에게 직접 이유를 물어보도록 가르쳐라. 상대방의 행동을 보다 정확하게 이해하는 방법이다. 상대방에 대해 잘 알아야 이해할 수 있지 않겠는가. 그리고 이해는 진정한 감정이입으로 통한다.

상황과 역할이 바뀌었을 경우에는 아이들에게 이전의 경험을 되새겨보도록 인도하라. 앞의 예를 다시 살펴보면, 예전에 제프가 토마스네 집에 놀러갔을 때 비슷한 행동을 했을 수도 있다. 제프 자신은 몸이 안 좋거나 집에 돌아가고 싶다고 말하기 부끄러워 달리 표현했던 적이 없는가?

감정이입에 해당하는 내면과의 대화를 아이들이 듣도록 큰 소리로 말하라. 예를 들어, "아빠는 회사에서 하루종일 힘들게 일했으니까 매우 피곤하실 거야. 하지만 누가 슬리퍼나 신문을 갖다 드리면 곧 피곤이 풀리지 않을까?" 그런 다음 아빠의 피곤함을 이해하는 감정이입이 얼마나 강력한 효과가 있는지를 실제로 느끼도록 유도하라. "누군가 조금만 마음을 쓰면 아빠가 얼마나 좋아하시는지 봤지? 아마 피곤이 확 풀리셨을 걸!"

이제까지 살펴본 것처럼 내면과의 대화 효과는 매우 강력하다. 다른 사람을 비난하기보다는 이해하도록 인도하자. 그리고 방어적인 자세나 마음의 상처, 부정적인 판단과 같은 부정적인 반응을 이성적으로 해결하도록 방법을 가르치자.

'역할 바꾸기 놀이' 로 감정이입을 가르쳐라

아이들이 감정이입을 어려워한다면 역할 바꾸기 놀이를 한번 시켜보라. 그 효과에 아마 깜짝 놀랄 것이다. 질은 일라이저를 자기 집으로 불러 함께 밤을 보낼 때마다 단짝 친구인 셸리가 질투하는 통에 고민이 많다. 질의 엄마는 다음과 같은 말로 셸리의 감정을 인도할 수 있다.

엄마: "요즘 셸리와 사이가 별로 안 좋은 것 같구나. 무슨 일 있니?"

질 : "네, 셸리는 지금 세상에서 가장 고통받는 사람 중 하나일 거예요. 제가 일라이저를 집으로 부를 때마다 질투심에 불타거든요."

엄마: "질, 엄마랑 게임 하나 해볼까? 엄마가 네 역할을 하고 네가 셸리가 되는 거야. 아마 문제를 해결할 실마리를 찾아낼 수 있을걸."

질 : "엄마가 무슨 말씀을 하시는지 잘 모르겠어요. 하지만 좋아요. 한번 해보죠, 뭐!"

엄마: "좋아, 시작하자. 네가 먼저 해보렴."

셸리 역할의 질: "너 요즘 일라이저와 자주 어울린다며? 어떻게

그런 나쁜 애랑 친하게 지낼 수 있니? 그 애가 학교에서 너에
대해 뭐라고 떠들고 다니는지 알아? 네가 올해는 수영 팀에
들어갈 수 없을 거라고 소문내고 다닌단 말야."

질 역할의 엄마: "내가 일라이저와 많이 논다고 화났구나? 너랑
멀어질까봐 걱정되니?"

셀리 역할의 질: "음, 사실 그래. 나보다 일라이저와 보내는 시간이
더 많잖아."

질 역할의 엄마: "그래, 네 마음은 이해할 수 있어. 내가 일라이저와
자주 어울린 건 사실이야. 사귄 지 얼마 되지 않아 서로에
대해 알 시간이 필요해서 그랬어. 하지만 넌 변함없이 내
절친한 친구야. 우리 다시 1학년 때처럼 친하게 지내자."

셀리 역할의 질: "나도 그러길 바래."

질 역할의 엄마: "이번 주말에 우리 가족이 캠핑 가는데 같이 갈래?
그리고 우리 일라이저와 함께 셋이 놀면 좋겠다. 방과후에
같이 롤러 블레이드 타러 가자. 어때?"

셀리 역할의 질: "아주 좋은 생각이야. 일라이저에 대해 나쁘게
얘기했던 거 사과할게."

문제점들이 어떤 과정을 거쳐 해결되는지 잘 보라. 질이 자신과 친
구 일라이저를 비난하는 셀리의 진정한 의도를 이해함으로써 문제가
해결된 것이다.

직접적인 말로 감정이입을 끌어내라

'감정'이 말로 전달되면 보다 명확하고 확실한 '신호'가 된다. "지금 내가 어떤 기분인지 이해해주길 바라면서 메시지를 보내고 있는 거란다!" 나는 아이들의 내면에 말을 걸어 우리가 겪고 있는 감정에 관심을 갖도록 유도하는 이 과정을 적극 권하고 싶다. 예를 들어보자.

아빠: "팀, 너 어제 잔디를 깎은 다음, 뒤처리하는 걸
　　　잊어버렸더구나."
팀　: "네, 보브가 영화 보러 가자고 와서 급히 나가느라 그랬어요.
　　　일부러 그런 건 아니에요."
아빠: "네가 안 치워서 아빠가 할 수 없이 치웠단다. 그런데 시간이
　　　너무 오래 걸려서 토요일 오후마다 헨리 아저씨랑 골프 치러
　　　가는 것도 못 갔다. 아빠가 얼마나 속상했는지 아니?"
팀　: "정말 죄송해요. 나중에 치우면 된다고 생각했어요. 그 대신
　　　오늘 아빠가 차고 페인트칠하실 때 도와드릴게요. 오늘 칠을
　　　끝내고 내일 골프 가시면 되잖아요."
아빠: "그래, 아빠 기분을 이해하고 도와주려고 노력하니 고맙구나.
　　　헨리 아저씨에게 전화 걸어 골프 약속을 해야겠다."

위의 보기에서 아빠의 '나는 메시지를 보낸다'는 성공을 거두었다. 팀은 아빠의 입장이 되어 어떤 기분이었을까를 이해했고(감정이입), 아빠가 피해를 입었다는 사실을 알자 보상해줄 방법을 찾아내 아빠의 기분을 풀어주려고 노력했다(선의의 이기심).

감정이입의 본보기를 보여라

내면과의 대화 내용을 아이에게 직접 들려주는 것도 감정이입의
본보기를 보여주는 좋은 방법이다. 엠마 이모가 감기에 걸렸다고 가
정해보자. 당신은 자신의 생각을 큰 소리로 표현함으로써 아이들이
듣도록 할 수 있다. 이모가 아파서 얼마나 걱정스러우며 어떻게 도와
주고 싶은지를 큰 소리로 말하라. "그렇게 지독한 감기에 걸리다니
불쌍한 엠마 이모! 금요일마다 교회에 파이를 만들어다주는 게 낙이
었는데 이번 주에는 못 가서 얼마나 속상할까. 엄마가 대신 파이를
구워야겠구나. 엄마 좀 도와줄래?" 그리고 누군가가 당신을 화나게
했다면 그때도 감정을 어떤 식으로 다스리는지 큰 소리로 아이들에
게 들려주라. "오늘 식품점의 점원이 왜 그렇게 불친절했을까. 늘 내
게 상냥하게 대했는데. 무슨 일이 있었나봐. 틀림없이 새 구두를 신
어 발이 아팠을 거야. 다음에 가면 좀더 친절하게 대해야지. 정원에
서 목련꽃을 한 송이 꺾어다주면 좋아하겠지?"

그런 다음 우리는 이런 느낌을 어떻게 행동으로 옮기는지 보여줘
야 한다. 행동은 말보다 백 배나 효과가 있다. 특히 드러나지 않게 베
푸는 선행은 아이들에게 가장 강력한 교훈이다.

남의 결점에 관대한 모습을 보여라

인간의 본성인지 문화적 영향인지 모르지만 사람들은 대부분 자기
보다 약하거나 어려운 처지에 있는 사람에게 너그럽지 못하다. 유난
히 눈에 띄는 차림새를 한 사람, 고속도로를 시속 40km로 운전하는

노인, 6시 뉴스의 인터뷰에서 말을 더듬는 사람, 심지어 뚱뚱한 친구에게조차 동정심을 갖지 못한다. 결점 있는 사람을 비판하는 것은 아이들에게 다른 사람의 결점이 의도적이고 독선적인 것이라는 메시지를 준다. 뿐만 아니라 아이들은 결점을 고치거나 바로잡지 않는다는 이유로 그를 비판하는 모습을 쉽게 따라한다. 따라서 결점을 가진 사람들에게 이해나 사랑의 '적절한 대응'이 아닌 '즉각적인 비판의 반응'을 보이게 된다.

만일 우리가 아이들에게 다른 사람의 입장을 이해하고 받아들이는 감정이입을 가르치려고 노력한다면, 아이들은 내면의 힘을 키울 것이다. 그 힘은 잘못된 길로 유혹하는 외부의 영향으로부터 아이들을 보호해준다. 감정이입은 외부의 영향에 적절히 대응할 수 있게 도와주는 또 하나의 백신인 것이다.

체벌로 다스리지 말고 훈련으로 인도하라

아이들을 존중하라. 부모라고 지나치게 간섭하지 말라.
아이들이 혼자 있는 시간을 침범하지 말라.

— 랠프 왈도 에머슨

자기 주도성을 키우는 훈련법이란 무엇인가

아이들은 완벽한 한 인간으로서 이 세상에 태어난다. 히지민 그런 존엄성에도 불구하고 다른 사람과 어울려 사는 법을 배울 의무는 여전히 남아 있다. 아이들이 자기 주도적이면서 상처받지 않고 사회에 적응하길 원한다면 명심해야 할 점이 있다. 권위로 아이들을 통제하지 말고 인생의 선배로서 그들을 인도하는 걸로 만족해야 한다는 것이다. 훈련도 이 범주 안에서 행해져야 한다.

훈련의 주목적을 한마디로 요약하면 다음과 같다. 아이들이 올바른 행동 법칙을 내면과의 대화를 통해 스스로 끌어내도록 자극하는

107

것이다. 아이들이 내면과의 대화를 거쳐 어떤 행동방식을 택할 때는 체벌을 피하기 위해서가 아니라 자신에게 유익하기 때문이어야 한다. 즉 자신의 선택을 재검토하고 그 선택이 가져다줄 잠재적인 결과를 예측할 수 있어야 한다. 무엇보다도 먼저 우리는 아이들에게 체벌과 훈련의 차이점을 주지시킬 필요가 있다. 체벌이란 아이들을 개인적, 혹은 주관적으로 통제하려는 시도를 말한다. 체벌은 비난이 목적이므로 아이들의 잘못된 행동을 지적하기보다 본질적인 존엄성 자체를 공격하게 된다. 따라서 아이들은 내면과의 대화를 불신하게 되고 외부의 자극에 영향을 받게 된다. 반면 훈련은 아이들의 존엄성을 손상시키지 않는 보다 객관적인 방법이다. 여기서 훈련의 목적은 통제보다는 가르침과 인도이다. 아이들을 개인적으로 공격하지 않음으로써 존엄성을 지켜주는 훈련은 자신의 행동을 스스로 심사숙고하게 유도한다.

부모들은 흔히 화가 나거나 속이 상할 때, 또는 아이들과 전혀 관계없는 사건으로 스트레스를 받을 때, 체벌을 남용한다. 또 아이들의 행동이 부모에게 반항적일 때도 체벌로 다스리려고 한다. 체벌은 대개 비논리적이고 비판적이기 때문에 잘못을 바로잡지 못하는 반면, 훈련은 논리적이기 때문에 바라는 행동을 유도해낼 수 있다.

둘 사이의 차이점이 확실히 드러나는 예를 들어보자. 타미가 시험 시간에 부정을 저질렀을 때, 매질을 하고 저녁을 굶긴 다음 방에 가두는 건 '체벌'이다. 타미의 부모는 그로 인해 자신들의 평판이 나빠진 것에 화가 나서 개인적인 보복을 한 것이다. 반면 타미로 하여금 선생님께 반성의 편지를 쓰게 하거나, 시험을 다시 보게 하거나, 낙제점을 받게 내버려두거나, 해당 과목을 다 익힐 때까지 방에서 나오지 못하게 하는 것은 '훈련'이다. 훈련은 반드시 아이 자신보다 그의 행동에 초점을 맞춰야 하며, 불쾌한 감정을 표출하지 말아야 하고, 적절한 도를 지켜야 한다. 그리고 훈련에 있어서 무엇보다도 중요한 것은 아이들을 이성적으로 사고하도록 격려함으로써 스스로 잘못을 평가하고 바로 잡아서 같은 잘못을 되풀이하지 않도록 인도하는 것이다.

5장에서 우리는 자기 주도성을 키우는 데 필요한 기본 전략 12가지에 대해 살펴볼 것이다. 그 후에는 8가지 테크닉에 대해 알아보고자 한다.

자기 주도성을 키우는 기본전략 12가지

1. 아이들이 동의할 수 있는 규칙을 정하라

가정의 가치나 원칙을 뒷받침하는 규칙은, 아이들을 훈련시키는 데 좋은 지표가 된다. 아이들은 혼자서 살아길 수 없다. 그들은 다른 사람의 권리나 감정을 고려하는 동시에, 자신의 이익을 보호해야 한다. 가정에서 세우고 지켜야 하는 올바른 규칙의 정의는 간단하다. 자기 자신은 물론 가까운 사람이나 다른 사람들에게 어떤 종류의 해도 끼치지 않는 것이다. 이 밖에 다른 규칙들은 외부 지향적인 반응을 유발시키는 외부의 영향이므로 따르지 않는 것이 바람직하다. 9살인 크리스는 인터뷰에서 이렇게 말했다. "부모님들이 엄격하게 대하시는 이유는 저를 미워해서가 아니에요. 제가 필요한 규칙을 지키도록 하기 위해서죠. 저는 부모님들이 정한 규칙을 잘 지켜서 훌륭한 사람이 되고 싶어요."

우리가 세우는 규칙들이 갖추어야 할 가장 중요한 특성은 합리성과 명쾌함이다. 아이들이 우리가 세운 규칙의 목적이나 의미를 이해하지 못한다면 당연히 그 규칙을 따르지 않을 것이다. 만일 어느 가정에서 '엄마와 아빠가 외출했을 때는 전화를 쓰면 안 된다' 라는 규칙을 정했다고 가정하자. 부모가 이 규칙을 정한 이유는 아이들이 전화기에 매달려 동생 돌보는 일을 소홀히 할까봐 걱정이 되어서이다. 그러나 많은 경우, 이런 이유는 정확하게 전달되지 않는다. "엄마가 전화를 쓰지 말라고 하면 못 쓰는 거야. 이유 달지 말고 시키는 대로 해!" 이처럼 서툴고 거친 설명은 아이들에게 '나는 너를 믿지 못해' 라는 메시지를 전달할 뿐이다. 더군다나 '전화를 못 쓰게 하는 규칙' 을 적절하게 설명하려고 해도 일단 아이들이 동생 돌보는 의무를 소홀히 했을 때나 제대로 전달된다. 부모가 외출했을 때, 가엾은 조니는 친구 브라이언에게 역사 시험 범위를 전화로 알려주기로 약속했던 걸 기억해낸다. 조니는 생각한다. "브라이언에게 시험 범위를 가르쳐주기로 했는데, 어쩌지? 엄마가 외출했을 땐 전화쓰지 말라고 하셨는데. 아무래도 전화는 안 하는 게 낫겠어. 왜냐하면……음……. 젠장! 왜 전화 한통도 내 맘대로 걸 수 없는 거지! 그래, 생각났다. 전화를 걸면 한 달 동안 외출금지를 당하기 때문이야!" 그는 정당한 이유로 규칙을 지킨 걸까. 그렇지 않다. 벌을 받지 않기 위해서 억지로 따랐을 뿐이다. 이것이 바로 전형적인 외부 지향적 사고방식이다.

이번에는 다른 가정의 규칙을 살펴보자. '집안에서는 신발을 신지 말자.' 8살 난 타미는 방과후 집으로 돌아오는 길에 개천에서 신나게 철벅거리며 놀았다. 오면서 어떤 생각을 했을까? "에이, 신발이 엉망이 됐네. 엄마가 집안에서 신발을 신지 말라는 이유를 이제야 알겠어. 신발을 신고 그냥 들어간다면 새 카펫이 진흙으로 엉망이 될 거야. 그러면 엄마는 화를 내며 나한테 청소를 시키겠지? 그런 사태가 발생하지 않으려면 신발은 벗고 들어가야지." 타미는 규칙의 의미를 충분히 이해한 것이다. 그는 이런 이해심을 바탕으로 내면과 대화함으로써 정당한 이유에 알맞은 선택을 한 것이다.

어떤 규칙들을 명쾌하고 합리적으로 유지하려면, 우리는 그것들을 정기적으로 재검토할 필요가 있다. 아이들이 자라고 환경이 바뀜에 따라 규칙들도 달라져야 하기 때문이다. 우리는 이런 규칙들이 여전히 필요한지, 그리고 정당한지, 가정의 가치와 원칙을 제대로 반영하고 있는지에 대해 지속적으로 체크해야 한다. 13살 난 스테파니는 인터뷰에 이렇게 답했다. "우리는 나이를 먹어서 변했는데 규칙은 여전히 그대로예요. 아무리 말해도 엄마는 들은 척도 안 하시지요." 다시 한번 강조하지만 규칙과 한계는 타당성과 의미가 반드시 뒷받침되어야 한다.

2. 아이들을 존중하라

누군가가 우리를 존중하지 않는다면 우리도 그 사람을 온전히 존중할 수 없다. 그 사람에게 이해받는다는 느낌을 갖지 못하기 때문이다.

아이들 안에 있는 특별한 능력을 보호하고 싶다면 우리도 진심으로 그들을 존중해야 한다. 아이들은 존중받을 만한 충분한 가치가 있다. 그리고 자신들의 감정이나 생각, 의견, 행동을 존중해주는 부모 밑에서 자란 아이들은 인류의 발전에 도움을 주는 어른으로 자라게 된다. 그 이유는 뭘까? 그들은 자신을 존중하는 법을 배웠기 때문이다. 자신을 존중할 줄 아는 아이들은 어떤 결정을 내릴 때, 자신의 의견을 중요시하는 성향이 강하다. 즉 자기 주도적이다.

아이들을 존중하려면 두 가지 사실을 받아들여야 한다. 첫째, 아이들은 우리와 동등한 영혼을 가진 존재이다. 둘째, 부모의 역할은 아이들을 자신이 원하는 사람으로 만드는 것이 아니다. 다른 사람들은 존중하면서 자신의 아이들은 학대하는 부모들이 얼마나 많은가. 부모와 아이의 차이점은 신체적 크기나 경험, 지식이 다르다는 것뿐이다. 이런 특징들은 선천적인 것도 영구적인 것도 아니다. 우리는 다른 사람이 우리를 존중해주길 바라는 것처럼 아이들을 존중해야 한다. 우리는 아이들이 하는 말에 귀기울여 그들의 말이 얼마나 소중한 것인지를 느끼게 해줘야 한다.

3. 규칙을 일관성 있게 적용하라

아이를 자기 주도적인 사람으로 키우려면 일관성 있는 훈련자가 되는 것 또한 중요하다. 일관성은 실천하기 어려운 과제이긴 하지만 이것이 지켜지지 않는다면 아이들은 외부의 영향에 쉽게 물들 것이다. "지금쯤 내가 울며 애원하면 엄마는 타임아웃(움직이지 못하게 하는 벌)에서 풀어주실 거야. 좋아, 엄마를 굴복시킬 좋은 계획을 구상해보자." 우리의 규칙 적용이 꾸준하지 않고 산발적인 경우에도 같은 결과를 낳는다.

　그러나 우리가 입장을 꿋꿋이 고수한다면 아이들은 내면과 대화하는 법을 개발할 것이다. "지금은 조용히 있는 게 최선의 방법이야. 엄마는 내가 조용해질 때까지 시간을 재지 않겠다고 하셨어. 괜히 떠들어봐야 벌 서는 시간만 길어져. 예전에도 책에 나온 온갖 방법을 다 동원해봤지만 엄마한테는 먹히지 않았어. 엄마는 규칙을 어기면 그냥 넘어가는 법이 없으니까. 엄마가 좋아하는 램프가 깨질까봐 집안에서 축구를 못 하게 하는 건 나도 알아. 다음부터는 공을 차고 싶으면 밖으로 나가야지."

　명심해야 할 점은 부모가 둘 다 일관성 있어야 한다는 점이다. 물론 부모도 서로 다른 개체이기 때문에 아이를 양육할 때 의견이 다를 수 있다. 그렇다 하더라도 일관성은 반드시 유지되어야 한다. 부모가 연합 전선을 구축한다면 서로를 방해하거나 손상시키는 일을 막을 수 있고 영리한 아이들에 의해 조종당하는 사태도 방지할 수 있다. 아이들은 엄마 아빠의 의견이 서로 상반된다는 걸 파악하면 외부 지향적인 사고방식을 발전시킨다. "엄마는 나에게 자전거를 타고 쇼핑하러 가지 말라고 하셨지만 아빠는 엄마가 지나치게 염려하는 거라고 생각하실 거야. 아빠한테 졸라봐야지." 반면 부모의 의견이 일관되면 아이들은 보다 내면 지향적인 생각을 하게 된다. "센상, 혼자 자전거를 타고 가게에 못 간다는 규칙은 중요한 것임에 틀림없어. 엄마, 아빠 둘 다 똑같이 엄격한데 내가 어떻게 이기겠어? 부모님들이 왜 그런 규칙을 정했는지 나도 알아. 내가 길이라도 잃어버리면 어쩌겠어? 혹시 자동차와 부딪치기라도 하면? 어휴, 생각만 해도 끔찍해. 기다렸다가 엄마나 아빠와 함께 가야지!"

4. 부모가 모범을 보여라

아이들이 지켰으면 하는 규칙은 우리 자신도 최선을 다해 지켜야한다. 그렇지 않을 경우, 아이들은 규칙의 의미에 대해 혼란스러워하게 된다. 이런 혼동은 아이들로 하여금 외부 지향적인 사고방식을 갖도록 유도한다. "젠장, 아빠는 입만 벌리면 욕을 해대면서 왜 나한테만 '얼간이'나 '멍청이' 같은 말을 못 쓰게 하는 거야? 이건 불공평해. 그건 다들 흔히 쓰는 말이란 말야. 우리 집에서 고운 말을 써야하는 건 내가 아니라 아빠야!" 또 다른 예를 들어보자. "어쩜, 엄마는 폴린 아줌마랑 테니스 치러 나가면서, 베빈스 부인에게는 감기에 걸려 학교 바자회에 출품할 빵을 만들 수 없다고 거짓말을 할 수가 있지? 엄마가 우리에게 거짓말하지 말라는 의미는, 악의가 아닌 거짓말은 해도 된다는 뜻인가봐. 선생님한테 동생이 내 리포트에 오줌을 쌌다고 거짓말한 것도 선의의 거짓말이니까 괜찮을 거야."

두 가지 예를 통해 본 바와 같이 아이들은 도덕적으로 올바르지 못한 결정을 내릴 때 부모의 잘못된 행동을 이용한다. "엄마, 아빠도 가끔 규칙을 어기는데 나라고 못 할 게 뭐야." 한발 더 나아가서 아이들은 자신의 잘못을 정당화할 때, 부모들의 위반을 핑계로 삼는다. 그들은 이런 행위를 자신이 엮어가는 자기기만이라는 직물에 씨줄을 하나 더 보태는 것쯤으로 대수롭지 않게 여긴다.

이번에는 자기 주도적인 사고방식으로 이끄는 부모의 예를 살펴보자. "엄마는 우리 형제들이 치고 받고 싸우는 대신 말로 해결하라고 말씀하셨어. 엄마도 우리를 때린 적이 없는 걸로 봐서 그 규칙은 정말 중요한가봐! 하긴 나도 맞는 게 싫은데 동생은 얼마나 싫을까? 앞으로 애니카가 내 바비 인형 옷을 몰래 가져가더라도 때리지 말고 내

기분을 말로 잘 설명해주는 게 좋겠어." 여기서 아이는 자기 주도적인 내면과의 대화를 통해 엄마가 얼마나 규칙을 중요시 여기는지를 파악한다. 그 과정에서 엄마의 일관성이 큰 영향을 미친다. 그녀는 엄마가 시켜서가 아니라 자신의 행동이 나쁘다는 걸 깨달았기 때문에 규칙을 지키리라 결심한 것이다.

5. 이성을 잃지 말라

인간은 감정의 동물이기 때문에 누구나 이성을 잃는 순간이 있기 마련이다. 아이에게 좋은 부모가 되려고 이런 책에 관심을 갖는 당신 같은 훌륭한 부모도 예외는 아니다. 아이들에게 아무리 말로 설명해도 '소 귀에 경 읽기'에 불과하기 때문에 결국 이성을 잃게 되는 것이다. 그럼에도 불구하고 우리는 가능하면 자제심을 유지하도록 애쓰면서 아이들을 인간답게 대하도록 노력해야 한다. 아이들에게 "너 같은 애는 태어나지 말았어야 해" "네가 내 자식이라는 게 창피하구나" "너는 아무 짝에도 쓸모 없는 녀석이야"라는 말을 하거나 뺨을 때리는 행동을 한다면 아이들의 자기 이미지와 사고방식에 엉구직이고 파괴적인 상처를 남기게 된다. 그렇다면 자기 주도적인 아이로 키우는 방법은 무엇일까? 여러 가지 길이 있다. 부모들이 이성을 잃을 때, 아이들은 자신의 행동을 스스로 평가하려는 시도를 포기한다. 사랑하고 믿었던 부모로부터 자기 능력이 형편없다는 메시지를 전달받았기 때문이다. 이제 이런 행동이 아이들에게 얼마나 큰 영향을 미치는지 알았다면 화가 나서 소리를 지르거나 매를 들기 전에 다시 한번 생각해보자. 그리고 자제심을 잃고 화낸 것을 정당화하려고 하지 말자.

부모가 화를 내는 것에 대한 아이들의 의견을 들어보자.

> 애비(12살): "부모님이 소리를 지르거나 때리는 건 아이들의 말을
> 무시한다는 의미에요. 이런 부모들은 아이들을
> 돌아버리게 만들 뿐이죠."
> 에릭(10살): "부모님의 고함소리를 들으면 저는 울고 싶어져요. 내가
> 형편없는 아이라는 기분이 들기 때문이죠."
> 스테파니(13살): "어떤 부모님들은 아이들이 자신의 잘못에 대해
> 반성하도록 도와주는 대신 걸핏하면 소리를 질러대곤
> 하죠. 정말 좋지 않은 방법이에요. 그리고 아이들을
> 때리는 건 오히려 역효과를 초래할 뿐이죠."

감정을 자제하기 힘들거나, 아이들에게 소리지르거나 때리고 싶을 만큼 화가 나면 감정을 다스릴 수 있을 때까지 차라리 아이와 잠시 떨어져 있어라. 그동안 우리는 자신의 감정을 분석해볼 시간을 가질 수 있다. 타미가 장난감 트럭이 빙빙 도는 걸 보기 위해, 변기 속에 장난감을 집어넣은 일이 과연 화낼 일인가? 아이의 순수한 호기심의 발동으로 봐주면 안 될까? 그런 일로 아이에게 화를 내는 것이 과연 교육상 좋을까? 우리 신경이 날카로워진 것은 사실 이번 주에 컴퓨터가 네 번이나 다운되었기 때문이 아닌가? 일단 생각할 시간을 갖고 깊이 심호흡하라. 그리고 아이와 즐거웠던 순간을 떠올리며 아이들은 배우며 자란다는 걸 다시 한번 되새기자. 그리고 우리가 지킬 박사와 하이드 사이를 왔다갔다 하면 아이들이 얼마나 혼란스러울지를 생각해보자.

만일 어쩔 수 없이 자제심을 잃고 아이에게 화를 냈다면 어떻게 수

습해야 할까? 나는 이럴 때마다 왜 그랬는지 변명하지 않고 사과하려고 노력한다. "엄마가 화를 내서 미안하구나"라는 말로 충분하다. "하지만 엄마가 전화할 때 방해하는 걸 얼마나 싫어하는지 너도 알잖아"라는 식의 설명을 달지 말라. 우리가 화를 낸 것에 대해 사과한다면 자기 주도적인 아이는 어떤 생각을 할까? "그래, 엄마는 날 어른으로 인정하는 거야. 나한테 미안하다고 말하다니, 얼마나 용기가 필요했을까? 날 그만큼 사랑하신다는 증거야. 전화할 때 방해한 건 내가 잘못했어. 다음부터는 조심해야지. 내가 잘못했다고 말씀드리면 엄마도 좋아하실 거야." 두 방식을 비교해보라. 화를 내고 소리를 지르는 건 아이들의 사고방식을 외부 지향적으로 만드는 행위이다. "우리 부모는 정말 야만인이야. 나는 그들이 정말 싫어." 아이들에게 반성의 기회를 제공하지 못했을 때, 우리는 감정을 가라앉히고 아이들에게 사과해야 한다. 이것도 자기 주도적인 아이로 키우는 한 방법이다.

6. 아이를 꾸짖지 말고 잘못을 타일러라

아무리 헌신적인 부모라도 때에 따라서는 아이들에게 언어 폭력을 휘두르는 실수를 범할 수 있다. "방이 돼지우리 같구나. 아예 돼지랑 살지 그러니?" 이런 말은 아이들의 잘못된 행동 대신 자존심을 공격하는 말로 아이들에게 실수를 하면 자신의 가치가 떨어진다는 믿음을 준다. 13살 난 미쉘의 말을 들어보자. "부모님들이 '아유, 이 굼벵이야' 또는 '이 뚱보야, 그만 좀 먹어'라고 경멸의 말을 할 때마다, 저는 문제점을 반성하기보다 의기소침해져요. 그 말대로라면 저는 아무 짝에도 쓸모 없는 인간이거든요." 이렇게 수치심을 갖고 있는데 어떻게 자기 주도적인 아이가 될 수 있겠는가? 어떻게 보잘것 없는 자신과의 대화를 신뢰할 수 있겠는가? 그보다는 더 믿을 만한 외부의 환경에 의존하는 게 당연하지 않겠는가?

일부 아이들은 부모의 언어폭력에 공격적으로 대응함으로써 '문제아'라는 낙인이 찍히기도 한다. 또 다른 아이들은 이런 모욕적인 표현을 자신의 모습으로 받아들인다. 이렇게 정체성과 행동을 구분하지 못하는 일이 되풀이되면 아이들은 더 이상 자신의 문제점이나 잘못된 선택을 객관적으로 판단하지 못하게 된다. 한 번 잃은 객관성은 이성적인 판단을 힘들게 하기 때문이다.

우리는 아이들에게 한번의 실수가 전부는 아니며 내면에는 창조적인 힘이 무한대로 저장되어 있다는 사실을 상기시켜줘야 한다. 그리고 모두에게는 창조적인 힘을 발휘할 충분한 능력이 있으며, 정체성이나 존엄성을 결정짓는 건 이성적인 판단 과정이지 결과가 아니란 점을 가르쳐줘야 한다. 결과는 이미 지나간 과거이기 때문에 변화시킬 수가 없다. 우리가 바꿀 수 있는 건 미래다. 아이들이 내린 결정이 나쁜 결과를 초래하더라도 그것은 그들의 능력이 부족해서가 아니란 걸 설명해주고 훌륭한 사람들도 얼마든지 실수할 수 있다고 말해주라. 예를 들어보자. 테이블 매너가 지저분한 티모시란 아이가 있다. 티모시는 음식을 씹을 때 소리를 내거나 더러운 손을 뻗어 다른 사람의 비스킷을 집곤 한다. 아빠는 큰 소리로 야단을 친다. "티모시, 너처럼 지저분한 애는 세상에 또 없을 거야. 두 번 다시 사람들 앞에 널 데리고 다니지 않겠어. 더러운 돼지 같은 녀석!" 이 모욕적인 언사는 한 인간으로서의 티모시의 존엄성을 손상시키고 있다. 그에겐 돼지같이 지저분하다는 낙인이 찍혔다. 이 말은 평생 그의 뇌리에서 사라지지 않고 자부심에 많은 상처를 입힐 것이다. 아니면 그는 이 모욕적인 말을 받아들이지 않고 아빠에게 무례하게 대항할 것이다. 어느 쪽이든 둘 다 외부 지향적인 반응이다. 그러나 만일 아빠가 다음과 같은 말로 타일렀다고 가정해보자. "티모시, 식탁에서는 다른 사람을 위해 예절을 갖춰야 한단다. 음식을 먹을 때는 손을 깨끗이 씻고, 소리내지 않고 씹어야 하며, 멀리 손을 뻗어 집지 말고 옆 사람에게 건네달라고 해야 한단다." 이렇게 말했다면 티모시는 자신의 행동을 반성했을 것이다. 그는 자신의 행동이 다른 사람에게 어떤 영향을 끼쳤으며 그것을 어떻게 고쳐야 하는지를 생각한다. 즉 내면과 대화를 나누는 것이다. 아빠가 그의 잘못된 행동을 정당하고 정중하게 지적했으므로 티모시에게는 반항할 이유 또한 없다.

7. 자신의 문제는 스스로 책임지게 하라

자기 주도적인 아이로 키우는 중요한 규칙 중 하나는 아이들의 잘못된 행동이 그들 자신보다 부모에게 더 큰 문제로 비쳐서는 안 된다는 점이다. 아이들에게 잘못은 언제나 스스로 책임져야 하는 것임을 주지시켜라. 그렇지 않으면 외부의 영향에 쉽게 좌우되는 아이로 선락할 것이다.

우리 부모들은 왜 이런 함정에 잘 빠지는 것일까? 그 이유는 오직 한 가지다. 부모들은 아이들의 문제에 대해서만큼은 실제보다 더 확대해서 받아들이기 때문이다. 우리는 때로 아이들의 잘못된 행동을 의도된 행동 — 우리의 화를 돋우려는 — 으로 오해하는 경향이 있다. 따라서 소리를 지르거나 잔소리를 하는 등 과잉 반응을 보인다. 또 때로는 부모로서 우리의 능력이 부족하다는 비난을 받을까봐 두려워한다. 그래서 아이들이 거절하거나 잊어버린 사소한 일들을 대신해주기도 하고, 슈퍼마켓에서 점잖게 행동하도록 맛있는 걸 사주며 매수하기도 한다. 우리에게 무례한 말을 던져도 남의 이목이 두려워 내버려둔다. 이 밖에도 우리는 아이들이 무슨 일이든 제대로 처리하지 못할 것 같은 불안감에 사로잡히기도 한다. 아이들을 믿지 못하는 부모들은 아이들의 방을 대신 청소해주고, 아이들이 괴롭혀서 우는 동생을 대신 달래주며, 숙제가 너무 힘들다고 엄살을 부리거나 TV에 열중해 있으면 심지어 숙제를 대신 해주기도 한다.

그러나 일단 아이들의 일을 대신 해주기 시작하면 아이들은 자신의 권리나 문제를 해결하기 위해 심사숙고하는 절차를 기꺼이 포기하고 부모에게 떠넘긴다. 이런 문제들이 자기 자신보다 부모에게 더 중요하다는 걸 알았기 때문이다. 이 때부터 아이들은 힘든 문제를 해결하기 위해 애써 노력하지 않는다. 자기가 고군분투하지 않아도 부모가 알아서 해결해주는데 무엇 때문에 힘들게 움직이겠는가.

아이들의 행동을 보다 절실히 책임질 사람이 누구인가를 생각한다면 우리는 한발 뒤로 물러설 수 있을 것이다. 자기 나름대로 주문을 만드는 것도 도움이 된다. 나는 이렇게 다짐하곤 한다. "이건 내 문제가 아냐. 그 애가 해결할 문제야." 시간이 흐르다보면 아이들은 우리가 대신 해결해주지 않는다는 걸 알아채고 혼자 문제를 해결하기 위해 고심한다.

8. 가능하면 잔소리하지 말라

우리 부모들이 흔히 저지르기 쉬운 또 하나의 잘못은 아이들에게 말을 너무 많이 하는 것이다. 우리는 아이들에게 훈계하고, 지시하고, 설명하고, 협상하고, 달래거나 구슬리고, 요구하거나 강요하고, 경고하고, 심문하면서 한시도 가만두지 않는다. 이런 압박 속에서 아이가 어떻게 내면과의 대화를 통해 혼자 결정할 수 있겠는가? 아이들은 점점 부모의 말에 귀기울이지 않게 될 뿐이다. 부모의 끊임없는 잔소리를 무시하지 못하는 아이들은 말대답을 하거나 신경질을 부리고, 반항하면서 문을 꽝 닫고 방안으로 들어가버린다. 아니면 부모의 입을 다물게 할 기상천외한 이유들을 고안해낸다. 결국 아이들이 도달하게 되는 결론은 이렇다. "내가 침대 밑을 깨끗이 치우지 않는다고 화를 내는 걸 보면 엄마는 침대 밑에 쌓인 먼지 덩어리가 두려운 게 틀림없어. 당장 뛰어올라가서 말끔히 치워버려야겠다!" 이것이 우리가 바라던 바인가?

내가 인터뷰했던 11살인 어느 아이의 말은 아이들의 생각을 잘 대변해주고 있다. "엄마가 나를 소파에 앉혀 놓고 잘못했던 일을 줄줄이 읊을 때마다 나는 다른 생각에 잠겨요. 비디오게임을 생각하며 이 지겨운 잔소리가 빨리 끝나기만 바라죠." 자, 이제 잔소리를 조금만 줄이자. 우리가 침묵하는 동안 아이들은 자신의 행동을 스스로 평가할 시간을 갖는다. 이것이 자기 주도적인 아이들의 전형적인 모습이다. 나중에 나직한 속삭임으로 아이들을 훈련시키는 여러 방법들을 다루게 될 것이다. 속삭임이 얼마나 사람의 주의를 끌 수 있는지 알면 아마 놀랄 것이다.

9. 부정적인 말보다는 긍정적인 말을 많이 사용하라

우리는 쉽게 아이들과 갈등을 일으킨다. 만일 우리가 이런 실수를 자주 저지른다면 부모—자식 간의 관계는 기쁨보다는 적대감에 사로잡히게 될 것이다. 우리가 '안 돼' '하지 마' '그만두지 못해!' 같은 부정적인 단어를 많이 사용하는 것은 아이들과의 관계에 전혀 도움이 안 된다. 이런 말들을 지나치게 남발하면 아이들을 올바르게 인도해야 할 부모의 역할을 제대로 수행하기 어렵다. 이런 말은 아이들을 격려하고 인도하기보다는 분노하게 만들기 때문에 아이들에게 올바른 선택의 기회를 제공하지 못한다. 이런 부모는 결과를 예측해서 '적절하게 대응' 하지 않고 '즉각적으로 반응' 하는 유형이다. 부모들이 부정적인 표현을 자주 사용하는 이유는 당장 사용하기에 편하기 때문이다. 부모들 중에는 이런 말을 아예 입에 달고 사는 사람들도 있다. 어떤 엄마는 '물건을 함부로 만지지 말아라' '징징거리지 말아라' '뛰어다니면 안 된다' 같은 말들을 직접 녹음한 비디오 테이프를 크리스마스에 아이에게 선물했다. 그녀는 자신의 말이 얼마나 듣기 싫은 잔소리이며 그런 비디오 테이프를 봐야 하는 아이가 얼마나 우울한 크리스마스를 보내야 하는지 전혀 예상하지 못한 것이다. 부정적인 말을 듣고 자란 아이들은 내면과 대화하는 어려움을 감수하지 않으려고 한다. 그들은 부모의 잔소리가 듣기 싫어 단순히 반응을 보이는 것에 만족할 뿐이다.

어떻게 하면 이 나쁜 습관을 고칠 수 있을까? 먼저 부정적인 말을 많이 쓴다는 사실을 깨닫는 일부터 시작해야 한다. 우선 '안 돼' '하지 마' '그만두지 못해!' 같은 부정적인 표현을 사용하게 된 동기를 찾아내자. 아이들에게 권위를 내세우기 위한 것인가? 아니면 어떤 규칙을 유지시키기 위한 것인가? 그런 다음 우리가 '그래' '해보렴' '잘 할 수 있을 거야' 같은 긍정적인 말을 사용했을 때, 아이들에게 일어날 최선의 상황을 상상해보자. 이렇게 잠시 생각할 시간을 갖는 다면, 아이들과의 갈등은 한결 줄어들 것이고 아이들의 결점보다는 가능성을 먼저 보일 것이다. 이런 접근 방법은 아이들과의 관계를 보다 좋게 만들어 엄마와 있는 시간을 따분한 시간이 아닌 행복한 시간으로 변화시켜 줄 것이다.

아이들과 우리 사이를 가로막고 있던 불화의 장벽이 허물어지면, 아이들은 보다 많은 기쁨을 주고 순종하게 된다. 일단 적대감이 사라지고 나면 한결 교육적인 환경이 조성되기 때문이다. 아이들은 부정적인 말에는 '즉각적으로 반응'하고 긍정적인 말에는 '적절하게 대응'한다는 점을 명심하자. 10살 난 한 아이는 "부모님들이 좋은 말로 가르치려 하실 때는 순종하고 싶은 마음이 들어요. 하지만 화를 내고 소리지를 때는 정말이지 귀를 막고 싶어요."

아이들을 긍정적인 말로 훈련시키는 방법에는 여러 가지가 있다. 첫째, 과거의 잘못을 들춰내지 말라. 아이들에게 수치심을 불러일으킬 뿐 아니라 장점보다는 단점으로 자신을 평가하는 습관을 길러준다. 우리는 아이들의 잘못에 초점을 맞추지 말고 잘못을 어떻게 해결할 것인가에 중점을 둬야 한다. 우리의 제안을 이성의 힘으로 분석하도록 격려함으로써 받아들일지 거부할지를 스스로 결정하게 만드는 것이다. 우리가 아이들을 훈련시킬 때, 문제점보다는 해결책에 중점을 둔다면 아이들도 부모를 본받아 해결책에 중점을 두게 될 것이다.

둘째, 긍정적인 말 뒤에 토를 달지 말라. "어머나, 웬일이니! 방을 말끔히 청소했구나! 그런데 침대 밑을 치우는 걸 잊어버렸네." 뒤에 비판적인 사족을 붙여 긍정적인 말에 손상이 가지 않도록 노력하라.

셋째, 잘못한 일보다 잘한 일에 초점을 맞추라. 우리 아들 에릭은 아침에 학교 갈 준비를 하면서 가끔 한 가지씩 잊어버린다. 에릭이 주로 소홀히 하는 건 머리를 빗는 일이다. 그러면 나는 "에릭, 머리가 그게 뭐냐. 잘 빗고 가렴?"이라고 말하는 대신 먼저 준비가 잘 된 것부터 칭찬한다. "음, 학교 갈 준비를 벌써 다 마쳤구나. 옷도 단정히 입고, 아침밥 먹고, 접시도 내다놓았고, 이도 깨끗이 닦았고, 가방까지 벌써 다 챙겼네! 이제 머리만 빗으면 모든 준비가 완벽하겠구나." 이렇게 말하면 에릭은 자신이 이미 이룩한 성공적인 일에 자부심을 느끼며 이성적인 판단을 통해 여기에 한 가지 목록을 덧붙이고 싶어 한다. 그러나 전자의 예처럼 말한다면 자신의 부주의함을 탓하는 엄마의 말을 잔소리로 여겼을 것이다.

넷째, 자신의 일은 스스로 해결하도록 자극하라. 만일 수학이 부족한 아이가 시험보기 바로 전날 비디오게임에만 열중해 있다면 이렇게 격려해보자. "저녁 먹기 전까지 곱셈 공부를 하면 어떻겠니? 엄마가 문제를 불러줄까?" 이런 간단한 말 한마디가 내면과의 대화를 유도함으로써 아이의 행동을 바람직하게 바꾼다.

10. 잘못된 행동을 방관하지 말라

아이들의 잘못된 행동을 방관하는 것은 '먼저 인도하고 뒤로 물러서라'는 규칙 중 '뒤로 물러서라'는 부분만 존중하는 것이다. 아이들이 징징거리거나, 조르거나, 불평이나 짜증을 늘어놓을 때, 이를 무시하는 것은 오히려 그런 행동을 부추기는 결과를 낳는다. 부모들이 아이들의 잘못된 행동을 방관하는 이유는 그들이 말을 잘 듣지 않거나, 야단치는 번거로움을 피하고 싶거나, 자신이 보다 큰 문제점을 안고 있기 때문이다. 아이들이 징징거리거나 졸라댈 때, 의식적으로 무시하는 방법을 택하는 부모들도 있다. 혹은 이렇게 말하기도 한다. "지금 누가 무슨 말을 하고 있니? 아무도 없는 것 같은데. 내 귀에 들리는 건 징징거리는 울음소리뿐인 걸?" 이런 행동은 아이들에게 반성의 기회만 빼앗을 뿐이다. 아이들은 어떻게 생각할까. "쳇, 아빠는 눈길 한번 주지 않는군. 그만 그치고 착한 아이로 돌아가야겠다"라고 생각할까? 그보다는 "아빠는 날 미워하는 게 분명해. 내겐 관심도 없잖아. 나보다 동생 사라를 더 예뻐하는 게 틀림없어. 아빠가 미워! 정말 미워! 어디로 멀리 사라져버릴까? 그럼 아빠가 관심을 갖겠지?"라고 생각할 것이다. 여기서 아이는 잘못된 행동의 해결책을 찾기 위해 자신의 내면으로 눈을 돌리는 대신 외부의 영향(아빠)에 중점을 두고 있다.

한 아이는 이렇게 말했다. "엄마가 일부러 내 말을 들은 척도 안 하면, 저는 화가 나서 참을 수가 없어요. 마치 '얼마나 가는지 두고 보자'는 식이에요. 저는 조롱 당하는 기분이 들어 엄마한테 더욱 심하게 대들어요."

11. 잘못을 고치기 위해 '뇌물' 과 '위협' 을 사용하지 말라

아이들을 훈련시킬 때, 외부적인 요소를 이용하는 건 매우 편리한 방법이다. 하지만 이건 마치 "네 문제의 해답은 항상 외부에 있단다!"라는 피켓을 들고 광고하는 것과 같다. 부모들이 주로 사용하는 방법은 '뇌물' 과 '위협' 이다. 장난감을 못 갖고 놀게 하거나 특정한 권리를 박탈하는 것 같은 '위협'은 외부 지향성을 촉진하는 일이다. 보다 높은 권위에 기대는 방법도 마찬가지다. "아빠가 돌아오시기만 해봐! 다 이를 거야!" 이 범주에 속하는 가장 흔한 말이다. 몇 년 전까지 내가 가장 잘 쓰던 방법은 산타 클로스를 들먹이는 것이었다. "산타 클로스 할아버지한테 전화해야겠다. 전화번호가 어떻게 되더라? 애니카가 잠을 안 자려고 한다는 걸 알려드려야지." 물론 나는 애니카에게 실제로 산타 클로스와 통화했다고 믿게 만들었다. 심지어 전화기를 아이에게 들이대며 위협했다. "네가 무슨 잘못을 저질렀는지 직접 말할래?" 불행하게도 이 방법은 마법처럼 잘 먹혀들었다. 우리 아이들은 크리스마스가 다가오면 천사처럼 변하곤 했다. 그러나 이 방법은 점차 내 권위에 손상을 입히기 시작했다. 언제까지 산타 클로스만 들먹일 수는 없었을 뿐 아니라 아이들이 자라 산타 클로스의 존재를 더 이상 믿지 않으면 어떻게 되겠는가?

우리가 이렇게 벼랑 끝에 다다랐을 때, 택할 수 있는 비결을 하나 소개하겠다. 개구쟁이의 눈을 똑바로 바라보며 이렇게 물어보라. "만일 네가 부모가 된다면 너 같은 말썽꾸러기를 어떻게 다루겠니?" 아이들이 제시하는 기발한 아이디어는 정말 놀랍다. 때로 아이들은 우리보다 더욱 엄한 방법을 제안하는 경우도 있다!

아이들은 자신의 잘못된 행동이나 선택을 고치는 법을 배워야 한다. 그러나 다른 사람의 가치관에 부합하기 위해서나, 벌을 받을까봐 두려워서, 또는 가공적인 인물의 보복을 피하기 위해서가 아니라, 자신의 가치관에 맞기 때문에 고치도록 인도해야 한다.

12. 잘못은 스스로 책임지게 하라

　우리 부모들이 가지고 있는 잘못된 생각 중 하나는 부모의 도리란 '아이들을 행복하게 해주는 것이다'라고 여기는 것이다. 따라서 많은 부모들이 아이들에게 선물이나 과자, 보상과 칭찬을 쏟아붓고, 과잉보호·과잉인도하며 아이들의 잘못이나 실패를 감싸주려고 노력한다. 그러나 이런 행동은 아이에게서 스스로 행복을 발견하는 능력을 빼앗는 행위다. 부모가 모든 걸 대신해주며 키운 아이는 자신을 충분히 표현하지 못한다. 내부 지향적이 아닌 외부 지향적인 자세를 갖게 되는 것이다.

　우리는 또 아이들이 해야 할 일에 지나치게 개입하곤 한다. 아이들이 엎지른 물을 대신 닦아주거나, 빨래감을 대신 내놓거나, 수학 문제를 대신 풀어주곤 하는 것이다. 아이들 일에 지나치게 간섭한다는 걸 깨달을 때마다 나는 진정한 부모의 역할이 무엇인지를 마음 속으로 되새긴다. 우리의 역할은 아이들을 인도하는 것뿐이다. 다음 일은 아이들에게 맡겨야 한다. 우리가 아이들 일에 지나치게 개입하는 것은 아이들을 올바른 길로 인도하기보다 외부 지향적인 목적지로 달려가는 열차에 태우는 것과 같다.

　우리는 아이가 내면의 판단력에 불을 당길 수 있을 정도로만 자극을 주어야 한다. 그런 다음 뒤로 물러서서 사태를 관망하는 여유가 필요하다.

　모든 부모들은 아이들 앞에서 한없이 약해진다. 그러다 보니 아이들을 곤경에서 직접 구해주곤 한다. 아이들은 자신이 저지른 잘못으로 인해 고통 당할 필요도, 잘못한 만큼 결과를 책임질 필요도 못 느낀다. 부모가 늘 방패가 되어 막아주기 때문이다. "조니가 학교 생활에 잘 적응하지 못하는 건, 아빠가 직장을 옮겨 이사했기 때문이에요. 생활이 안정되면 한결 나아지겠죠." 때에 따라서는 쓸데없는 중재 역할까지 자청한다. "형을 괴롭히지 말아라. 형은 지금 감기에 걸려서 고생하잖니!" 구조대원 같은 부모의 이런 태도는 아이들에게 외부지향적인 메시지를 전달할 뿐 아니라 문제를 스스로 해결할 기회마저 빼앗는다.

부모의 나약함이 드러나는 또 다른 면은 아이들에게 너무 쉽게 양보한다는 것이다. 예를 들어, 데이비드가 동생을 못살게 굴어 타임아웃 벌을 받는다고 가정하자. 데이비드가 벌을 받으면서 큰 소리로 울면 엄마는 결국 손을 내밀어 '두 번째(또는 세 번째, 네 번째, 다섯 번째) 기회'를 주게 된다. 한 아이는 이렇게 말했다. "내가 계속 조르면 엄마는 결국 제 말을 들어주세요. 엄마가 나를 불쌍하게 여기도록 만드는 건 식은 죽 먹기에요!" 미지근한 위협도 부모의 나약함을 드러내는 한 방법이다. 12살 난 존은 "저는 엄마나 아빠의 위협 중에 언제가 진심이고 언제가 거짓인지 금방 구별할 수 있어요. 대부분은 진심이 아니거든요"라고 말했다. 우리는 심지어 불가능한 위협을 동원해 아이들이 금방 눈치채게 만든다. "만일 5분 안에 준비를 끝내지 않으면 집에 혼자 두고 갈 거야. 우리가 재미있게 휴가를 즐기는 동안 너는 집에 남아 쓸쓸하게 지내야 할 걸!" 하지도 않을 일로 아이들을 위협하는 일은 절대 삼가라.

만일 부모들이 이제까지 살펴본 12가지 기본 전략을 지킬 수 있다면 우리 아이들은 자연스럽게 자기 주도적인 아이로 자랄 것이다. 모든 일을 심사숙고해서 선택할 것이고 선택의 결과를 예측할 것이며 잘못된 선택을 바로잡는 법을 스스로 찾아낼 것이다. 이 모든 전략의 공통적인 특성은 아이를 이성의 판단에 따라 행동하도록 인도한다는 데 있다. 자기 주도적인 아이들은 항상 모든 동기를 내면에서 끌어낸다.

자기 주도성을 키우는 8가지 테크닉

앞으로 소개하는 훈련법은 아이들을 내면과 대화하도록 격려하는 동시에 한발 더 나아가서 그 상태를 유지시킬 수 있도록 안내하는 특별한 기술들이다. 이 8가지 특성들은 한 가지 공통점을 갖고 있다. 자신의 선택이 나와 다른 사람에게 어떤 영향을 끼치고 어떤 결과를 가져올지 스스로 분석하도록 힘을 길러준다는 점이다. 다음에 제시할 훈련법을 적절히 사용한다면 아이는 자신의 생각에 따라 행동하는 자기 주도적인 아이가 될 것이다. 나는 부모들이 이 내용을 되풀이해서 자주 읽음으로써 늘 생생하게 기억하길 권하고 싶다.

1. 질문을 이용하라

질문을 던지는 방법은 특히 십대들에게 효과적이지만 어린 아이들에게도 잘 먹힌다. 즉 아이들에게 비판이나 잔소리, 지루한 훈계보다 질문을 통해 가르치는 것이 한결 효과가 크다는 뜻이다. 아이들이 어떤 선택을 분석하고 결정을 내릴 때, 부모의 적절한 질문은 내면과 대화할 수 있는 계기를 마련해준다. 예를 들어, 지미가 동생을 멍청이나 얼간이라고 놀린다고 가정해보자. 우선 성급하게 지미를 야단쳐서 동생을 구하려는 생각은 버려야 한다. 나중에 조용히 지미를 불러 질문을 던져라. "동생이 그런 말을 들으면 어떤 기분일 것 같니?" "동생 기분을 풀어주려면 어떻게 해야 할까?" 여기서의 질문은 설교가 아니라 아이의 의견을 묻는 것이다. 하지만 처음부터 큰 기대를 하진 말아라. 거대한 톱니바퀴가 돌아가려면 작은 톱니부터 맞물려야 한다. 한 걸음씩 시작하자.

또 다른 예를 들어보자. 아이가 소프트볼 연습을 한 후, 진흙 묻은 신발로 반짝반짝 닦아놓은 부엌 마룻바닥을 더럽혔다면 이런 질문을 던져보자. "엄마가 힘들게 청소해놓은 바닥이 더럽혀져 있으면 엄마 마음이 어떨까?" "집안에 신발을 신고 들어오면 안 된다는 규칙을 잊었니?" "저 진흙 발자국을 어떻게 하면 좋겠니?"

아이들이 아직 어리거나 엄마 말을 받아들일 준비가 되어 있지 않을 때는 질문을 던짐과 동시에 올바른 답을 찾을 수 있도록 도와주는 것도 한 방법이다.

그러나 질문에 힐책이나 비난이 묻어 있으면 안 된다. 또 '보다 나은 대답'을 유도하려는 의도나 화난 목소리, 은근히 위협적인 표현들도 삼가야 한다. 우리가 질문하는 목적은 아이가 죄의식이나 수치심을 느끼도록 하려는 것도, 우리의 화난 감정을 옹호하려는 것도, 아이들을 벌 주기 위한 것도 아니다. 만일 우리가 부드러운 목소리로 정중하게 질문을 던진다면 아이들도 반항적인 반응을 보이지 않고 자신의 잘못에 대해 생각해볼 것이다. 이것이 자기 주도적인 아이의 태도다.

우리가 질문을 던지는 목적은 아이 스스로 잘못된 행동을 깨닫고 검토해서 결과를 바로잡을 수 있도록 하는 데 있다. 이 훈련법은 아이들을 존중하는 마음으로 행해야 한다. 이것만 잘 지킨다면 문제 해결

뿐 아니라, 인도자로써의 부모의 역할을 보다 잘 이행하게 될 것이다.

2. 공정한 입장에서 문제점을 설명하고 구체적인 대안을 제공하라

아이들이 부모의 잘못보다 자신의 잘못에 초점을 맞추도록 인도하려면 부모가 객관성을 유지해야 한다. 이런 객관성은 부모가 아이의 잘못된 행동에 대해 편견없이 지적해주고 구체적인 대안까지 제시할 때 가능하다. 이 두 방법은 주관적이고 감정적인 표현을 사용하기 때문에 아이들에게 상처주기 쉬운 부모의 입장을 보다 공정하게 만들어준다. 비판이나 조롱과는 전혀 다른 이 방법은, 아이들의 존엄성을 공격하지도 아이들의 무조건적인 반응을 유도하지도 않는다. 그리고 무엇보다도 아이들로 하여금 자신의 행동이 어떤 결과를 초래할지 미리 예상하도록 만든다.

그렇다면 문제점을 공정한 입장에서 객관적으로 설명한다는 것은 어떤 것인가. "너 지금 뭐하고 있니? 벌써 저녁 먹을 시간인데 그렇게 TV 앞에만 붙어 있으면 어떻게 해! 내일까지 과학 숙제를 해야 하잖아. 매일 너 숙제시키느라고 속 터져 죽겠다!"라고 소리를 지르기보다 "벌써 6시인데 아직 과학 숙제를 시작도 하지 않았구나"라고 조용히 말하는 것이다. 후자는 정보를 알려주는 객관적인 지적이지만 전자는 주관이 섞인 비난이다. 후자는 조용하고 짤막한 반면, 전자는 보다 많은 시간과 노력이 소요되며 부모와 자식간에 적대감을 유발시킨다. 아이들은 각각에 대해 어떤 내·외부적 반응을 보이겠는가?

이 훈련법의 또 다른 효과는 아이에게 상대방의 심정을 헤아려보게 만든다는 점이다. 맥스와 친구들이 한 아이를 왕따 시킨다고 가정해보자. "저기 로버트가 혼자 시무룩하게 웅크리고 있는 거 보이니? 네가 비밀 결사대에서 제외 시켰기 때문에 슬퍼하는 것 같구나." 이 말에는 비난이나 맥스의 존엄성에 대한 공격이 전혀 들어 있지 않다.

구체적인 설명 또한 상황을 고려하는 데 필요한 자료를 제공한다. 예를 들면, 아이들이 식탁 위에 발을 올려 놓았을 때 "발은 식탁 아래에 있는 게 더 어울리지 않니?"라고 말하는 것이다. "로리, 엄마가 더러운 발을 식탁 위에 올려 놓지 말라고 귀에 못이 박히도록 말했잖아!"라고 소리를 지르는 것보다 한결 효과적이다. 아이들의 잘못된 행동을 지적하고 구체적인 대안을 제시한다면 아이들은 스스로 자신들의 행동을 되돌아보고 자기 주도성을 키울 것이다. 여기에 우리가 객관성과 차분함을 더한다면 서로에게 상처를 주는 다툼은 피하면서 아이들을 보다 바람직한 방향으로 인도할 수도 있다.

3. 한정된 선택권을 주라

잘못된 행동을 스스로 판단하도록 이끄는 또 다른 훈련법은 아이들에게 선택권을 주는 것이다. 내가 잘 쓰는 세 가지 방법은 〈이거냐 저거냐〉, 〈만일-그러면〉, 〈할 때-그러면〉이다. 이것들은 매우 간단하고 쉬운 말이지만 〈안 돼〉, 〈하지 마〉, 〈그만두지 못해〉 같은 부정적인 말들을 안 쓰게 도와준다.

스테파니라는 13살 난 아이의 말을 인용해보자. "부모님들은 하루 종일 이거 해라, 저거 해라. 이런 말을 들으면 저는 아예 귀를 막아버려요. '더 이상 듣기 싫어. 왜 날 혼자 내버려두지 않는 거야. 나도 그 정도 일쯤은 혼자 알아서 할 수 있단 말야!' 라는 생각이 들어요."

우선 〈이거냐 저거냐〉 훈련법을 먼저 살펴보자. 예를 들어, 아이들이 건강식품 대신 달디단 시럽이 든 팝타르츠(아침에 주로 먹는 팬케이크의 일종)만 먹겠다고 고집피우는 상황을 가정해보자. 아이가 조르면서 떼를 쓰기 전에 먼저 이렇게 제안하는 것이다. "오늘 아침에는 콘플레이크를 먹을까, 오트밀을 먹을까?" 아이는 억지로 강요당한다는 기분을 느끼지 않을 것이다. 그리고 우리는 "안 돼! 오늘 아침엔 절대 그걸 먹을 수 없어!"라는 강력한 표현을 쓰지 않아도 된다. 만일 밤마다 잠자리에 드는 문제로 아이와 실랑이를 한다면 잠자러 가든 말든 싸울 필요가 없다. 다만 이렇게 말하라. "잠자리에 들 시간이다. 이를 먼저 닦을까 책을 먼저 읽어줄까?"

아이들과의 갈등은 대부분 부모의 인정이나 관심을 얻으려는 아이들의 갈망과 깊은 관계가 있다. 따라서 아이들에게 한정된 선택권을 주는 것은 우리가 그들의 선택 능력을 존중하며 많은 관심을 가지고 있다는 사실을 보여주는 방법이다. 이처럼 아이들에게 존중하는 태도를 보여준다면 아이들은 강요에 따라 '단순히 반응' 하는 대신 내면과의 대화를 통해 '적절히 대응' 하게 될 것이다.

이번에는 〈만일-그러면〉이나 〈할 때-그러면〉 훈련법에 대해 알아보자. 만일 아이를 데리고 공원에 가려는데 신발을 신지 않겠다고 떼를 쓴다고 가정하자. "이런 식으로 자꾸 떼쓰면 앞으로 절대 공원에 데려가지 않겠어!"라고 화를 내는 대신 조용히 제안하는 것이다. "만일 신발을 신는다면 우리는 공원에 갈 수 있을 거야." 또 아이들이 숙제는 하지 않고 책상에 앉아 낙서나 공상에만 열중해 있다면 "숙제가 끝나야지 너는 친구들과 놀 수 있단다"라고 제안할 수 있다.

이 세 가지 방법은 아이들로 하여금 자신의 모습을 되돌아보게 만

들 뿐 아니라 내면과의 대화를 통해 스스로 잘못을 바로잡도록 자극
한다.

4. 말을 최대한 아껴라

나는 다른 방면에서는 '많을수록 좋다' 라는 사고방식을 가진 사람
이다. 우리 집 개들은 살이 쪄 뒤뚱거리고, 정원의 식물들도 제멋대
로 늘어져 있다. 나무들은 가지치기를 해주지 않아 우거질 대로 우거
져 있고 우리 아들들의 머리카락도 길게 너풀거린다. 그러나 나의 이
런 철학은 가끔 아이들을 지나치게 간섭하는 실수의 원인이 되기도
한다. 앞서 이미 지적했듯이 부모들의 간섭이 심할수록, 아이들은 자
신의 행동에 대해 생각하지 않는다. 아니 생각할 필요를 못 느낀다.

우리가 최소한의 말로 아이들을 잘 훈련시킬 수 있다면 얼마나 좋
을까? 한두 마디 말이나 표정, 제스처 등 간단하고 조용한 방법을 가
지고도 얼마든지 좋은 효과를 거둘 수 있다. 알렉스가 휴게실 한가운
데 신발을 벗어놓아서 다른 아이들의 통행에 불편을 준다고 가정해
보자. 이럴 경우 "알렉스야, 신발." 하는 한마디 말로 알렉스는 자신
의 잘못된 행동에 대해 관심을 갖게 되고 내면과의 대화를 통해 바로
잡는 방법을 찾게 된다. 낸시가 친구와 전화로 오랜 시간 수다를 떨
경우에도 "낸시, 그만!"이라고 말하면서 간단한 손짓을 하는 것으로
도 충분하다.

우리가 말수를 줄이면 줄일수록 아이들에게 화를 낼 일도, 모욕을
줄 일도, 지나치게 통제할 일도, 존엄성을 손상시킬 일도 줄어든다.
그리고 말이 잘못 전달되어 오해하는 일도 줄어든다. 아이들은 대개

간단한 말이나 제스처는 호의적으로 받아들이고 의미 또한 깊이 새긴다. 다른 훈련 방법과 마찬가지로 말을 최소화하는 것도 아이들로 하여금 자신의 잘못된 행동에 대해 생각하게 만드는 효과적인 방법이다. 그 결과 부모와 아이들간의 외부 지향적인 갈등은 줄어들게 된다.

5. 유머를 이용하라

나는 유머를 좋아한다. 유머는 폭발 직전의 긴장감을 해소시키는 훌륭한 무기이다. 그러나 우리는 이런 도구들을 실생활에서 충분히 활용하지 못하고 있다. 만일 우리가 상상력을 동원한다면, 아이들은 즐거운 마음으로 보다 올바른 선택을 하게 될 것이다. 토마스가 건강에 나쁜 패스트푸드를 고집할 때 멍청한 웨이터 말투를 흉내낸다면 토마스의 마음은 마술처럼 쉽게 풀린다. 또 학교에서 돌아와 재킷을 거실 바닥에 벗어 던진 메건에게 '재킷 요정은 휴가중' 이라는 유머로 정리를 유도할 수도 있다.

유머는 여러 가지 이유로 아이들의 자발성을 유도한다. 첫째, 우리가 아이들과 투쟁할 마음이 없다는 걸 보여줌으로써 아이들이 부정적으로 대항할 원인을 제거해준다. 그리고 이런 편안한 분위기는 자연스럽게 아이들을 내면과 대화하게 한다. 둘째, 아이들의 잘못된 행동에 대해서 화를 내며 공격할 의사가 전혀 없다는 걸 보여줌으로써 그 문제가 나보다 아이에게 더 중요하다는 것을 명백히 전달한다. 마지막으로, 유머는 폭발 직전의 긴장감을 해소 시키는 효과가 있기 때문에 아이들은 웃는 얼굴로 자신의 잘못된 행동을 바로잡을 수 있다.

그러나 주의할 점은 조롱이 섞여서는 안 된다는 것이다. 아이들이 울거나 보채는 모습을 흉내내는 것은 그들을 더욱 자극해 상황을 악화시킨다. 우리는 오직 즐거운 마음으로 유머를 사용해야 한다. 아이디어를 발휘하라. 괴상한 어릿광대나 기발한 몸짓으로 아이들에게 웃음을 선사하라. 서로의 영혼이 고양됨을 느낄 것이다. 더군다나 웃으면 복이 온다고 하지 않는가. 혹시 뜻밖의 행운이 찾아올지 누가 알겠는가.

6. 체벌은 선택적으로 사용하라

타임아웃 벌에 대해서는 의견이 분분하다. 일부 사람들은 신나게 놀고 있는 아이들을 또래 집단에서 분리시키는 벌이 외부 지향적인 메시지를 전달한다고 주장한다. 또 다른 사람들은 이 벌이 소리를 지르고 때리는 것보다 아이들에게 효과적이라고 말한다. 나는 개인적으로 아이들의 행동을 바로잡으려는 시도가 불가능할 때만 이 벌을 사용해야 한다고 생각한다. 그리고 벌을 줄 때도 그룹에서 완전히 추방시키기보다 되돌아갈 수 있는 여지를 남기고 '생각할 시간을 주는 정도'에 그쳐야 한다고 생각한다. 즉 아이들에게 잘못을 반성할 시간을 주는 것이다. 물론 벌을 주기 전에 나머지 아이들을 보호하기 위해서라는 취지는 분명하고도 충분히 설명되어야 한다.

아이들을 따로 벌 세울 때는 조용하고 정중한 절차를 밟아 억울하고 부당하다는 생각이 들지 않도록 유의해야 한다. 잠시 동안 벌을 섬으로써 아이들은 벌을 서게 된 이유와 자신의 문제점, 그리고 해결 방법에 대해 생각하게 된다. 내면과의 대화를 촉진시키는 체벌을 예로 들어보자.

너무 화가 난 지미가 절친한 친구 브랜돈의 팔을 물었다고 가정해보자. 여기서 우리가 우선 취해야 할 행동은 먼저 지미의 기분을 이해해주는 것이다. "얼마나 속이 상했으면 브랜돈을 물었겠니? 네 기분을 엄마는 충분히 이해한단다."(공정한 설명)

그런 다음 엄한 어조로 지켜야 할 규칙을 설명한다. "하지만 어떤 경우라도 무는 건 용서할 수 없어!"(구체적인 정보 제공) 다음에는 문제를 해결할 수 있는 방법을 묻는다. 지미가 아직 어려서 스스로 해결책을 찾아내지 못한다면 도와줘도 무방하다. "브랜돈이 못살게 굴면 네 기분이 어떤지, 말로 설명할 수 있지 않니?"

그래도 아이가 진정의 기미를 보이지 않으면 상황을 일단락지을 필요가 있다. "잠시 엄마 옆에 앉아 흥분을 가라앉히렴. 같은 실수를 또 할까봐 걱정이 되는구나."

마지막으로 지미가 상황을 해결하도록 인도한다. "이제 브랜돈과 화해하려면 어떻게 해야 할지 함께 생각해볼까?" 만일 지미가 거절하면 또 다른 다툼이 일어날 소지가 있는 것이므로 그것을 방지하기 위해서라도 벌 서는 시간을 늘릴 수밖에 없다.

이런 과정은 다른 경우에도 적용된다. 대화를 통해 지미는 다른 사람에게 해를 입히지 않아야만 자신의 감정이 이해와 동의를 얻을 수 있음을 배운다. 또 해결책을 찾아내는 이성적인 방법과 행동에는 반드시 결과가 따른다는 진리도 배우게 된다. 결국 지미는 대화를 통해 자신의 행동을 돌아보고 잘못을 바로잡은 것이다. 따라서 차차 충돌 없이 아이들과 어울리는 기술을 배우게 될 것이다.

만일 우리가 처음부터 외부 지향적인 방법으로 벌을 준다고 가정해보자. "지미! 당장 벤치에 가서 10분 동안 꼼짝 말고 앉아 있어라. 너랑 아무 말도 하고 싶지 않아!" 지미는 아마 이런 생각을 할 것이다. "엄마는 불공평해! 나보다 브랜돈을 더 좋아하나봐. 그 자식이 날 얼마나 놀렸는지 알지도 못하면서. 나쁜 녀석! 다시는 안 놀 거야." 우리가 원하는 건 이런 반응이 아니지 않는가. 여기서 지미는 자신이 받고 있는 벌에 대해 불공평하다고 생각한다. 그리고 판사이자 배심원이자 집행인인 우리를 마치 애완견의 줄을 당겨 억지로 끌고 가는 나쁜 주인이라고 생각해버린다. 이럴 경우 우리의 행동은 즉각적인 반응을 유도하는 외부 영향으로 작용한다.

만일 지미가 지나치게 흥분해서 우리 말에 귀기울일 상황이 아니라면 우선 이렇게 달래는 것이 좋다. "지미야, 지금은 너무 화가 나서 아무 생각도 안 나겠구나. 엄마 옆에 잠시 앉아서 화를 가라앉히는 게 좋겠다. 마음이 좀 진정되면 이 일을 어떻게 해결할지 생각할 수 있을 거야." 시간이 흘러 지미의 목에 섰던 핏발이 가라앉으면, 타임아웃 벌을 주되 '보호의 울타리'로 사용하는 것임을 반드시 밝혀라. "지미야, 엄마 옆에 잠시 앉아 있는 게 좋겠다. 지금 널 그냥 내버려둔다면 분명히 브랜돈과 또 싸울거고 나중에 후회할 거야. 엄마 생각에는 네가 다른 친구들과 더 이상 싸우지 않을 정도로 마음이 진정됐을 때 자초지종을 듣는 게 좋겠구나. 그런 다음에야 다시 친구들과 놀 수 있단다." 만일 아이가 너무 화가 나 있어 말로 통제되지 않는 상황이라면 아이를 팔로 감싸 안고 이렇게 말하라. "네가 진정될 때까지 엄마가 억지로 막는 수밖에 없겠구나." 위의 두 예는 타임아웃을 불가피한 도구로 사용한 본보기다. 우리가 둘 중 어느 경우를 택하든 이 벌은 지미가 마음을 가라앉히고 이성을 찾았을 때 사용해야 한다.

부모들 자신이 자제심이 강하지 못할 경우에도 타임아웃은 좋은 방어 수단이 될 수 있다. 아이들이 많은 가정에서도 마찬가지다. 여러 명의 자녀들 사이에 한꺼번에 전쟁이 시작됐다면, 사실 한 사람씩 앉혀 놓고 대화를 나눈다는 건 불가능하다. 이런 상황에서 타임아웃은 아이들을 서로 분리시킴으로써 부모가 차분하게 해결책을 모색할 수 있다는 강점이 있다. 타임아웃 전략은 문제의 상황이나 부모의 성격에 따라 적절하게 적용돼야 한다. 그러나 부모가 모범을 보이거나, 말로 잘 타이르거나, 논리적으로 설명하면 문제를 쉽게 풀 수 있는 데도 손쉽다는 이유로 함부로 사용되어서는 안 된다. 아이들에게 자신의 잘못된 행동을 조용히 되돌아보고 해결책을 찾을 기회를 제공할 필요가 있을 때나 아이들을 그룹에서 분리시켜 나머지 아이들에게 해를 끼치지 않게 하려는 합당한 이유가 있을 때만 사용해야 한다.

7. 십대들에게는 '3단계 전략'을 사용하라

12살이 넘은 아이들을 훈련시킬 때, 가장 권하고 싶은 방법은 3단계 전략이다. 이 기술은 아침마다 아이들에게 3단계의 모든 특권을 부여해 기분 좋게 하루를 시작하는 데서 출발한다. 만일 아이들이 반항적 행동이나 거짓말, 특권의 남용 같은 잘못을 저지를 경우 2단계로 떨어진다. 2단계에서는 모든 사회적 특권이 금지된다. 즉 친구가 놀러오거나, 인터넷이나 전화 사용이 제한된다. 여기서 또 다른 위반 행위가 추가되면 다시 1단계로 내려간다. 1단계는 어떤 종류의 오락 행위도 할 수 없기 때문에 십대들에게는 사실상 타임아웃과 같은 벌이다. 아이들은 TV를 보거나 음악을 들을 수 없으며, 낮잠도 금지되고, 간식이나 디저트도 먹을 수 없고, 비디오게임이나 어떤 오락 행위도 할 수 없다. 그들이 할 수 있는 일은 목욕과 숙제, 방 청소, 정규 식사, 손톱을 다듬거나 배꼽을 손질하는 것 정도다. 지루하고 심심해

몸이 뒤틀리겠지만 자신들의 잘못된 행동을 되돌아볼 충분한 시간을 가질 수 있다. 이런 반성의 시간이 아이를 자기 주도적인 길로 인도한다. 결국 아이들은 자신들의 잘못과 그에 따른 결과를 분명히 깨닫고 인정하게 된다. 부모들이 소리를 지르거나 매질을 하는 등 외부 지향적인 태도를 보이지 않았으므로 십대인 아이들도 외부 지향적인 반항을 하지 않게 된다.

나는 또한 아이들이 말끔히 닦아놓은 마루바닥 보는 걸 좋아한다. 아이들의 잘못이 너무 많이 쌓여 지나치게 긴 시간 벌을 받아야 한다면 다른 방법(마루 청소)으로 그 벌을 면제해주는 것이다. 벌을 받는 기간이 길어지면 아이들은 좌절감을 느끼고 벌을 받는 것에 대해 반항하며 부모를 원망하게 된다. 이렇게 되면 잘못을 바로잡으려는 애초의 동기는 빛을 잃는다. 따라서 기약 없는 '십대들의 감옥살이'를 억지로 지속시키기 위해 하는 수 없이 외부 지향적인 방법을 사용하게 된다. 여기에 대해서는 뒤에 가서 보다 자세히 다루기로 한다.(『십대를 키우기 위해 꼭 알아야 할 3단계 전략』편을 참고하라.)

8. 잘못은 스스로 책임지게 하라

강력하고 효과적인 훈련 프로그램을 실행할 때 가장 중요한 부분은 자연스럽고 이치에 합당한 결과를 몸소 체험시키는 데 있다. 여기서 자연스런 결과란, 부모의 간섭이 배제된 결과를 말한다. 만일 아이가 자주 도시락을 두고 간다면 점심 시간에 배고픔을 경험하는 것이 자연스런 결과다. 그리고 이치에 합당한 결과란, 부모의 간섭이 포함된 결과를 말한다. 예를 들어, 아이가 자꾸 동생을 놀린다면 가족 행사에 참석시키지 않는 방법이 있다. 이런 벌은 아이를 배제시킴으로써 나머지 가족들을 언어폭력으로부터 보호할 수 있으므로 이치에 합당한 결과라고 할 수 있다.

이처럼 자연스럽고 이치에 합당한 결과는 내면과의 대화와 자기 모니터를 동시에 하도록 만든다. 자신의 행동을 돌아보고 그 결과를 예측하도록 인도하기 때문이다. 자신의 행동에 걸맞는 결과를 직접 경험한 아이들은 점차 이성적으로 결과를 예상하게 된다. 모든 행동에는 합당한 결과가 따라온다는 걸 깨닫게 되면 아이들은 잘못을 되풀이하지 않기 위해서 올바른 결정을 내리려고 노력하게 된다.

반면 잔소리나 질책, 훈계, 비판 같은 부정적인 방법은 아이들에게 내면과의 대화나 이성적인 사고를 회피할 구실만 만들어준다. 아이들은 관심의 초점을 외부로 돌려 부모들을 비판하는 데 모든 에너지를 집중한다. 얼마나 불공평하고 인내심이 없으며, 비열하고 강압적으로 구는지 하루종일 투덜거리는 것이다. 이런 외부 지향적인 태도를 피하기 위해 우리는 벌을 가할 때도 아이들을 존중하는 마음과 다정함을 잃지 않아야 하며, 그 다음에는 한발 뒤로 물러서서 믿음을 갖고 사태를 지켜보는 여유를 가져야 한다. 눈을 감고 심호흡을 해야 하는 경우도 있을 것이다. 그렇지만 분명히 인식할 점은 아이들은 우리의 적이 아니라는 사실이다. 우리는 아이들의 스승이요, 인도자이므로 어떤 경우든 아이들 편에 서야만 한다.

잘못의 결과인 벌이 아이들에게 받아들여지게 하기 위해서는 이치에 합당해야 한다. 부모들이 공통적으로 저지르기 쉬운 실수 중 하나는 이치에 맞지 않는 벌을 훈련에 사용한다는 것이다. 다시 말해서 잘못과 전혀 관계 없는 벌을 체벌의 수단으로 쓴다는 뜻이다. 부모들이 비논리적인 벌을 가할 때, 아이들의 분노와 관심은 자신의 잘못된 행동보다 부모의 부당한 벌에 집중된다. 만일 아이가 부모에게 불손했다는 이유로 일 주일 동안 TV를 못 봤다면 아이는 전혀 연관성이 없는 이 벌을 부당하다고 여길 것이다. 차라리 그보다는 다른 가족들이 더 이상 모욕의 희생물이 되지 않도록 하기 위해서라는 이유를 대고 일 주일 동안 혼자 식사하게 하는 것이 더 합당하다. 아이를 친구와 못 놀게 하는 것도 괜찮다. 친구들에게 모욕적인 말을 쓸까봐 걱정이 된다는 핑계라도 댈 수 있지 않은가(물론 대부분의 아이들은 가족에게 하는 것처럼 친구들을 함부로 대하지 않는다. 그러나 비상시에 우리는 이런 논리를 주장할 수 있다. 다시 말해서, 필요하다면 기본 논리에서 조금은 벗어날 수도 있다는 뜻이다). 아이에게 벌을 줄 때는 다음에 보다 나은 선택을 할 수 있도록 주는 벌임을 분명히 인식시켜야 한다. 아이에게 자신의 잘못된 행동을 바로잡을 수 있는 기회를 준다는 건 중요한 일이다. 우리가 아이들의 능력을 믿고 있다는 메시지를 전달하기 때문이다. 현명한 선택으로 자신과 자신의 운명을 올바르게 이끌어갈 자기 주도적인 아이라는 점을 인정하는 셈이다. 우리의 이런 태도는 아이들에게 행동에 따른 결과를 분석할 수 있는 자신감을 심어준다. 따라서 아이들은 점차 자기 주도적인 아이로 커간다.

우리가 아이들을 훈련시키고 인도하는 이러한 방법은, 아이들이 나중에 '내부 지향적인 어른'이 되느냐 '외부 지향적인 어른'이 되느냐를 결정짓는 중요한 요소이다.

실패를 두려워하지 않는 아이로 키워라

> 위대한 사람이 훌륭해질 수 있었던 이유는
> 실패를 거울 삼아 성공의 지혜를 터득했기 때문이다.
> — 윌리엄 사로얀

아이들이 실패를 했을 때, 다른 사람이 직접 비판하지 않는다면 그들은 실패를 자연스럽게 받아들인다. 나는 아이들이 그런 능력을 타고났다고 굳게 믿는 사람 중 하나다. 아이들과 인터뷰하면서 그런 믿음은 더욱 확고해졌다. 나는 아이들에게 만일 아무도 없는 체육관에서 농구 연습을 할 때, 골인되는 확률이 50%도 안 된다면 어떤 기분인지를 물었다. 그들은 하나같이 전혀 문제될 게 없다고 대답했다. 그러나 만일 누군가가 보고 있다면 얘기는 전혀 달라진다. 아이들은 공이 안 들어갔을 경우, 심기가 매우 불편해지면서 결국 연습을 포기하게 된다고 말했다.

안타까운 사실은 아무리 자기 주도적인 아이일지라도 대부분의 시간을 외부 지향적인 사람들에 둘러싸여 지내야 한다는 것이다. 주위 시선들은 아이들이 혹시 실수를 저지르지 않을까 호시탐탐 노리고 있다. 아이들이 실패를 했을 때, 다른 사람으로부터 받게 될 비웃음이나 질책을 두려워하는 것도 이 때문이다. 실수를 앞으로의 선택을 위한 거울로 삼는 대신 자신을 평가하는 잣대로 삼아버리는 것이다.

우리 사회는 실패를 완벽하지 못한 결과로 치부해버리는 경향이 있다. 실패를 성공의 디딤돌이나, 목표를 추구하는 하나의 과정, 또는 지혜를 터득할 수 있는 절호의 기회로 인정하지 않는 것이다. 그러나 우리는 성공보다 실패를 통해 더 많이 성장한다. 실패에 대한 사회의 그릇된 인식은 사람들로 하여금 소신 있는 선택을 하지 못하게 한다. 잘못된 인식이 '결단력 마비' 나 자신의 의사가 반영되지 않은 '습관적인 선택' 을 불러오는 것이다. 그 결과 분노, 절망감, 냉소주의, 무관심 같은 불행한 감정에 사로잡히게 된다. 실패를 두려워하는 사람은 모험을 피하고 새로운 도전이나 아이디어, 경험, 사람들을 꺼린다. 이런 두려움은 소극적인 사람(자신의 선택이 실패할까봐 전전긍긍하는 사람)이나 완벽주의자(잘못된 선택으로 자신의 능력이 과소평가될까봐 두려워하는 사람)를 만들어낸다. 이런 종류의 사람들은 스스로 생각하길 두려워한다. 자신의 생각이 실패를 초래해 스스로의 가치를 손상시킬 수 있기 때문이다. 그들은 다른 사람이 대신 생각해주길 바란다.

부모인 우리는 아이들이 실패했을 때, 실패를 상처로 받아들이는 대신 미래의 교훈으로 삼도록 인도해야 한다. 아이들에게 실패를 되새겨 성장의 기회로 삼도록 가르쳐야 하는 것이다. 실패가 아이들을 위축시키는 외부적 영향으로 작용하게 만들어서는 안 된다. 아이들은 실수나 실패에 대해 어떻게 생각하며 해결하는지 살펴보자.

마이클(9살): "만일 무슨 일이 하다가 잘 풀리지 않으면 저는 다시
시도하지 않고 포기해버려요. 실패할까봐 두렵기
때문이죠."
킴벌리(10살): "우리 엄마는 100점 받은 시험지는 벽에 붙이지만
하나라도 틀린 시험지는 쓰레기통에 던져버려요.
엄마는 제가 완벽할 때만 사랑하시는 것 같아요."

아이들이 패배감을 쉽게 극복할 수 있도록 인도하는 효과적인 방법을 몇 가지 소개한다.

부모의 실패담을 아이와 함께 토론하라

우리 자신이 어떤 실수를 저질렀을 때, 그 원인이 무엇이며 우리에게 어떤 책임이 있으며 그 해결책은 무엇인지 아이들과 의견을 나누어라. 예를 들어, "에이 참, 내가 왜 그 친구에게 그렇게 퉁명스럽게 대했지? 분명히 나쁜 기분이 전염됐을 거야. 가서 사과하는 게 좋겠어." 이런 말은 우리가 실수를 인정하는 걸 두려워하지 않으며 전적으로 책임을 느낄 뿐 아니라 적절한 해결 방법을 찾을 수 있다는 걸 보여준다. 결과적으로 실수는 우리의 가치를 손상시키지 않는 대상임을 아이들에게 알려주는 것이다. 잘못을 바로잡은 후에도 우리가 얼마나 홀가분한 기분을 느끼는지 아이들에게 표현하는 것이 좋다. 우리의 이런 모습을 보며 아이들은 실수를 솔직히 인정하고 해결하는 것이 얼마나 기분 좋은 일인가를 알게 된다. 또 실수에 대해 얘기할 때, 당당한 태도를 보이는 것도 많은 도움이 된다. 죄의식이나 수

치심, 절망감, 후회, 비탄 같은 감정을 나타내는 것은 아이들에게 실수에 대한 두려움을 가중시킬 뿐이다. 이처럼 두려움은 실패를 외부 요인으로 작용하게 만든다.

아이가 좋아하는 일을 처벌의 대상으로 삼지 말라

잘못에 대한 벌로, 현재 열중하고 있는 일을 금지시키는 건 좋지 않은 방법이다. 예를 들어, 딸아이가 라크로스(하키의 일종) 팀의 최고 선수라고 가정해보자. 아이는 이 성공으로 내면의 힘을 강화시키고 있는 중이다. 그런데 귀가 시간에 늦었다고 다음 경기의 출전을 금지한다면 과연 적절한 벌일까? 부모들은 흔히 이런 벌을 내린다. 아이들이 말을 듣지 않을 때, 가장 좋아하는 일을 금지시키는 것이 가장 효과적이라고 생각하기 때문이다. 이런 이유로 많은 사람들이 자신의 목표를 향해 정진하지 못하는 못난이 어른으로 성장하게 된다. 어린 시절, 자신이 좋아하던 일이 항상 체벌의 대상이었기 때문이다. 따라서 그들은 자신의 잘못을 돌이켜보는 내면과의 대화를 자꾸 피함으로써 도전을 꺼리는 소극적인 어른이 되는 것이다.

부모의 실패 경험을 아이와 나누자

처음부터 쉬운 일은 아니겠지만, 우리의 실패를 아이와 나눌 수만 있다면 많은 걸 가르칠 수 있을 것이다. 젊었을 때 술을 많이 마셨던 경험이나 공부를 소홀히 했던 일, 후회하고 있는 성관계 등을 솔직하게 얘기하라. 그리고 그로 인해 깨달았던 교훈과 감수해야 했던 불이익도 함께 설명하라. 우리의 잘못을 아이들에게 숨김없이 드러낸다는 것 자체가, 잘못을 인정하고 기꺼이 받아들이는 태도를 보여주는 산 교육이다. 아이들은 부모의 경험을 통해서 실수에서도 많은 걸 얻을 수 있다는 걸 알게 된다.

실패는 성공의 어머니임을 가르쳐라

무언가에 도전할 때 중요한 건 시도하려는 마음이지 실패한 횟수가 아님을 가르쳐라. 즉 칠전팔기의 정신을 길러주라. 아이들이 농구공을 골대에 집어넣기 전에 100번을 실패한들 무슨 상관인가? 그들의 연속적인 실패를 다른 사람이 어떻게 생각하느냐는 전혀 신경쓸 일이 아니다. 오히려 여러 번 시도할 수 있다는 건 인내심이 강하다는 증거이며 자기 주도적인 아이가 갖는 특성이라는 점을 강조하라. 실패할 때마다 보다 넓은 바다로 나아가기 위해 징검다리 하나를 더 놓는 것임을 알려주라. 그리고 아이들이 실패를 거듭할 때마다 이렇게 격려하라. "실패할 때마다 그만큼 성공에 한걸음씩 다가가는 거란다." 그러나 이런 말들은 아이들 귀에 공허하게 들리기 쉽다. 그걸 방지하려면 실패할 때마다 교훈을 한 가지씩 터득하도록 인도할 필요가 있다. 예를 들어, 아이가 롤러 블레이드를 배우다가 넘어졌다면 처음에는 신발끈을 단단히 조여야 한다는 걸 배운다. 또다시 넘어지면 이번에는 윗몸을 유연하게 움직여 균형을 잡아야 한다는 걸 배우게 된다.

부모가 아이를 사랑하는 이유는 완벽해서가 아님을 가르쳐라

어떤 일을 완벽하게 처리하지 못하면 대부분의 아이들은 수치심을 느낀다. 이런 수치심을 갖지 않게 하려면 어떻게 해야 할까?

첫째, 인간은 누구나 타고난 능력이 다르다는 사실을 인식시켜라. 누구나 미식 축구팀의 쿼터백이 될 수는 없지 않겠는가. 팀에는 수비를 맡는 라인배커도 필요하고 풀백이나 코너백도 필요하며 키커도 있어야 한다.

둘째, 아이들의 타고난 장점을 발휘하도록 격려하라. 완벽하지 않아도 좋다.우리 모두는 불완전한 존재이므로 보다 나아지려고 노력하고 있다는 걸 가르쳐라. 성장을 위해 끊임없이 노력하는 자세를 길러주라. 즉 과거의 부족함을 보충하도록 노력하며, 목표를 달성하기 위해 최선을 다하고, 장애물을 극복하기 위해 힘쓰도록 인도하라. 아울러 이런 자기 개발은 다른 사람의 칭찬을 받기 위해서가 아니라 자신의 만족을 위해 이루어져야 한다는 점도 강조하라. 자신의 삶은 다른 사람이 아닌 자신의 의지대로 다스려져야 함도 인식시켜라.

셋째, 우리 부모가 제일 기쁠 땐 아이들이 최선을 다할 때임을 알려주라. 이 말은 우리가 100점짜리 시험지만 냉장고에 붙여놓지 말아야 한다는 의미이다. 완벽하지는 않지만 아이들이 공들여 만든 작품들을 집안 곳곳에 진열해 놓는 것도 좋은 방법이다. 아이들은 자기가 만든 부족한 작품들을 보면서 다른 사람의 기준보다 자신의 능력에 맞는 기준을 세움으로써 자부심 키우는 법을 배울 것이다.

'실수 말하기 대회'를 매일 저녁 열어라

저녁식사 전에 가족들이 모두 모여 '실수 말하기 대회'를 여는 것도 매우 효과적이다. 여기에는 우리도 동참할 수 있다. 온 가족이 둘러앉아 돌아가면서 실수한 이야기를 하고 어떤 교훈을 얻을 수 있었는지 토론하는 것이다. 모두 마치면 서로 의논해서 그 날의 우승자를 선정하고 그 이유를 밝힌다. 당신은 '실수 말하기 대회'에서 몇 번이나 우승했는가? 이런 자리는 실수를 긍정적으로 드러내는 방법이기 때문에 이런 과정을 통해 아이들은 실수를 편안하게 받아들이게 된다. 실수에 대한 편안한 인식은 보다 손쉽게 자신의 실수를 반성하게 만든다. 실수가 부담이 되기보다는 오히려 축복이 되는 것이다.

과거의 잘못을 들춰내지 말라

많은 부모들이 걸핏하면 과거의 잘못을 들춰내어 아이들을 야단치곤 한다. 그 중에는 가끔 아이의 잘못을 통해 자신의 과거를 되새기는 경우도 있다. 아이에게서 자신의 잘못된 과거를 떠올리는 부모들은 매우 당혹스러움을 느낀다. "티미가 수학에서 낙제점을 받았어. 사람들이 날 얼마나 무능한 부모로 생각하겠어. 아무래도 과외를 시켜야 할까봐. 그렇지 않으면 예전의 나처럼 수학 낙제생이 될 거야." 부모 자신의 실패 경험이 부담으로 작용한 것이다. 그러나 부모들이 아이들의 실패를 지적하면 할수록 원하는 결과와는 점점 멀어진다. 부모들 중에는 같은 실패가 되풀이되는 걸 막기 위해 아이들에게 체벌을 가하는 경우도 있다. 그러나 이런 사고방식은 매우 위험하다.

아이들은 같은 잘못을 되풀이하지 않을런지 모르지만 아마 다시는 어떤 모험도 시도하려고 하지 않을 것이다. 이런 아이들은 실패를 숨기고 피해야 할 외부 요인으로 여기게 된다. 따라서 실패에 대한 내면과의 대화를 피하게 된다. 아픈 상처에 소금을 끼얹는 격이 되기 때문이다. 안타깝게도 이런 아이는 결국 의기소침하고 소극적인 아이가 될 수밖에 없다. 그 책임은 상당 부분 부모에게 있다.

아이들의 잘못을 너그럽게 용서하라

부모도 인간이기 때문에 기분이나 상황이 좋지 않을 경우에는 참기 어려울 때도 있다. 하지만 아이들의 실패에 지나치게 과민 반응을 보이는 건 삼가야 한다. 우리가 아이들에게 '실패에 대한 관대함'을 가르치려면 먼저 그들의 잘못을 너그럽게 용서하는 모범을 보일 필요가 있다. 만일 아이들이 스스로 실패를 고백하지 않을 경우, 그들의 실패는 대개 그냥 넘어가도 괜찮은 일들이다. 아이들은 이미 자신의 잘못을 충분히 깨달았고 그에 따른 '합당한 결과'도 체험했을 것이다. 이때 부모의 간섭은 오히려 자기 주도적인 아이로 자라는 데 필수적인 건전한 내면과의 대화를 방해할 수도 있다. 만일 아이들이 충고나 위로를 요구한다면, 우리는 일에 대한 대처 능력과 거기서 교훈을 얻으려는 태도가 얼마나 훌륭한지를 칭찬하는 것으로 족하다.

격려를 아끼지 말라

부모인 우리는 아이들이 실패를 겪을 때, 격려를 아끼지 않음으로써 아이가 실패를 도약의 기회로 삼도록 도와야 한다. 아이들은 자신의 실패를 이렇게 받아들일 수 있어야 한다. "이 일을 통해 나는 무엇을 배울 수 있으며, 어떻게 성장할 수 있는가?" 실패를 극복해가면서 아이들은 자신감과 자부심, 그리고 자신이 원하는 건 무엇이든 할 수 있다는 긍정적인 자세를 배우게 된다. 나는 치명적인 영향을 미치지 않는 선에서 아이들이 일찍부터 실패를 경험해보는 것이 좋다고 생각하는 사람이다. 우리 아들 중 하나는 5살 때 텀블링 반에 등록할 정도로 텀블링에는 타의 추종을 불허하는 귀재였다. 그러나 그 아이는 텀블링 대회에서 우승하지 못했다. 우리는 그것을 크게 문제삼지 않았다. 너무 어렸던 아이는 다행히 절망에 빠지기보다 패배감을 잘 극복할 수 있었고 많은 걸 배울 수도 있었다. 아이에게는 이것이 우승한 것보다 더 낫지 않은가?

아이들의 능력을 존중하라

당신은 아이들에게서 뜻밖의 능력을 발견하고 놀랐던 경험이 있는가? 많은 부모들이 아이들의 무한한 잠재 능력을 무시하고 성공이 보장된 일만을 강요한다. 뿐만 아니라 중요한 도전일 경우에도 믿고 맡기지 못하고 간섭하고 만다.

그러나 우리는 아이들을 믿어야 한다. 그들은 성공할 수 있고 실패 또한 의젓하게 극복할 수 있다. 우리는 가능하면 아이들이 혼자 일을 처리하도록 기다려야 한다. 그리고 실패할지 모를 일에도 과감히 지켜보는 여유를 가져야 하고 격려 또한 아끼지 않아야 한다. 아이들이 혼자 고군분투할 때, 도와주고 싶거나 지나치게 위험 부담이 따르는 일을 피하게 해주고 싶은 유혹도 떨쳐버릴 수 있어야 한다. 이런 행동은 아이들에게 너희들은 아직 능력이 부족하니까 부모의 도움 없이는 일을 처리할 수 없다는 메시지를 전달하기 때문이다. 2살짜리 아이가 우유를 따르다가 엎질러도 엄마는 손에서 우유병을 빼앗지 말아야 한다. 엎지르게 내버려두라! 그런 다음 우유를 혼자 따르려는 아이의 행동을 칭찬해주고 엎지른 우유를 스스로 치우도록 가르쳐라. 아이들이 어떤 잘못을 저질렀을 때, 잘못한 행동을 지적하기보다 잘한 부분을 칭찬해주는 것이 문제 해결에 한결 효과적임을 나는 무수히 체험했다. 이렇게 자란 아이들은 실패보다는 성공에 초점을 맞추는 긍정적인 어른으로 성장한다.

　결론적으로 말해서 우리는 아이들에게 자신감을 가질 필요가 있다. 아이들은 우리가 생각하는 것보다 더 위대한 능력을 갖고 있다. 그들은 자신감에 충만한 마음 상태로 세상에 태어난다. 만일 우리가 아이들의 이런 능력을 믿어준다면, 그들은 자신감을 잃지 않을 것이다. 그리고 실패 또한 자신의 가치를 위축시키는 외부의 영향으로 받아들이기보다 다음 성공을 위한 발판으로 삼을 것이다.

실패는 아이의 존엄성과 상관없음을 가르쳐라

　아이들에게 '어떤 일에 대한 실패'와 '한 인간으로서의 실패'는 다른 것임을 가르치자. 이를 위해 우리는 노력한다는 것 자체가 얼마나 가치 있는 일인지를 먼저 인식시켜야 한다. 유능한 테니스 선수인 내 동생이 시합에 졌을 때 했던 말이 기억난다. "나는 진 게 아냐. 단지 해결책을 찾는 시간이 좀 늦었을 뿐이야." 나는 이런 사고방식을 좋아한다. 결과보다는 노력에 초점이 맞춰져 있고, 충분한 시간과 노력만 기울인다면 얼마든지 원하는 걸 달성할 수 있다는 자신감이 포함되어 있기 때문이다. 그리고 모든 일에는 반드시 해결책이 있다는 메시지도 갖고 있다. 우리에게 필요한 건 단지 그 해결책을 찾아낼 충분한 시간이다. 이런 메시지는 아이들에게 '실패는 자신의 존엄성과는 전혀 상관없다'는 가르침을 준다. 이를 통해 아이들은 실패를 하나의 경험이자, 배움의 기회, 충분히 해결할 수 있는 문제, 선택의 결과로 보게 된다. 다시 말해, 실패는 자신의 정체성이나 존엄성과 별개의 문제라는 사실을 깨닫게 되는 것이다.

고통을 기꺼이 겪게 하라

우리는 아이들이 고통받는 모습이 싫어서 실패를 감싸주는 우를 범하곤 한다. 그러나 이런 과잉보호는 실패를 성장의 기회로 삼지 못하게 할 뿐 아니라 잘못된 결과를 외부의 탓으로 돌리게 만든다. 우리는 아이들에게 고통을 이겨냄으로써 실패를 극복하도록 가르쳐야 한다. 그들이 살아가면서 겪게 될 고통을 우리가 전부 막아줄 수는 없다. 고통은 아이들에게 관대함과 자신감, 동정심을 가르쳐준다. 나는 우리 아들이 속해 있던 학급을 한쪽에서만 볼 수 있는 거울을 통해 관찰했던 적이 있다. 12학년인 그 반은, 아들이 전에 다니던 공립학교와는 많은 차이가 있었다. 아이마다 심각하든 가볍든 나름대로의 문제점을 갖고 있었던 것이다. 대부분의 아이들은 이미 어린 나이에 깊은 패배감을 경험했고, 다른 아이들의 놀림감이 되었으며, 이해심 없는 선생님들의 멸시에 시달려야 했다. 그러나 나는 놀라운 사실을 발견했다. 아이들이 서로에게 깊은 동정심을 갖고 있었던 것이다. 한 아이가 어려운 과제를 받으면 모든 아이들이 발벗고 나서서 도왔으며, 어려운 시기를 무사히 넘기고 나면 축하를 아끼지 않고 격려해 주었다. 한 아이가 수학 낙제를 면하는 데 필요한 과제를 힘들게 마쳤을 때, 반 친구들 모두가 그에게 다가와 등을 두드리며 칭찬을 아끼지 않았다. 서로를 아껴주는 마음이나 결속력, 이해심은 내가 그동안 봐왔던 '정상적인' 그룹의 아이들뿐 아니라, 어른 그룹에 비해서도 월등했다. 관찰이 끝나갈 무렵, 나는 아들의 달라진 모습에 감사하지 않을 수 없었다. 아들은 고통을 통해 동정심과 이해심을 배웠던 것이다.

고통은 아이들에게 훌륭한 선물이라는 사실을 명심하자. 우리는 아이들이 좌절하지 않고 고통을 잘 견딜 수 있음을 믿어야 한다. 아이들을 무조건 사랑하고 인정하자. 그리고 고통을 통해 많은 걸 얻을 수 있음을 믿자. 아이들에게 왜 고통을 받아야 하며 그를 통해 무엇을 얻을 수 있는지 가르치자. 그리고 아이들이 고통의 희생물이 되지 않고 고통으로부터 자유로워질 수 있는 지혜를 터득할 수 있도록 인도하자.

외부의 영향에 적절히 대응하는 법을 가르쳐라

역경은 진리로 향하는 첫걸음이다.

— 조지 고든 바이런

우리는 지금 매우 특별한 시기에 살고 있다. 예전에는 생각조차 못했던 수많은 문명의 이기를 누리고 있기 때문이다. 나도 그 혜택을 누리는 사회의 일원으로서 그 가치를 과소평가할 생각은 없다. 그러나 나는 문명의 발달이 도덕관이나 전통적인 상식의 변화를 지나치게 앞지르고 있다고 생각한다. 문명이 발달하는 과정에서 우리의 우선 순위는 뒤바뀌고 가치관, 존엄성, 진정한 자존심, 자율성은 점점 자리를 잃어간다. 두려움이나 불안감 없이 자유 의지를 발휘할 권리 역시 박탈되어 왔다.

이제 우리는 아이들이 자기 주도적인 길을 가는 데 방해가 되는 부정적인 외부의 영향과 정면으로 맞서 싸워야 할 시점에 와 있다. 먼저 우리가 대적하고 물리쳐야 할 외부 요인부터 살펴보자.

담배와 술

부모인 우리들이 가장 두려워하는 것 중 하나는, 아이들이 담배나 술에 빠지거나 그런 친구들의 희생물이 되는 것이다. 이런 유혹에 노출될 확률은 점점 커지고 있기 때문에 우리의 두려움은 당연한 것이다. 아이들이 자신의 의지로 올바른 판단을 내릴 수 있을까? 아니면 친구의 압력 같은 강력한 외부의 영향에 무릎을 꿇게 될까? 이건 우리가 반드시 짚고 넘어가야 할 문제이다.

아이들은 왜 이런 함정에 발을 들여놓게 되는 것일까? 13살 난 앤드류의 말이다. "친구의 압력에 못 이겨 담배나 술을 가까이 하는 아이들도 있지만 어떤 기분일지 호기심으로 시작하는 아이들도 많아요. 만일 수학여행에서 누군가가 '너도 한번 마셔볼래?' 라고 권했을 때, 용기 있게 거절할 수 있는 애가 몇 명이나 되겠어요? 특히 모든 사람의 시선이 자신에게 쏠려 있다면 말이에요." 또 이름을 밝히지 않은 15살 난 한 아이는 이렇게 말했다. "아이들에게 담배나 술에 빠지는 이유를 대라고 하면 아마 한 트럭은 될 거예요. 우선 금지된 일이라는 사실이 아이들의 호기심을 많이 자극하지요. 어른처럼 멋져 보이고 싶은 거예요. 어떤 아이들은 절망감과 패배감으로 망가지고 싶어서 담배나 술을 가까이 하기도 해요. 아무에게도 쓸모 없는 인간이라는 비참한 기분을 잊고 싶은 거죠." 아이들이 담배나 술에 빠지게 되는 주된 요인은 8가지로 요약할 수 있다.

1. 무력감

2. 친구의 압력

3. 내면으로의 탐험 : 사회에서 요구하는 사람이 되기 위해 노력해 온 아이들은 자신의 그릇된 정체성에 점점 회의를 느끼게 된다. 따라서 자신의 진정한 모습을 발견하기 위한 인위적인 수단으로 담배나 술을 이용한다.

4. 해방감 추구 : 외부 세계로부터 인정받기 위해 애쓰던 아이들이 그로부터 벗어나려고 이용한다.

5. 압력으로부터의 회피 : 다람쥐 쳇바퀴 도는 삶에 의미를 찾지 못한 아이들이 도피의 수단으로 사용한다.

6. 도움을 청하는 부르짖음

7. 복수심 : 자기들에게 아무 의미 없는 규칙을 강요하는 부모나 어른들에게 보복하기 위한 수단으로 택한다.

8. 단순한 호기심

만일 우리가 아이들을 자기 주도적으로 키우고 조건 없는 사랑과 지원을 아끼지 않는다면, 그들은 결코 담배나 술에 빠지지 않을 것이다. 아이들을 안전하게 보호하는 몇 가지 방법을 소개한다.

☺ 부모 자신부터 담배와 술을 멀리하는 생활 태도를 갖는 게 중요하다. 부모는 담배를 피우면서 아이들에게 니코친의 위험성을 설교한다면 설득력이 있겠는가. 교육이 효과적이고 확실하려면 이치에 합당해야 하며 내면과의 대화를 유도할 수 있어야 한다.

☺ 우리 자신부터 술을 적당히 마시거나 아예 멀리하는 모습을 보

이는 게 좋다. 술 취한 모습으로 돌아오는 부모들의 모습이 아이들에게 어떤 영향을 미치겠는가. 아이들과 휴가를 즐길 때, 알코올성 음료를 마시는 모습을 보여줘서도 안 된다. 다시 한번 강조하지만 말과 행동이 다른 부모들을 보며 가치관에 혼란을 겪는 아이들은 애써 내면과 대화하지 않는다. 내면과의 대화가 이루어져야 할 자리에 외부의 영향이 둥지를 틀게 될 것이다.

☺ 아이들과 친구의 압력에 대한 역할 바꾸기 놀이를 해보는 것도 좋은 방법이다. 아이들은 점차 담배나 술의 유혹에 많이 노출될 것이다. 따라서 자신의 의지로 올바른 선택을 하도록 훈련시킬 필요가 있다. 훈련이 되풀이되면 자동적으로 올바른 선택이 몸에 배게 된다.

☺ 아이들에게 니코틴이나 알코올 중독을 멋지게 묘사하는 영화나 TV 프로그램을 못 보게 한다. 이러한 것들은 험난한 길을 가는 외부 지향적 약물 중독자들을 마치 우상인양 여기는 사고방식을 갖게 할 뿐이다.

☺ 사춘기 아이들이 다른 곳에서 그릇된 정보를 얻기 전에 함께 흡연과 음주에 대해 토론하는 것이 필요하다. 다음과 같은 질문은 내면과의 대화를 자극할 수 있다.

"네 또래의 사춘기 아이들이 흡연이나 음주에 쉽게 빠지는 이유는 뭘까?"
"흡연과 음주는 어떤 신체적, 정신적, 영적 문제점을 불러올까?"

"누군가 담배나 술을 억지로 권한다면 넌 어떻게 말하고 대응할
 거지?"
"이런 강요를 거절한다면 그건 과연 약해서일까?"
"주위에 이런 것들을 피하려는 네 의견에 동조하는 친구들이 많니?"
"담배나 술에 손을 대고 있거나 네게 억지로 강요하는 친구가
 있다면 어떻게 하겠니?"
"담배나 술로 점점 망가져 가는 친구를 옆에서 본다면 어떤 조치를
 취하겠니?"
"음주나 흡연이 어떤 기분일지 호기심이 생긴다면 어떻게
 행동하겠니?"

만일 아이들이 실수로 담배나 술에 손을 댔다면, 일정 기간 동안
강력한 조치를 취해야 한다. 먼저 음주 운전 가능성을 없애기 위
해 차를 압수하라. 롤러 스케이트를 타는 것도 금지시키고 친구
들과도 당분간 어울리지 못하게 하라. 여기서 일정 기간이란 1,2
주가 아니라 여러 달을 의미한다. 아이들이 거세게 항의해도 끝
까지 버텨라. 아이들을 나쁜 길로 인도한 친구와 만나지 못하게
하기 위해서임을 알리고, 스스로 올바른 선택을 할 수 있을 때까
지 다른 친구와도 멀리해야 한다고 설명하라. 아이들은 마음 속
으로 깊이 뉘우치며 이런 체벌이 적절하고 필요한 것임을 이해
할 것이다. 그리고 또다시 담배나 술에 손을 대지 않을 걸로 믿
는다는 의사를 분명히 전달하라. 부모의 믿음을 알면 아이들도
엄한 체벌을 달게 받을 것이고 다음에는 어떤 길을 선택해야 할
지 깊이 생각해볼 것이다. 만일 우리가 엄한 체벌과 더불어 사랑
과 이해를 아끼지 않는다면 아이들은 위기를 무사히 넘길 수 있

다. 그리고 강력한 조치와 더불어 우리는 아이와의 관계를 재검
토해봐야 한다. 우리가 아이들에게 무조건적인 사랑과 지원을
충분히 베풀었는가? 우리가 세운 규칙이나 한계는 공정하고 확
실한 것이었는가? 교육은 일관되고 이치에 합당한 것이었나?

폭 력

아이들이 폭력을 사용하는 이유는 무엇인가? 내가 인터뷰했던 아
이들은 공동체에 잘 적응하지 못하는 데 대한 절망감과 분노가 폭력
의 가장 주된 이유라고 밝혔다. 이런 욕망은 인간이라면 누구나 두
가지 본성 — 살아 남는 것과 집단에 속하는 것 — 을 갖고 있다는 단
순한 사실로 귀결된다. 이런 욕구가 서로 긴밀하게 작용해서 살아 남
거나 집단에 속하기 위해서는 폭력이 반드시 필요하다는 생각으로
발전되면 문제가 발생한다. 부모로서, 공동체의 일원으로서, 우리가
할 수 있는 일은 아동 폭력의 원인이 되는 외부 요인을 파악하는 것
이다.

1. 부모나 주위 사람들로부터 올바른 본보기를 찾지 못했을 때
2. 영화나 TV를 통해 멋지게 묘사되는 폭력을 접했을 때
3. 충동을 억제하는 법을 배우지 못했을 때
4. 공동체 안에서 의미 있는 역할을 차지하지 못할 때: 많은 아이들
   이 자신을 사회에 쓸모 없는 존재로 생각한다. 따라서 폭력을 통
   해 자신의 존재를 과시하고 싶은 것이다. 그들은 이렇게 외치고
   있다. "잘난 놈들아, 나 여기 있다! 너희들에게 뭔가 보여주마!"

5. 관심받고 싶은 욕구

6. 자기와 다른 부류에 대한 두려움: 자신과는 다른 부류와 '적'에 대항하기 위해 동료의식을 느끼는 아이들끼리 폭력 집단을 만든다. 잘못된 공동체 의식의 발로에서 나온 행동이다.

7. 잘못된 공동체 의식: 공동의 적에 대항하기 위해 인종이나 소속이 다른 폭력집단들이 폭력이라는 매개체로 서로 결속해서 힘을 키운다.

8. 사회가 그들을 무시할 때 느끼는 상실감의 표현

9. 부족한 책임의식

아이들이 폭력의 희생물이 되는 걸 막기 위해 우리가 해야 할 일은 무엇인가? 우리가 할 수 있는 일을 몇 가지 소개한다.

☺ 지나치게 폭력적인 영화나 TV를 못 보게 한다.

☺ 끊임없는 훈련을 통해 자제력을 키워주고, 원하는 걸 얻기 위해서는 기다려야 한다는 단순하지만 당연한 진리를 가르친다. 이런 가르침이 충동적인 행동을 억제하는 역할을 한다.

☺ 아이들과 폭력에 관해 토론한다. 질문은 내면과의 대화를 개발시키는 좋은 방법이다. 폭력에 관계된 역할 바꾸기 놀이 또한 아이들에게 좋은 학습법이다.

☺ 통제력을 가르친다. 다른 아이를 때리거나, 소리지르거나, 놀리거나, 괴롭히지 않도록 교육시킨다. 부모들이 행동으로 모범을

보이는 게 가장 효과적이다.

😊 아이들에게 평화롭게 갈등을 해결하는 방법을 가르친다. 폭력은 결코 문제 해결에 도움이 되지 않는다는 점을 분명히 주지시켜라.

😊 아이들이 폭력을 행사했을 때는 마땅히 그에 상응하는 벌을 내려야 한다.

😊 아이들에게 책임감이나 의무, 삶의 존엄성, 친절함, 자기 훈련, 인내심 등이 몸에 배도록 잘 이끌어야 한다. 이런 가치관은 아이들이 살아가면서 내면과 대화할 때 중요한 정보들을 제공해줄 것이다.

문명의 이기

우리는 외부 지향적이라는 침대 위에 고도로 발달된 문명사회를 세움으로써 매트리스에 지나치게 과도한 무게를 가중시키고 있다. 만일 내부 지향적인 자세로 이 무게를 잘 조절하지 못한다면 매트리스는 곧 탄력을 잃고 내려앉을 것이다.

그러나 이 외부 지향적인 탐욕은 사회의 발달을 주도하는 중요한 요소이기도 하다. 우리가 그동안 사회적인 책임감이나 의무감 부족을 상당 부분 묵인해온 것도 이 때문이다. 그 결과 지금 지구촌은 무차별한 산림 훼손과 오존층 파괴, 핵전쟁, 수질 오염 같은 병폐로 몸

살을 앓고 있다. 우리의 상상력이나 창의성 또한 수동적인 오락으로 대체된 지 오래다.

이와 더불어 통신 기술의 발달은 우리에게 무수한 정보를 손쉽게 전하고 있다. 아이들은 어느 때보다도 외부 영향의 집중 공격을 받고 있는 셈이다. 더욱 안타까운 사실은 컴퓨터 비디오게임이나 웹사이트, 채팅방 같은 수동적인 전자 오락을 보모로 활용하는 부모들이 늘어난다는 사실이다. "타미는 방에서 게임을 즐기며 혼자 잘 놀고 있어. 야호! 이젠 해방이다. 남은 시간에 눈썹도 다듬고 발톱도 손질해야지! 타미에겐 아무 일도 없을 거야." 물론이다. 타미는 혼자 방에서 몰래 포르노 사이트에 들어가 신나게 즐기고 있을 테니까.

한 아이의 말을 들어보자. "만일 제가 인터넷의 어느 사이트에 들어가는지 부모님이 아신다면 기절하실 거예요. 우리에게 금지된 성인용 X등급에 해당하는 것들이죠. 저는 문을 잠그고 마음껏 즐겨요. 부모님들은 꿈에도 모르실 거예요. 말씀 안 하실 거죠? 믿어도 되나요? 전 들켜서 벌받고 싶지 않아요." 얼마나 무관심한 부모인가.

그러나 아직 실망하기는 이르다. 문명의 이기가 짐이 아니라 혜택이 될 수도 있다. 아이들에게 책임감 있게 사용하는 법을 가르치면 된다. 올바른 가치관에 따라 인류의 발전에 도움이 되는 방향으로 사용하겠다는 마음을 심어주라. 아이들에게는 무조건적인 반응보다 생각하는 자세가 더 필요하다.

아이들이 문명의 이기와 건전하고 책임 있는 관계를 맺도록 인도하는 방법은 여러 가지가 있다.

| 문명의 이기를 책임감 있게 사용하는 법을 가르치자 |

아이들에게 문명의 이기를 어떤 사람이나 사물을 희생시킬 목적으로 사용해서는 안 된다는 점을 분명히 하라. 우리는 질문을 통해서 아이들이 이 문제를 가지고 내면과 대화하도록 인도할 수 있다.

"컴퓨터가 네게 도움이 되려면 어떻게 사용해야 할까?"
"네 또래의 아이들은 컴퓨터나 비디오게임을 하루에 몇 시간 하는
  것이 적당하다고 생각하니?"

| 첨단 기기를 무책임하게 사용했을 때 어떤 결과가 일어나는지 이해시켜라 |

부모는 항상 아이들이 인터넷의 어느 사이트에 드나드는지 점검해야 한다. 늘 아이들 주위를 돌면서 감시의 눈길을 늦추지 말라. 만일 아이들이 규칙을 어기면 당분간 컴퓨터 사용을 금지하는 등 합당한 처벌을 내려야 한다. 이런 벌을 받는 동안 아이들은 마음 속으로 자신의 행동을 되돌아보게 된다. 전자오락 같은 다른 첨단기기의 무책임한 사용에도 항상 엄격한 규칙을 적용해야 함은 물론이다.

| 첨단기기를 책임감 있게 사용해야 하는 이유를 설명하라 |

아이들에게 우리가 살고 있는 하나뿐인 지구를 지키고 보호해야 하는 이유에 대해 이해시켜야 한다. 특히 지구가 탐욕이나 근시안적 시각, 첨단기기로 인한 무관심에 의해 위험에 처한 현 시점에서 이것은 아무리 강조해도 부족하다.

"너희 학교 회장이 주장하는 환경보호 정책을 넌 어떻게 생각하니?"
"전자오락기가 보다 창조적이고 적극적인 형태의 다른 여가 활동을

대신하는 것에 대해 어떻게 생각하니?"

"첨단기술이나 환경오염에 대해 얼마나 관심을 갖고 있니?"

첨단기술과 휴머니즘은 올바른 가치관과 사고방식의 지원을 받는다면 얼마든지 화목한 공생관계를 유지할 수 있다. 이런 관계는 우리가 아이들에게 지구에 대한 책임의식을 가르칠 때 실현 가능하다.

조급한 생활태도

항상 어떤 임무나 스케줄에 쫓기는 현대인은 점차 내면과 멀어지고 있다. 아이들이 이런 우리의 삶을 그대로 따른다면 아이들은 이성적인 분별력을 개발하고 실천할 기회를 갖지 못하게 된다. 어떤 일에 대해 내면과의 대화를 거쳐 '적절히 대응' 하는 게 아니라, 빠르고 손쉽게 '즉각 반응' 하는 아이들이 되는 것이다.

우리 자신이나 아이들은 왜 이런 삶을 살아가는가? 핑계가 될 만한 이유는 무수히 많다. 첫째, 모든 여가 시간을 반납하고 밤낮 없이 뛰며 만드는 길다란 성취 목록이 성공을 보장해준다고 믿기 때문이다. 둘째, 현대인들에게는 너무 많은 선택의 기회가 있기 때문이다. 백 년 전만 해도 깡통을 차며 노는 것이 최고의 오락이었다. 현재 우리는 즐길 수 있는 무수한 문명의 이기를 누리고 있지만 안타깝게도 주어진 시간은 이전과 다름없이 24시간이다. 그런데 우리는 이 시간들을 대부분 쓸데없는 일에 낭비하고 있다. 현대의 시간 전쟁에서 가장 치명적인 것 중 하나는 바로 아이들이 시간을 낭비하고 있다는 사실이다. 이 시간들은 사실 가치관이나 아이디어, 기억이나 감정을 서로 논해야 하는 귀중한 시간이고, 내면과의 대화를 통해 자신의 선택이나 아이디어를 제안해야 할 소중한 시간들이다. 그럼에도 아이들은 빡빡한 스케줄에 따라 이리저리 휘둘려지고 있다. 13살 난 한 아이는 이렇게 표현했다. "막상 해야 할 일이 너무 많아지면 스트레스에 눌려 최선을 다하지 못하게 돼요." 아이들에게 혼자 생각할 시간을 주는 방법을 생각해보자.

| 스케줄을 줄이자 |

우선 아이들에게 지나치게 빡빡한 스케줄을 강요하지 말라. 나는 축구 연습, 구몬 수학, 태권도, 발레 등 꽉 찬 스케줄로 인해 스트레스에 시달리는 아이들을 많이 봐왔다. 그러나 아이들이 자기 주도적이면서 생각이 깊은 아이로 자라는 데 필요한 것은 단지 한가하게 앉아 생각에 잠길 수 있는 시간이다.

| 아이들과 보다 친밀한 관계를 갖자 |

바쁜 일상에 쫓겨 많은 시간을 함께 보내지 못하는 부모와 아이들의 관계는 잘못하면 피상적으로 흐르기 쉽다. 그러나 부모와의 깊은 유대감은 아이가 자기 주도적인 아이로 성장하는 데 빠져서는 안 되는 가장 기본적인 요소이다. 아이들이 부모와 밀접한 관계를 유지할수록 부모에게 존경심을 가질 테고 그것은 아이들에게 부모의 뒤를 따르게 하는 근거로 작용하기 때문이다. 더구나 이러한 밀접한 관계는 아이들에게, 내면과 대화하는 법, 대화를 발전시키는 법 등을 가르칠 시간을 많이 제공한다. 아이들에게 억지로 시키고 있는 피아노 교습이나 테니스 연습을 당장 중지시켜라. 그 시간에 공원에서 함께 산책하거나 철학이나 삶의 지혜에 대해 토론하라.

아이들과 가까워질 수 있는 또 다른 방법은 그들의 요구에 귀를 기울이는 것이다. 우리가 신문을 읽고 있는데 아이가 책을 읽어달라고 부탁하면 "어느 것이 더 중요한가?" 반문해보라. 물론 아이들의 요구에 부동자세로 "네! 알았습니다!"라고 무조건 응하라는 뜻이 아니다. 그러나 퉁명스럽게 거절하기 전에 아이들의 기분을 헤아려볼 필요는 있다.

| 삶의 속도를 늦추자 |

삶의 속도를 늦출 수 있는 방법 중 하나는 "빨리 해!"라는 말을 줄이는 것이다. 나는 하루에 2,340,900번이나 쓰던 이 말을 105번으로 줄였다. 초보로서는 괄목할 만한 성과가 아닌가! 이런 말에 쫓기는 아이들이 어떻게 올바른 선택을 할 수 있겠는가?

우리는 또 아이들에게(우리 자신을 포함해서) 보다 차분하고 천천히 얘기하는 습관을 길러줘야 한다. 아이들이 내면과 대화하려면 대화 중간에 여유 시간도 가져야 하고 긴장도 풀어야 하기 때문이다.

| 훈련에 보다 많은 시간을 투자하라 |

우리는 너무나 바쁘기 때문에 사실 아이들을 훈련시킬 충분한 시간이 없다. 그러나 훈련은 아이들이 내면과 대화하는 법을 배울 수 있는 매우 중요한 기회이다. 아무리 일상이 바쁘더라도 아이를 자기 주도적으로 키우려면 지속적으로 훈련시켜라.

| 아이들 일을 대신 해주지 말라 |

때로 우리는 편하다는 이유로 아이의 일을 대신 해주곤 한다. 물론 우리가 아이들보다 일을 빠르게 처리할 수 있는 건 사실이다. 스쿨버스가 오고 있는데 아이들에게 책임감을 가르치기 위해 아침 먹은 접시를 치우게 하는 것보다 우리가 치우는 것이 편하다. 하지만 스쿨버스를 놓치면 걸어가면 된다. 아이들이 내면과의 대화법을 배우려면 스스로 선택한 일에 대한 결과를 감수해야 한다.

소비주의와 소박한 삶

현대인들은 대부분 있는 그대로의 삶에 만족하기보다 더 많이 소유하고 싶은 욕망을 채워주는 소비주의에 물들어 있다. 행복해지기 위해서는 될 수 있는 한 많은 걸 소유해야 한다는 사고방식에 사로잡혀 있는 것이다. 많이 가진 자를 숭배하는 사회적 인식도 이런 사고방식을 부추기고 있다. 구매욕에 사로잡힌 아이들의 말을 들어보자.

"만일 최고 좋은 것을 갖지 못하거나, 남들이 가지고 있는 것보다
내것이 유행에 뒤지면 놀림감이 되거나 따돌림받을 것 같은 생각이
들어요."
"돈을 낭비하거나 소비 성향에 물들게 되는 데는 다른 아이들과
보조를 맞추려는 마음이 제일 크게 작용해요. 다른 아이들에게
뒤지지 않기 위해 많은 돈을 낭비하게 되는 게 사실이에요."

소박하고 영적인 삶을 존중함으로써 외부적 조건보다 내면의 가치에 더 초점을 맞추도록 아이들을 인도하는 방법을 살펴보자.

| 물건보다 사람이 중요하다는 걸 가르치자 |

우리는 아이들이 어떤 경우든 무조건 사랑받을 수 있고 안전하다고 느낄 수 있게 대해야 한다. 우리가 아끼는 꽃병을 깨뜨렸거나 카펫 위에 포도주스를 엎질렀을 때는 손상된 물건보다 아이들 자신이 우리에게 더 소중하다는 걸 느끼게 해줄 수 있는 좋은 기회다. 물건은 다시 살 수 있지만 아이들은 그럴 수 없다.

| 과도한 선물공세는 물질만능주의를 낳을 뿐이다 |

햇병아리 부모였을 무렵, 나는 오랜 시간 환자를 진료해야 했기 때문에 아이들에게 많은 죄책감을 가지고 있었다. 그래서 선물이나 특별한 대우로 이런 미안함을 대신하려 했다. 하지만 아이들은 갈수록 더욱 많은 선물을 기대하게 되었고 우리의 관계는 점차 망가지기 시작했다. 결국 나는 이런 행동을 중단하기로 결단을 내렸다. 처음에는 막상 아이들이 어떤 반응을 보일지 정말 걱정이 되었다. 그러나 내 걱정은 기우에 불과했다. 내가 자기들을 사랑하고 소중하게 생각한다는 걸 알았기 때문에 아이들은 오히려 더 행복해했다. 지나친 선물은 아이들의 사기에 악영향을 미칠 수도 있다. 그들은 받는 것보다 기여하고 베푸는 걸 더 좋아하기 때문이다.

| 생일 파티를 간소하게 하자 |

우리 아이들은 생일 파티의 초대장을 보낼 때 다음과 같은 단서를 덧붙인다.

"선물은 필요 없어. 네가 와서 축하해주는 것이 내겐 가장 큰
   선물이야. 만일 꼭 무언가를 주고 싶다면 학교 도서관에 기증할 수

있도록 읽은 책이나 새 책을 포장하지 말고 가져오면 고맙겠어."

이런 제안을 했을 때, 아이들이 불평하거나 이의를 제기하지 않았다는 사실이 내겐 무척 충격적이었다. 아이들은 오히려 기꺼이 받아들였다. 그리고 선물로 받은 책들을 도서관으로 가져가면서 뿌듯해했다. 나는 그들의 행동을 되돌아볼 기회를 주기 위해 다른 선물을 받는 것과 책을 받아 기증하는 것 중 어느 것이 더 좋냐고 나중에 물었다. 모두들 책 기증을 더 좋아했다. 아이들에게 생일파티는 한몫 챙기는 기회가 아니라 친구들과 즐거운 추억을 만드는 시간이라는 걸 가르치자.

| 아이들이 행복해지기 위해서 물건이 반드시 필요한 건 아니다 |

우리는 아이들이 최신 유행을 따르지 않아도 아무 문제가 없다는 사실을 가르쳐야 한다. 이제 아이들을 외부 지향적인 길로 인도하는 물질만능주의로부터 보호할 수 있는 방법에 대해 연구해보자.

☺ 옷은 아이들의 몸을 보호하는 수단이지 장식품이 아니다.

☺ 아이들에게 최신 유행 물건을 무조건 사주는 것보다 낡은 것을 새롭게 만들어 쓰는 지혜를 가르치자

☺ 아이들에게 뒤뜰 소풍이나 골목 축구 같은 것이 주는 소박한 즐거움을 가르치자.

☺ 아이들에게 새로운 장난감을 사는 것보다 이런 놀이가 얼마나

170

더 즐거웠는가를 자꾸 상기시키자.

| 산 물건에 대해 평가하게 만들자 |

아이들이 새로운 장난감에 대한 유혹을 뿌리치지 못하고 구입했다면 1,2주 지난 다음에 아직도 그 장난감에 흥미를 느끼는지 물어보라. 아마 싫증을 내고 있을 것이다. 어쩌면 이미 상자 속에 처박았을지도 모른다. 이렇게 되새겨보는 과정을 거치게 되면 아이들은 충동적 구매가 궁극적으로 어떤 결과를 가져오는지 배울 수 있다.

| 부모 자신이 먼저 검소한 삶의 모범을 보이자 |

아이들에게 지위나 물질, 돈은 우리 삶에서 그렇게 중요한 요소가 아니라는 사실을 분명하게 가르쳐라. 유복한 집안에서 태어난 아이일수록 물질은 행복의 2차적인 요소일 뿐이며 다른 사람들과 함께 나눠야 할 대상임을 충분히 인식시켜라.

성적 매력

오늘날 성/sex/은 대중매체 딕에 힘과 권력, 이미지의 상징처럼 인식되고 있다. 다시 말해서 성적 매력이 중요한 외부 영향으로 등장한 것이다. 이런 영향은 젊은이들을 인격 수양이나 가치관 형성에 힘쓰기보다 몸치장에 더 열중하게 만들었다. 성적 매력이 또래들 간의 중요한 외부 영향으로 등장했기 때문이다. 인터뷰했던 아이들의 말을 인용해보자.

"우리는 TV에서 보는 성 묘사를 자연스런 삶으로 받아들이기
때문에 따르게 되요. 또 친구들의 압력도 중요한 이유 중
하나지요."
"제 생각에는 호기심과 친구들의 압력이 가장 큰 이유라고
생각해요. 성적 쾌감이 어떤 걸까 궁금한데다 친구들이 압력을
가하면 누구든지 넘어갈 수밖에 없잖아요."

우리 아이들이 건전하고 자기 주도적인 성 도덕관을 갖는 데 도움
이 되는 몇 가지 방법들을 소개한다.

| 진정한 성의 의미를 가르쳐라 |

아이들에게 성이란 사랑하는 두 영혼 사이의 궁극적인 표현 방법
임을 충분히 이해시켜라. 성이란 자연스럽고 아름다운 것이라는 인
식을 심어주도록 노력하라. 성은 이미지나 힘의 상징, 또는 통제되어
야 할 대상처럼 수동적이고 외부적인 것이 아님을 설명하라. 또 성은
따분함을 잊기 위한 수단이나 감각적인 쾌락을 위한 대상도 아니다.

| 검소함을 가르쳐라 |

검소함은 성적 매력을 돋보이게 하는 덕목임을 인식시켜야 한다.
검소한 생활방식이 몸에 배게 되면 아이들은 자연스럽게 귀중한 시
간을 몸치장보다 자신의 행동을 되돌아보는 데 사용함으로써 좀더
현명해질 것이다. 우리는 부모로써 아이들에게 검소한 행동이나 의
상을 몸소 보여줘야 한다.

검소한 생활로 인도하는 데 필요한 질문들을 소개한다.

"성적 매력에 관심이 없는 아이가 있다면 다른 아이들은 그 아이를
  어떻게 생각하니?"
"친구들이 되도록 섹시하게 보이려고 애쓰는 걸 보면 어떤 생각이
  드니? 또 이런 행동이 성관계에 어떤 영향을 미친다고 생각하니?"
"섹시하게 보이려는 노력이 이성과의 관계에 어떤 장단점이 있다고
  생각하니?"
"친구들이 섹시하게 보이려는 게 성관계를 맺고 싶어서라고
  생각하니? 아니라면 그 이유는 뭘까?"

아이들과 역할 바꾸기 놀이를 해보는 것도 나쁜 친구들이나 검소
함을 비웃는 주변사람들(외부영향)을 극복하는 데 도움이 된다.

| 이성 친구와 우정을 나눌 수 있도록 인도하라 |

아이들이 이성 친구와 건전한 우정을 나눌 수 있게 되면 이성을 성
적 대상이 아니라, 한 인간으로 인식하게 된다. 결과적으로 이성 친
구를 비인격적인 외부 영향으로 여기는 경향이 많이 줄어들게 되는
것이다.

| 건전한 애정 표현을 자연스럽게 보여주라 |

아이들이 있는 자리에서 배우자와 자연스런 애정 표현을 나누어
라. 다정하게 포옹하는 모습이나 애정 어린 키스, 사랑이 담긴 눈길
교환, 느린 음악에 맞춰 추는 감미로운 춤 등은 굳이 아이들의 눈길
을 피할 필요가 없다.

| **무책임한 성의 위험성에 관해 가르쳐라** |

아이들에게 무책임한 성이 얼마나 위험하고 서로에게 불이익을 가져오는지 반드시 가르쳐라. 질문을 통해 스스로 그 위험성을 분석하도록 만들어보자.

"만일 여자 친구가 임신했다면 어떻게 해야 할까?"

"그 아이는 누가 책임져야 할까?"

"어떻게 먹고살 생각이니?"

"가족을 부양해야 하는데 학교는 어떻게 졸업하지?"

"피임을 하지 않는다면 어떤 결과가 생길까?"

"만일 성병에 걸리면 어떻게 해야 하지?"

이런 질문을 하기에 가장 좋은 시기는 문제가 발생하기 이전이다. 이미 아이들이 그런 상황에 처해 있다면 아이들은 우리의 이런 질문을 사생활에 대한 공격으로 받아들일 수도 있기 때문이다.

| **우리의 과거 성생활에 대해 토론하자** |

물론 쉬운 일은 아니겠지만 과거에 우리를 잘못된 선택으로 인도했던 친구의 압력과 그로 인한 후회를 아이들에게 들려주는 것도 좋은 교훈이 된다. 이때 내면과 대화하면서 극복한 과정을 자세히 들려주라. 우리가 겪었던 잘못을 아이들은 되풀이하지 않을지도 모른다.

| **왜곡된 성 묘사로 가득 찬 영화나 TV로부터 아이들을 보호하자** |

주인공들이 지나치게 성에 집착하는 영화나 TV 프로그램을 제한하라. 제인 오스틴이나 샬롯 브론테의 책, 영화, 정숙함과 성적 책임

감을 보여주는 프로그램 등을 보도록 인도하라. 아이들을 성으로부터 꼭꼭 보호하라는 말이 아니다. 다른 사람의 압력 같은 외부 영향에 무조건 반응하지 않고 내면과의 대화를 통해 올바른 선택을 하도록 잘 인도하라는 의미다. 그리고 성을 무기나 통제수단으로 여기는 사회의 왜곡된 인식에 휩쓸리지 않는 법을 가르쳐라. 아이들에게 진정한 성의 의미를 깨닫도록 하는 것이 중요하다. 일단 성의 의미를 올바로 깨우친 아이들은 성에 대해 긍정적인 인식을 갖고 그것이 가져다주는 신체적 정신적 기쁨을 누리게 될 것이다.

외모 지상주의

외모가 아름다운 사람들은 사회로부터 인정받거나 좋은 직업을 얻기가 한결 수월하다. 이미지는 현대와 같은 외부 지향적인 세계가 가장 크게 요구하는 조건이다. 이 문제에 대해 아이들이 어떻게 생각하는지를 살펴보자.

"여자 애들은 우리 남자애들을 키나 몸매로만 평가해요. 키가
  작거나 뚱뚱하면 놀림감이 될 뿐이죠."
"내가 스트레스를 받는 까닭은 예뻐지고 싶다는 욕망 때문이에요.
  미모를 갖추면 모든 걸 누릴 수 있어요. 그들은 항상 웃을 수 있고
  멋진 시간을 보낼 수 있어요. 그게 바로 내가 예뻐지고 싶은
  이유예요."

그러나 우리 대부분은 사회에서 요구하는 완벽한 신체조건과는 거

리가 멀다. 따라서 자신의 부족함을 깨달은 아이들은 자신감이나 자부심에 치명적인 상처를 입게 된다. 자기가 속한 집단에서 인정받지 못한다고 느끼면서 어떻게 소속감을 가질 수 있겠는가? 우리 사회의 왜곡된 외부 지향적 가치관은 우리를 대식증이나 신경성 식욕감퇴증 환자로 만든다. 그리고 그릇된 미적 기준이나 신체 이미지는 우리를 각종 질병으로 몰아넣는다. 완벽한 신체조건을 요구하는 사회의 압력은 십대들의 우울증이나 자살률 증가에 커다란 영향을 미치고 있다. 그렇다고 모든 사람에게 칙칙한 갈색 유니폼을 입으라고 요구할 수는 없다. 보다 효과적인 해결책을 모색해보자.

| 완벽한 이미지를 요구하는 대중매체와 싸우자 |

아이들에게 신체적 결점을 사랑하는 법을 가르쳐라. 그리고 개성을 무시하고 다같이 미녀가 되라고 부추기는 대중매체를 그냥 묵인하지 말라. 왜 함께 힘을 합쳐 큰 소리로 대항하지 못하는가? 방법은 여러 가지가 있다. 신체적인 미에만 초점을 맞추는 잡지 구독을 취소하고, 연예인 같은 외모의 사회자만 고용하는 TV 시청을 거부하며, 미인 선발대회는 보지 말라. 그것보다는 장기 자랑 등의 프로를 시청하는 것이 훨씬 교육적이다.

| 유명 상표 의상에 집착하지 않도록 인도하자 |

아이들이 친구들에게 휩쓸려 최신 유행 패션을 따르지 않도록 인도하자. 아이들은 가능하면 외부의 영향에 좌우되지 않는 것이 좋다. 아이들에게 유행을 따르지 않고도 얼마든지 개성을 살릴 수 있다는 믿음을 심어주자.

176

당신은 자신과 비교도 안 될 만큼 매력적인 사람을 만나거나 또는 소박하지만 호감이 가는 사람을 만난 적이 있는가. 아이들과 이 문제에 대해 토론해보고 진정한 매력은 개성이나 창의성, 자아에 대한 긍정, 사랑과 호감, 친밀감을 보여주는 능력에서 비롯된다는 걸 가르쳐라. 아이들에게 친구들에 대한 질문을 던짐으로써 내면과의 대화를 촉구할 수도 있다.

"메리(소박한 친구)의 매력은 뭐라고 생각하니?"
"너 요즘 마이크(신체적 매력을 갖춘 친구)와 사이가 안 좋은 것 같던데 그 이유가 뭐지?"
"친구가 예쁜 게 서로의 관계에 얼마나 중요하게 작용하는 것 같니?"
"네가 가장 가치 있게 생각하는 친구의 조건은 뭐지?"
"만일 못생기고 성실한 친구와 잘생기고 도덕성이 결여된 친구 중 하나를 택하라면 누구를 선택하겠니?"

| 사람을 신체적 특성으로 판단하지 않도록 가르쳐라 |

아이들에게 "저 뚱뚱한 아이는 누구니?"라고 묻지 말고 "메리 옆에 앉아 있는 저 아이는 누구니?"라고 물어라. 우리가 사람을 신체적 조건으로 정의하는 그 순간, 우리는 외모가 아이들의 정체성에 큰 비중을 차지한다는 메시지를 전달하는 것이다. 아이들에게 이런 사고 방식이 일단 각인되면 강력한 외부 영향으로 작용한다.

| 외모가 아닌 인격을 존중하라 |

예를 들어, "제인이 요새 점점 예뻐지는구나"라고 말하는 대신 "너 요즘 학교 일에 헌신적이라면서? 정말 훌륭하구나"라고 말하자.

| 다른 사람의 외모를 비판하거나 놀리지 않게 하라 |

나는 다른 사람의 외모를 비판하는 사람들을 자주 본다. 특히 우리는 TV 프로그램을 보면서 아무 생각 없이 이런 말을 한다. "와우, 저 여자는 얼굴이 온통 주름투성이네. 다리미로 밀어버리고 싶겠다." 이런 사람들은 다른 사람을 깎아내림으로써 우월감을 맛보고 싶은 것이다. 그러나 아이들 앞에서 이런 말을 하는 것은 내면의 인격보다 외모가 더 중요하다는 가르침을 전달하는 것이다. 미에 대한 사회의 그릇된 인식을 따를 필요가 없다는 걸 깨달은 아이들은 더 이상 자신이나 다른 사람을 외모로 평가하지 않게 된다. 그리고 이런 족쇄에서 풀려난 아이들은 자신의 내면에 들어 있는 진정한 미를 추구하며 다른 사람을 평가할 때도 내면의 미를 기준으로 삼는다. 이것도 자기주도적인 아이가 갖추어야 할 중요한 소양 중 하나이다.

승자-패자 논리와 경쟁의식

우리가 집단으로부터 인정받기 위해 수단 방법을 가리지 않는다면 우리는 점차 다른 구성원들과 멀어지게 된다. 우리 사회가 서로 반목하고 분쟁이 끊이지 않는 경쟁사회가 된 것도 이런 태도 때문이다. 우리는 다른 사람의 고통이나 상처를 외면한다. 그들의 손실을 우리의 이익으로 생각하기 때문이다. 13살 난 제시카는 이렇게 지적했다.

"저는 사람들이 보다 행복해지고 싶다면 더 넓은 아량이 필요하다고
생각합니다. 지금처럼 모든 것을 흑과 백으로만 구별하려고 하지
말고 회색도 받아들이는 아량이 필요하지 않을까요. 흑백 논리는
자기와 다른 색깔의 사람을 싫어하게 만드는 원인이 되니까요."

여기 아이들에게 〈윈-윈〉 게임, 즉 상생의 사고방식을 심어줄 수
있는 몇 가지 방법을 소개한다.

☺ 아이들에게 다른 사람과의 인간관계, 갈등, 상호작용에서 항상
　 우위에 설 수만은 없다는 점을 가르쳐야 한다. 우세하기보다 서
　 로 도움이 되도록 노력하는 것이 더 유익하다.

☺ 아이들에게 항상 자기가 올바르다고 주장하기보다 솔직하게 '모
　 른다'고 말하는 법을 가르치자. 부모가 본보기를 보이는 것도 좋
　 다. 이 말은 우리 자신부터 답을 모르거나 잘못하는 것에 대해
　 두려움 따위는 갖지 말자는 얘기다. 부족함을 솔직히 인정한다
　 면 세상 살기가 얼마나 편해지겠는가?

☺ 아이들에게 경쟁의식을 부추기는 말이나 이겼다고 상을 주지 말
　 자. 적을 만들지 말고 모든 사람이 이길 수 있는 서로 유익한 게
　 임을 하도록 이끌자. 교내 활동이나 운동 시합 같은 학교 생활도
　 경쟁심 대신 협동심을 기르는 기회가 되도록 인도하자.

☺ 아이들이 패배감을 혼자 극복할 수 있는 나이가 되기 전까지는
　 경쟁적인 스포츠를 시키지 말자. 실패는 일시적인 현상이며 자

신의 존엄성과는 전혀 관계가 없다는 점을 이해할 만큼 성장하
길 기다리자.

☺ 만일 아이들이 경쟁적인 스포츠에 참가했다면 승리에 대한 개념
을 분명히 심어주자. 승리란 적을 패배시키거나 높은 점수를 얻
는 것이 아니라 역경과 도전을 이겨내는 것이다. 진정한 승리란
최선을 다하고, 향상된 기량과 진정한 팀웍을 보여주며, 페어플
레이를 하는 것이란 점을 인식시키자.

☺ 만일 경쟁이 불가피하다면 그동안 갈고 닦은 기량을 최대한 발
휘하도록 노력함으로써 인내심이나 자기 훈련을 개발시켜 성장
의 계기로 삼아야 한다.

☺ 아이들의 경쟁심을 일부러 부추기지 말자. "누가 제일 먼저 학교
갈 준비를 하는지 볼까?" 이런 방법이 아이들에게 잘 먹히긴 하
지만 주위 사람들을 잠재적인 적으로 여기도록 자극하는 말이
다.

☺ 〈윈-윈〉 게임이란 우선 다른 사람의 입장을 이해하고 그 다음에
서로 협력할 수 있는 길을 찾는 것이란 걸 가르쳐라. 역할 바꾸
기 놀이를 통해 간접 체험을 시키는 것도 효과적이다.

☺ 아이들에게 협상과 타협, 협력이나 〈윈-윈〉 사고방식을 가르치
자. 어떤 갈등도 〈윈-윈〉 전략으로 풀어갈 수 있다는 걸 가르침
으로써 이 방법의 중요성을 인식시킬 수 있다.

아이들에게 비적대적인 자세를 가르친다면 그들이 자라 어른이 되었을 때, 적보다는 친구가 많을 것이다. 그리고 아이들에게 협력 관계를 가르친다면 아이들은 공공의 이익을 위해 헌신하는 대중이 될 것이다.

자기 주도적인 아이로 키우려면 혼자 뛰어나기보다는 다른 사람과 조화를 이루도록 가르치는 것이 중요하다. 이런 아이들에게 현재의 문제점은 곧 과거의 교훈이 되기 때문이다.

맺는글

인간의 눈이 미치지 않는 먼 미래를 바라보면
앞으로 다가올 세상과 그 경이로움을 볼 수 있다.
— 알프레드 로드 테니슨

외부 지향적인 이 세상을 자기 주도적인 세상으로 바꾸는 가장 중요한 요소는 올바른 길을 선택하는 것이다. 우리는 아이들이 외부의 영향에 무조건 반응하지 않고 이성에 의지해 스스로 분석할 수 있도록 가르쳐야 한다. 또한 아이들이 자기가 속한 공동체를 아무 생각 없이 무조건 따르거나 대적하게 만들지 말고, 공동체에 무언가 기여할 수 있는 일을 함으로써 소속감을 느끼도록 인도해야 한다.

이 길은 우리가 인식을 바꾸기만 한다면 생각보다 쉬운 여정이다. 아이들이 자유롭고 자발적인 영혼을 갖고 태어났다는 사실을 인정하는 것만으로도 우리는 이미 유리한 출발점에 서 있는 것이다. 우리가 할 일은 아이들로 하여금 다른 사람이나 그들이 살고 있는 세계를 존중하게 만드는 것이다. 아이들을 사회가 원하는 방향으로 인도하기 위해 통제하거나 지배하지 말라.

우린 이미 외부 영향에 익숙해져 있기 때문에 인식의 변화를 이룩하려면 많은 노력과 인내심이 필요하다. 내가 제안할 수 있는 길은 매일 최선을 다하는 것이다. 우리의 말이나 행동이 아이들에게 어떤 영향을 미치는지 수시로 점검하자. 항상 스스로 이렇게 반문해보라.

**"나는 지금 아이를 외부 지향적으로 인도하는가,
내부 지향적으로 인도하는가?"**

자기 주도성을 키우려면
이럴 때 이렇게 하라

아이들을 잘 키우는 가장 좋은 방법은
그들을 행복하게 하는 것이다.
— 오스카 와일드

여기서는 아이를 키우면서 겪게 되는 문제점에 직접적인 도움이 될 만한 방법들을 제시하고자 한다. 여기 소개하는 방법들은, 아이들이 자신의 행동을 판단하고 수정할 때, 외부의 영향보다는 내면과의 대화에 의존하도록 가르치는 것이 목적이다. 아이를 자기 주도적으로 키우길 원한다면 이 책을 집이나 차 안은 물론이고 슈퍼마켓에 갈 때도 항상 갖고 다니면서 다 닳아 없어질 정도로 읽어라. 이 방법들 중에는 당신과 관계 없는 부분도 있겠지만 대부분은 사춘기 여드름처럼 누구나 겪는 일들이다.

다음에 소개할 모든 상황에 공통적으로 해당되는 몇 가지 유의점

184

이 있다. 첫째, 아이들이 부모가 정한 규칙뿐 아니라 그걸 어겼을 때 받게 되는 합당한 결과(벌칙)에 대해 이해하고 동의해야 한다. 여기서 규칙에 대한 동의는 반드시 내면과의 대화를 통해 이루어져야만 효과가 있다. 둘째, 문제점을 해결하려는 자신의 방법이 정당한지를 되돌아봐야 한다. 지나치게 통제하거나 과잉보호하고 있지는 않는지 말이다. 통제와 과잉보호는 모두 외부 지향적인 반응을 유도하는 잘못된 방법이다. 셋째, 모든 경우 부모가 먼저 모범을 보여야 한다는 점을 명심하라. 만일 말과 행동이 일치하지 않는다면 그것은 아이들 마음 속에서 돌아가고 있는 '내면과의 대화'라는 기계에 망치를 던져 멈추게 하는 것과 같다.

그리고 항상 유머를 잃지 말라.

사고를 저지르는 아이

| 아이들은 왜 항상 사고를 저지르는가 |

아이들은 마치 사고치기 대회에 출전이라도 한 듯 항상 깨뜨리고, 흘리고, 엎지르곤 한다. 아이들이 이렇게 일을 잘 저지르는 이유는 자신의 몸과 주위 공간의 상관관계를 잘 이해하지 못하기 때문이다. 그리고 반사작용이 지나치게 빨라서 행동을 미처 조절하지 못하는 까닭도 있다. 때에 따라서는 부모에게 보복을 하기 위해서나 일부러 괴롭히기 위해 사고를 저지르는 경우도 있지만 흔한 일은 아니다.

| 합당한 결과 |

아이들에게 자기가 엎지른 것을 치우게 하고 깨뜨린 물건이 있다면 보상하게 하라. 만일 보상할 돈을 벌기 위해 평소보다 일을 많이 해야 하거나 시간을 투자해야 한다면 기꺼이 감수하게 하라.

비판적인 말을 삼가고 유머 넘치는 자세로 접근하라. "우유가 식탁 위에서 쉬고 싶었나?" "집안에서 공을 던지는 것은 꽃병 원주민을 위험에 빠뜨리는 일이 아닐까?"

아이들이 처음 실수를 저질렀을 때는 오히려 격려해주어라. "누구나 가끔 우유를 엎지른단다. 하지만 혼자 냉장고에서 우유를 꺼낸 게 어디니? 엎지른 우유를 치우고 다시 잘 따라보렴!"

유머를 사용하라. 마이크를 들고 있는 시늉을 하며 뉴스 앵커 흉내를 내라. "방금 들어온 가족 뉴스를 말씀드리겠습니다. 지금 리히터 6.5에 해당하는 지진이 발생했다고 합니다. 진원지는 메더스 집안의 아침 테이블이라고 합니다."

최소한의 말이나 제스처를 사용하라. 엎질러진 우유를 가리키며 "타미야, 우유!"라고 말하는 것으로 충분하다.

질문을 이용해 자신의 행동을 되돌아보게 만들어라. "마룻바닥에 시럽을 범벅해 놓으면 엄마 기분이 어떨 것 같니?"

선택권을 부여하라. "만일 엎질러진 우유를 치우면 다시 따를 기회를 주마."

만일 아이들이 고의로 사고를 저질렀다면, 그것이 자신의 분노를 보여주기 위해서든 감정을 풀어버리기 위한 것이든 간에 마땅히 타임아웃 벌을 받아 자신의 행동을 되돌아볼 기회를 가져야 한다.

폭력을 사용하는 아이

아이들이 폭력을 사용하는 이유는 여러 가지이다. 너무 어려서 자신의 충동을 억제하지 못하거나 그 이후에 돌아올 결과를 예측하지 못하는 경우도 있고, 말보다 폭력을 사용하는 게 더 익숙해서 화가 나는 순간 갈등을 말로 해결하는 방법을 잊어버리는 경우도 있다. 이 밖에도 분노와 절망감 같은 강렬한 감정을 잘 다스리지 못하는 상황 때문인 경우도 있다.

흥분을 가라앉히기 위해서는 일단 다른 아이들과 떨어뜨려 놓는 것이 좋다. 일단 떨어뜨려 놓고 난 후, 이성적으로 자신의 행동을 되돌아보도록 인도하라. 이때 아이의 기분을 충분히 이해하고 있다는 걸 보여주는 게 중요하다. "네 차례인데 지미가 새치기를 했으니 얼마나 화가 나겠니. 아무리 친구지만 화를 내는 건 당연하지."

아이에게 상대방의 감정을 이해(감정이입)하는 법을 가르쳐라. "하지만 너한테 맞은 지미는 어떨까? 누가 널 때렸을 때, 너는 어떤 기분이었니?"

그리고 아이가 적절한 방법을 찾을 수 있도록 도와주라. "다음 번에도 지미가 잘못한다면 그땐 때리는 것보다 말로 하는 게 어떨까?"

아이가 해결책을 찾을 수 있도록 인도하라. "어떻게 하면 지미에게 네 생각을 제대로 알릴 수 있을까?"

만일 아이가 갈등의 해결책으로 계속 폭력을 고집하면 이렇게 말하라. "네가 또 지미를 때릴까봐 엄마는 걱정이 되는구나. 지미를 집으로 돌려보내야겠다."

그리고 아이들이 보다 나은 선택을 하리라고 믿는다는 걸 보여주라. "내일 공원에 가면 지미와 다시 사이 좋게 놀 수 있을 거야. 다음부터는 네가 말로 잘 할 거라고 믿는다."

| 자기 주도적인 아이로 만드는 해결책 |

질문을 이용하라. "제임스, 때리는 것에 대한 우리 집안의 규칙이 뭐지?" "다음에는 폭력 대신 어떤 행동을 해야 할까?" "동생의 기분을 풀어주려면 어떻게 하는 게 좋을까?" 이런 질문들은 내면의 대화를 개발시킨다.

공정한 설명과 정보를 제공하라. "우리 집안에서 폭력은 용납되지 않는단다." "네가 사라를 발로 찼으니 사라는 얼마나 아플까?"

아이들 중에는 호흡법이나 명상 같은 긴장완화법이 효과적인 경우도 있다. 이런 방법들은 아이들을 침착하게 만들어 자신의 행동에 상응하는 결과를 예상하도록 인도한다.

한정된 선택권을 주라. "고양이 꼬리를 잡아당기는 걸 그만두겠다고 약속하면 고양이와 다시 놀게 해주마."

때에 따라서는 언어 장애 때문에 공격적인 성향을 보이는 경우도 있다. 조금이라도 아이가 의심스러우면 선생님과 상담하고 언어 전문의와 상담하라.

약물, 흡연, 음주에 빠지는 아이

| 아이들은 왜 이런 것에 빠지는가 |

아이들이 이런 중독에 빠지는 데는 여러 가지 원인이 있다. 그 이유는 앞서 7장에서 자세히 밝혀 놓았다.

| 합당한 결과 |

여기에 해당하는 처벌은 협상의 여지 없이 엄격해야 한다. 예를 들면, 석 달 동안 외출 금지 명령을 내리는 것이다. "네가 지금 친구들과 다시 어울린다는 건 엄마가 보기에 유혹의 강물에 뛰어드는 것과 같다. 엄마는 네가 책임감 있게 행동할 때까지 널 친구들과 떨어뜨려 놔야겠다."

그리고 석달 동안 핸드폰, 컴퓨터 등을 빼앗고 주말에 금연교실을 보내라.

| 자기 주도적인 아이로 만드는 해결책 |

만일 아이들이 담배나 술에 깊이 빠져 있다면 아이뿐 아니라 나머지 가족들 역시 적절한 상담을 받아야 한다. 가족관계를 재조명하고 우울증이나 다른 정신적 질병을 발견하는 기회가 될 수도 있다.

본보기를 이용하라. 나는 식품점에서 코에 길다란 튜브를 끼고 산소호흡기를 달고 다니는 폐암 환자를 만나면, 아이들에게 담배를 많이 피우면 어떤 결과가 초래되는지를 설명하는 본보기로 삼는다. 또 버스 정류장에서 술에 취한 남자가 큰 소리로 노래부르는 걸 지적하며 술을 마시면 얼마나 통제력이 상실되는지 설명해준다.

질문을 이용하라. "우리 가족은 흡연에 대해 어떤 규칙을 정하고 있지?” “왜 그런 규칙을 정했다고 생각하니?” “샐리 아줌마가 담배 피우는 걸 보면 무슨 생각이 드니?” “만일 네가 친구들과의 모임에서 술을 마시지 않겠다고 약속하면 외출을 허락하마.”

동물을 학대하는 아이

| 아이들은 왜 동물을 학대하는가 |

아이들은 애완동물을 너무 좋아하기 때문에 그 감정을 주체하지 못해 격앙된 방식으로 애정을 표현하기도 한다. 또 호기심 때문에 고양이를 발로 차거나 찌르거나 던지기도 한다. 때론 어떤 반응을 보이는지 알고 싶어한다. 이 밖에도 드물기는 하지만 정신적으로 문제가 있는 아이들은 사디스트적인 충동을 느끼는 경우도 있다.

| 합당한 결과 |

애완동물을 잘 돌보지 않는 아이에겐 동물과 함께 놀 자격이 없다. 동물을 아이로부터 격리시켜라. 만일 그래도 행동을 고치지 않으면 애완동물을 잘 돌볼 수 있는 다른 사람에게 양도하라.

가까운 동물보호소에 연락해 아이들이 주말에 동물을 위해 봉사하게끔 만드는 것도 좋은 방법이다.

| 자기 주도적인 아이로 만드는 해결책 |

자신이 동물에게 한 것처럼 다른 사람이 똑같은 방법으로 자신을 학대한다면, 아이들에게 어떤 기분일지 물어보라. 동물을 계속 잔인하게 학대하면 동물에게 어떤 일이 일어날지에 대해서도 충분히 설명하라.

공정한 입장에서 설명과 정보를 제공하라. "네가 그렇게 못살게 굴면 브라우니가 얼마나 겁을 먹고 슬픈 표정을 짓는지 보렴. 동물을 학대하는 건 잔인한 짓이란다. 그래서 우린 그런 행동을 용서할 수 없단다."

〈할 때―그러면〉 방법을 이용하라. "네가 햄스터를 친절하게 대해줄 수 있을 때, 엄마는 예전처럼 햄스터와 놀게 할 거란다."

한정된 선택권을 제시하라. "제인, 강아지를 보다 잘 보살펴주겠니? 아니면 샐리 아줌마에게 보내렴. 너보다 아줌마가 더 잘 보살펴주실 것 같지 않니?"

다른 사람에게 보낼 경우 어떤 기분이 들지 물어보고 그 기분을 다른 방식으로 표현할 수 있게 도와주자.

나쁜 버릇(손톱을 물어뜯거나 코를 후비는 버릇)을 가진 아이

| 아이들은 왜 나쁜 버릇을 갖게 되는가 |

누구나 한두 가지 나쁜 버릇은 있게 마련이다. 그러니 아이들의 나쁜 버릇은 우리를 괴롭게 만든다. 따라서 끊임없이 잔소리를 해댐으로써 나쁜 습관을 더욱 악화시키곤 한다. 아이들이 나쁜 습관을 갖게 되는 이유는 스트레스 때문이거나 안면 근육 경련 같은 신체적 장애 때문이거나 심지어 특별한 이유가 없는 경우도 있다.

| 합당한 결과 |

만일 아이가 코를 후비는 지저분한 버릇이 있다면 격리시켜라. "아무도 코를 후비는 지저분한 사람과 같이 있고 싶어하지 않는단다. 아담, 다른 사람들에게 괜히 고통주지 말고 방에서 나가렴.”

| 자기 주도적인 아이로 만드는 해결책 |

아이들의 나쁜 버릇을 그만두게 하기 위해 잔소리를 하거나 야단치지 말고 선택의 기회를 주라. “데비, 혼자 있을 때는 코를 후벼 휴지에 닦아도 상관없단다.”

공정한 설명과 정보를 제공하라. “손톱을 물어뜯는 건 지저분한 습관이란다. 사람들 앞, 특히 식탁에서는 삼가야 한다.”

질문을 이용하라. “크랭크, 네가 코딱지 먹는 걸 다른 사람들이 보면 어떤 기분이 들 것 같니?”

최소한의 말과 제스처를 사용하라. “해리야, 코.” 또는 당신의 코를 만지며 아이의 이름만 부르는 방법도 있다. “제니.”

유머를 활용하라. “봄맞이 대청소니, 토마스?” “재미있는 일거리를 찾았구나?”

아이들이 계속해서 손톱을 물어뜯거나 목 가다듬는 소리를 낸다면 그 이유가 무엇인지 알아봐야 한다. 신경이 날카롭기 때문인가? 그렇다면 그 원인을 해결하도록 도와줄 수 있을 것이다.

부모에게 불손한 아이

| 아이들은 왜 부모에게 대드는가 |

아이들이 부모에게 불손하게 대드는 이유는 자신의 한계를 테스트하거나 울분을 풀기 위해서, 또는 지나친 통제에 반항하기 위해서다. 그러나 가장 중요한 이유는 갈등을 해소하는 적절한 방법을 미처 경험하지 못했기 때문이다.

| 합당한 결과 |

아이들이 당신에게 불손하게 대들면 일단 방에서 나가라고 말하라. 어떤 종류의 불필요한 무례함도 참고 견딜 필요가 없다.

| 자기 주도적인 아이로 만드는 해결책 |

선택권을 주거나 잘 타일러라. "브랜든, 엄마가 방을 치우라고 해서 화가 난 모양이구나. 그러면 엄마가 어떻게 했으면 좋겠니?" "네가 그렇게 대들면 엄마는 화나고 속상하단다." "탐, 왜 그렇게 화가 났는지 공손하게 설명하든지 아니면 나갔다가 기분이 풀리면 다시 들어와 얘기하자."

질문을 이용하자. "우리 집에서 윗사람에게 불손하게 대들면 어떻게 하기로 정했지?" "왜 그런 규칙을 정했다고 생각하니?" "그런 태도를 바꾸지 않고서 어떻게 규칙을 지킬 수 있겠니?" "네 행동을 고치기 위해 어떻게 해야 한다고 생각하지?"

긴장감을 해소하기 위해 유머를 사용하라. 이마에 다음과 같은 글을 붙이고 다녀라. "자, 나를 때려라. 우리 조니가 원하는 거라면 얼마든지 참아주마."

성적이 나쁜 아이

| 아이들은 왜 성적이 떨어지는가 |

우선 여기서 중요한 건 성적 그 자체가 아니다. 우리가 걱정해야 하는 건 아이들이 배움에 대한 열정과 노력하려는 마음을 잃어버렸다는 사실이다. 그 이유는 우울증, 학습부진, 맞지 않는 학습법(운동신경이 발달한 아이들은 청각을 통한 교육에만 효과를 나타낸다), 멍청이라는 놀림을 받을지도 모른다는 두려움, 실패에 대한 두려움 등을 들 수 있다.

| 합당한 결과 |

성적이 나쁜 원인이 잘못된 생활습관 때문이 아니라면 성적 자체만을 문제삼아 벌줘서는 안 된다. 하지만 숙제 대신 전화기에 매달려 있거나 공부는 하지 않고 오락만 하다가 성적이 떨어졌을 경우는 다르다. 이럴 경우에는 숙제를 마칠 때까지 이런 행위를 허락하지 말라.

| 자기 주도적인 아이로 만드는 해결책 |

한정된 선택권을 주라. "제임스, 만일 수학 숙제를 일찍 마친다면 빌리와 영화관에 갈 수 있을 거야."

공정한 입장에서 설명과 정보를 제공하라. "숙제를 해야 할 시간인데 TV만 보는구나. 만일 숙제를 제 시간에 내지 못한다면 어떤 일이 생길까?"

최소한의 말과 제스처를 사용하라. "바비, 과학 숙제!"

유머를 사용하라. 아이들 책에 이런 글을 붙여보자. '주인님, 저는

너무 외로워요. 제발 저랑 놀아주세요.'

질문을 이용해 주의를 환기시켜라. "타미, 과학 숙제는 이번 주까지 내야 하지 않니?" "이 숙제를 무사히 끝내려면 어떻게 해야 할까?"

당신의 아이가 어떤 유형(시각적, 청각적, 운동감각적, 다감각적)인지 파악하라. 그리고 아이에게 맞는 스타일을 찾아내 선생님에게 그 스타일에 알맞은 방법으로 가르쳐 달라고 부탁하라.

일찌감치 아이에게 패배감을 극복하는 법을 가르쳐라. 실패하더라도 커다란 절망감을 느끼지 않을 만한 작은 기회들을 주면서 훈련시켜라. 그리고 아무리 작고 사소한 일일지라도 아이들이 잘한 부분에 대해서는 칭찬을 아끼지 말라.

어떤 성적을 거두든지 우리들의 사랑에는 변함이 없다는 걸 아이들에게 보여주라. 그들이 얻는 지식이나 기술, 배움에 대한 끊임없는 열정이 얼마나 중요한 것인지를 깨닫게 하라.

목욕하기 싫어하는 아이

| 아이들은 왜 목욕하기를 싫어하는가 |

분명히 알아둘 것이 있다. 최소한 아이들의 관점에서 볼 때 목욕보다 중요한 일들은 얼마든지 있다는 점이다.

| 합당한 결과 |

아이들에게 목욕은 선택의 대상이 아님을 확실히 해두자. 그러나 머리를 엄마가 감겨주느냐 아빠가 감겨주느냐, 책을 먼저 읽어줄까

목욕을 먼저 할까 정도는 선택할 수 있다. 그러나 목욕할 시간이 지났는데도 떼쓰는 걸 멈추지 않는다면 이런 선택의 권리조차 주지 말라. 징징거리고 떼쓰느라 시간을 허비한 벌로 책을 읽어주는 것도 생략하라.

아이들이 목욕하길 싫어하면 위생상 공공 장소에 함께 갈 수 없음을 통고하라. 즉 놀이동산이나 영화관뿐 아니라 함께 슈퍼마켓에도 갈 수 없다는 걸 알게 하라.

│ 자기 주도적인 아이로 만드는 해결책 │

제한된 선택권을 부여하라. "이를 먼저 닦을래, 목욕을 먼저 할래?" "만일 깨끗이 목욕을 한다면 엄마와 함께 식품점에 갈 수 있을 거야."

공정한 설명과 정보를 제공하라. "지저분한 아이는 식품점에 들어갈 수 없단다." "우리 집안은 청결을 중요하게 생각한단다."

질문을 이용하라. "우리 집 목욕 규칙이 뭐지?" "목욕을 안 하면 어떤 결과가 발생할까?"

최소한의 가르침을 사용하라. "하우이, 목욕 시간이다!"

유머를 이용하라. 앞에 서 있는 아이가 보이지 않아 찾는 시늉을 하며 이렇게 말하는 것이다. "혹시 우리 래리 못 보셨어요? 어디 갔는지 찾을 수가 없네요. 방안에 있는 건 시커먼 까마귀 한 마리뿐이에요."

잠자리에 들기 싫어하는 아이

대부분의 아이들이 바로 잠자리에 드는 걸 싫어하는 이유는 자는 동안 나머지 가족들 사이에 일어나는 일들을 놓치고 싶지 않기 때문이다. 또 때에 따라서는 당신의 관심을 보다 많이 끌기 위해서이기도 하다.

만일 아이들이 제 시간에 잘 준비 — 이를 닦고 목욕을 하고 잠옷으로 갈아입는 — 를 마치지 않으면 어떻게 해야 할까? 앞서 말한 것처럼 책을 읽어주지 말라(하지만 이불을 덮어주고 키스해주는 일은 잊지 말라).

만일 아이들이 늦게 잠자리에 들면 다음날 피곤할 것이다. 이런 기회를 놓치지 말고 잠이 모자라면 어떤 결과가 생기는지 설명하라. "제인, 잠을 충분히 못 자서 몹시 피곤해 보이는구나. 그런 얼굴로 어떻게 오늘 미렐의 생일 파티에 참석할래?"

제한적인 선택권을 제공하라. "오늘밤은 9:30분에 잘래 9:45분에 잘래?"

질문을 이용하라. "잠자리에 들기 전에 어떤 것들을 준비해야 하지?" "그렇다면 지금 뭘 해야 할까?"

공정한 설명과 정보를 제공하라. "다음날 피곤하지 않으려면 일찍 잠자리에 들어 충분히 자는 게 중요하단다." "오늘 너무 늦게 자면 내일 피곤해서 공원에 가기 힘들 거야.”

유머를 사용하라. “잠의 요정이 화를 내겠는걸. 요정은 아이들이 잠자리에 들지 않으면 신경이 날카로워지거든.”

아이들의 〈물 한잔만!〉 작전에 걸려들지 말라. 5살짜리 우리 아이는 자기 전에 온갖 핑계를 구실로 삼아 버티곤 했다. “물어볼 게 있어요.” “쉬하고 싶어요.” “응가하고 싶어요.” “목이 말라요.” “포옹하는 걸 잊었네.” “키스하는 걸 깜빡했어요.” 등등. 자기 전에 해야 할 일상적인 준비가 아니라면 나머지 요구사항은 모두 핑계에 불과하다. 그리고 일단 잠자리에 들면 절대 방에서 못 나오게 해야 한다. 목이 마르거나 배가 고프다고 죽지 않으며, 오줌을 쌌다고 떠내려가지 않는다.

야뇨증에 시달리는 아이

| 아이들은 왜 자면서 오줌을 싸는가 |

대부분의 전문가들은 야뇨증을 수면 장애나 아직 덜 성숙한 신경체계 때문으로 보고 있다. 그러나 최근 한 연구에 의하면 야뇨증이 있는 아이들은 자는 동안 항이뇨성 호르몬(ADH) 분비가 부족하다는 사실이 밝혀졌다. ADH는 자는 동안 오줌의 생성을 감소시키는 작용을 하는 호르몬으로 수면 중에는 대개 증가한다. 그러나 야뇨증 어린이들을 테스트해본 결과 ADH의 분비가 증가하지 않는 것으로 나타났다. 따라서 방광이 보유할 수 있는 양보다 더 많은 양의 오줌이 생성되는 것이다. 만일 아이들이 일어나 오줌을 누지 않으면 방광은 더 이상 지탱하지 못하고 오줌을 방출하기 때문에 침대를 적실 수밖에 없다.

오줌을 싸지 않던 아이들이 갑자기 밤에 침대를 적시기 시작하면 전문의와 상의해보는 것이 좋다. 신체적, 정신적 문제가 있음을 암시하는 증거이기 때문이다.

| 합당한 결과 |

아이들 스스로 침대보를 걷어 세탁기에 넣고 새 침대보를 갈게 하라. 나이가 어리면 도움이 필요할 수도 있지만 4,5살 난 아이들도 얼마든지 할 수 있는 일이다.

| 자기 주도적인 아이로 만드는 해결책 |

아이들이 오줌을 쌌다고 놀리거나 벌을 주어서는 안 된다. 아이들 책임이 아니라 신체적인 이상이므로 의사의 치료를 받아야 한다. 위에 설명한 징계 이외에 이 문제에 대한 다른 뾰족한 해결책은 없다. 그 원인이 호르몬 이상과 나이가 어리기 때문인 걸 어찌하랴. 중요한 건 야뇨증을 멈추게 하는 것보다 아이들이 오줌싸개라는 놀림을 받지 않도록 유의하는 일이다.

칭얼대는 아이

| 아이들은 왜 칭얼거리는가 |

아이들은 알고 있다. 인내심을 가지고 소리를 높여 칭얼거리면 원하는 걸 얻을 수 있다는 사실을 말이다.

| 합당한 결과 |

명심해야 할 점은 아이들이 조를 때, 아무리 긴급함을 호소해도 동요하지 말아야 한다는 것이다. 대부분의 경우 아주 위급한 상황은 아니며 그냥 두어도 잘 해결된다. 예를 들어, 당신이 이미 중요한 약속이 있다고 말했는데도 아이가 공원에 가자고 조른다면 중요한 이유가 있는 게 아니라 그냥 공원에 가고 싶기 때문에 가자고 하는 것뿐이다.

아이들이 계속 칭얼거리면 방에서 내보내라. 굳이 괴롭힘을 당할 이유가 없다. 혼자 방에서 실컷 칭얼거릴 기회를 주라.

아이들이 조를 때 단호한 태도를 보이지 못하고 넘어가기 시작하면 아이들은 점점 그 정도를 더해갈 것이다.

| 자기 주도적인 아이로 만드는 해결책 |

아이들에게 왜 요구조건을 들어줄 수 없는지 상세히 설명하라. 이런 정보들은 나중에 아이들이 내면과 대화할 때 중요한 척도가 된다.

질문도 내면의 대화를 자극하는 한 방법이다. "칭얼대는 아이에게 어떤 규칙이 적용되지?" "왜 그런 규칙을 정한 것 같니?" "다음에는 어떤 방법으로 일을 해결하는 게 좋겠니?"

공정한 설명과 구체적인 정보를 제공하라. "우리 집에서는 칭얼대는 방법으로 얻을 수 있는 게 아무것도 없단다."

한정된 선택권을 제시하라. "만일 조르는 걸 멈추면 네가 왜 그걸 원하는지 진지하게 들어주마."

유머로 부드럽게 경고하라. "어머! 경찰차가 왔나보다." 경찰 사이렌을 흉내낸 다음 경찰처럼 근엄한 목소리로 말하라. "실례합니다. 옆집에서 신고가 들어와 당신을 체포합니다. 끊임없이 칭얼대서 옆집에 피해를 주는 등 헌법 제246조 7항을 위반하셨습니다. 권리에 대해서는 알고 계시죠?"

생일날 다투는 아이

| 아이들은 왜 생일파티에서 잘 싸우는가 |

생일을 맞은 아이는 여러 가지 감정 — 흥분, 기대감, 절망감, 실망 등등 — 으로 당황해서 행동이 거칠어지게 마련이다. 또 친구의 생일 파티에 가는 아이는 다른 친구에게 집중되어 있는 관심을 자기 쪽으로 끌어보려고 과장된 행동을 하게 된다.

| 합당한 결과 |

만일 당신의 아이가 자신이나 친구의 생일 파티에서 무례한 행동을 했다면 일단 집으로 데려온 다음, 다른 아이들에게 피해를 주지 않기 위해 집으로 돌아온 거라고 설명하라.

아이가 친구들의 선물에 감사를 표하지 않는다면 우선 가볍게 지적해주라. 그래도 듣지 않으면 선물을 빼앗아서 되돌려주거나 필요한 다른 아이에게 주라.

| 자기 주도적인 아이로 만드는 해결책 |

친구의 생일날 친구가 모든 관심을 독차지하는 것에 대헤 이띤 기분이 드는지 미리 대화를 나누는 것도 좋은 방법이다.

다음과 같은 정보를 제공하는 것도 도움이 된다. "생일 파티의 목적은 가족이나 친구들이 또 한 해를 함께 맞이하게 된 기쁨을 나누기 위한 것이란다." 따라서 주인공은 초대된 아이들을 즐겁게 해줘야 할 의무와 책임이 있다는 걸 이해시켜라.

생일 파티 준비를 아이들과 함께 하라. 다음과 같은 선택권을 주면 우쭐한 기분을 느낄 것이다. "생일 케이크는 초콜릿으로 할까? 바닐

라로 할까?" 만일 친구들을 초대했으면 아이에게 파티를 보다 즐겁
게 만드는 게임을 생각해낼 수 있는 기회를 주라.

초대된 친구들에게 선물 대신 학교 도서관에 기증할 수 있는 책이
나 물건을 가져오라고 전하라. 기증할 물건을 고르거나 직접 학교에
가져가는 영광스런 역할은 아이에게 맡겨라. 뿌듯한 보람을 한 번 맛
본 아이는 자꾸 그런 기분에 젖고 싶어할 것이다. 그런 다음 아이에
게 다음과 같은 질문을 던져라. "학교 도서관에 책을 기증하니까 기
분이 어때?" "도서관에서 일하는 고드프리 부인이 너를 어떻게 생각
했을까?" 그리고 다음과 같은 설명을 덧붙여라. "네가 도서관에 기증
한 책들은 많은 아이들에게 큰 양식이 될 거야. 해마다 많은 아이들
이 그 책을 읽을 수 있겠지?"

자기 잘못을 남의 탓으로 돌리는 아이(책임감이 없는 아이)

| 아이들은 왜 자신의 잘못을 남의 탓으로 돌리는가 |

대부분의 아이들은 다른 사람 앞에서 부족함을 드러내려고 하지
않는다. 그리고 자신의 잘못으로 비판이나 처벌을 받거나 놀림거리
가 되는 걸 두려워한다.

| 합당한 결과 |

아이들이 거짓말을 하면 그것만은 절대 용서하지 말라. 거짓말은
더 큰 거짓말을 낳는다. 만일 아이들이 뭔가 잘못을 저질렀다고 의심
되면 어떤 방법으로든 잘못을 바로잡고 고쳐 나가도록 인도하라. 담
벼락이 낙서로 가득 찼으면 형제 모두에게 양동이와 솔을 들고 깨끗

202

이 지우게 하라. "모두 너희들 짓이니 너희가 치우는 게 당연하지 않니?" 나이가 어린 아이들에게는 다소 힘들 수도 있지만 팔의 근육을 키울 수 있는 좋은 기회가 될 것이다. 담벼락 청소 좀 한다고 어떻게 되지는 않는다.

또한 자신의 잘못을 다른 사람 탓으로 돌리는 아이들에게 상대방의 기분이 어떨지 설명해주라.

| 자기 주도적인 아이로 만드는 해결책 |

아이들이 자신의 잘못을 인정하지 않으면 그들의 거짓말을 직접 지적하라. 이런 직선적인 접근방식은 자신을 기만하려는 자기 합리화 시도를 방지할 수 있다.

공정한 설명과 정보를 제공하라. "우리 집안에서는 자기 행동은 자기가 책임져야 한다." "엄마 기억에는 네가 이번 주에 조시한테 신문 돌리는 일을 건네받기로 약속한 것 같은데."

선택권을 제공하라. "네 행동에 책임을 진다면 엄마도 너를 어른 대접해서 많은 혜택을 누리게 해주마."

자신의 잘못을 남에게 돌리는 아이들에게는 질문으로 내면의 대화를 자극하라. "이번 주에 조시한테 신문 돌리는 일을 건네받기로 하지 않았니?" "오늘 건네받지 못한 걸 조시 탓으로 돌리는 이유가 뭐지?" "다른 사람이 너를 부당하게 비난하면 어떤 기분이 들겠니?" "잘못을 바로잡으려면 어떻게 해야 할까?"

아이들에게 누구나 잘못을 저지를 수 있다는 사실을 설명하되 일단 잘못을 저질렀으면 누군가에게 누명을 뒤집어 씌우지 말고 해결책을 찾도록 인도하라.

아이들에게 잘못이나 결점을 솔직하게 인정하는 본보기를 먼저 보여라. 자신은 무책임하면서 아이를 책임감 있게 기른다는 건 불가능하다. 잘못을 인정하는 부모를 보면서 아이들은 보다 편하고 안정된 마음으로 내면과 대화하며 자신의 잘못을 해결할 것이다.

아이들이 책임감을 보여주는 행동을 할 때마다 칭찬을 아끼지 말라. "메리야, 잘못을 깨닫고 해결할 방법을 찾는 네가 자랑스럽구나. 어른들 중에는 너보다 못한 사람이 많단다." 이 점은 안타깝게도 사실이다.

아이들이 일을 책임감 있게 성취할 수 있도록 나이에 걸맞는 일을 시켜라. 만일 실패를 하더라도 결과에 관계없이 잘한 부분은 칭찬하고 잘못은 고치도록 도와주고, 다시 도전할 수 있는 용기도 불어 넣어주라. 실패를 극복할 줄 아는 아이는 책임감이 강한 아이다.

피어싱이나 문신, 또는 과장된 몸치장을 하는 아이

| 아이들은 왜 이런 것에 집착하는가 |

오늘날 신체 이미지는 점점 더 크게 부각되고 있다. 다른 아이들보다 두드러지기 위해서라면 튀는 몸치장은 물론 무슨 일이든 한다. 목에 번쩍이는 네온사인을 감고 다니는 아이들은 이렇게 외치는 것 같다. "날 좀 봐주세요. 난 뭔가 특별해요." 그러나 안타깝게도 다른 친구들의 절반 이상도 비슷한 몸치장으로 눈길을 끌고 있다.

물론 여기에는 문화적 여건이나 개인적 취향도 영향을 미친다. 아이들이 몸을 돌이킬 수 없는 형태로 변형시키는 것을 막고 싶은 부모들을 위해 몇 가지 방법을 소개한다.

만일 아이들이 당신이 제시한 한계나 규칙을 지키지 않는다면 그때는 나중에 후회하도록 내버려두는 수밖에 달리 방법이 없다.

당신은 몸치장에 대해 엄격한 편인 반면, 아이들은 영구적인 변형을 동반하는 자기 표현을 굳이 원한다면 조건을 제시하라. 예를 들면 18세가 넘어야만 허락한다거나 젖꼭지 장식 같은 특정 부위의 변형은 절대 못하게 하는 것이다. 아이들에게 자신의 결정에 대한 결과를 미리 경험해보기 위해 우선 연습삼아 해볼 것을 권하라. 만일 문신을 원한다면 이집트산 헤너 물감으로 일시적인 문신을 해보도록 유도하라. 귀를 뚫기 원한다면 우선 자석으로 된 귀걸이를 착용할 것을 권하라. 이런 시험기간을 거친 후에도 여전히 원한다면 허락하는 수밖에 없다.(그러나 비용은 스스로 부담하게 하라!)

그리고 이런 시도가 가지는 위험성을 반드시 설명하라. 혀에 피어싱하는 것은 심각한 감염을 초래할 수 있으며 치아에도 좋지 않은 영향을 미친다는 것을 경고하라. 혀에 단 장식이 앞니를 자꾸 밀어 이가 튀어나올 가능성이 있으므로 조심하지 않으면 뻐드렁니가 되고 만다.

그리고 아이들에게 외모보다는 내면을 가꾸는 것이 더 중요하다는 걸 일깨워주라. 질문을 이용하면 효과적이다. "요즘 사람들은 너무 외모에만 치중하는 것 같지 않니?" "이런 현상에 대해 어떻게 생각하니?" "이런 유행의 물결에 휩쓸리고 싶은 충동을 느낄 때가 있니?"

지금은 구식이 되었지만 예전에 유행하던 풍조가 생각나면 아이들에게 들려주라. 그리고 당신 자신이 문신이나 피어싱을 했던 경험이 있다면 아이들에게 결과적으로 어땠는지 설명해주라. "나도 네 나이 때는 문신을 한다는 게 그렇게 흥분되고 신날 수가 없었단다. 하지만 지금은 어떤 대가를 치르더라도 지우고 싶은 심정이란다. 이제는 문신을 하고 다니기에는 너무 늙었기 때문에 진심으로 후회가 된단다."

쉽게 싫증내는 아이

| 아이들은 왜 쉽게 싫증을 내는가 |

요즘 신세대들은 매 순간이 자극의 연속이길 바란다. 최첨단 시대인 만큼 선택의 여지 또한 무궁무진하다! 이런 과잉공급과 아이들을 행복하게 해주는 것이 최대 관심사인 부모의 욕구가 결합되어 아이들은 한순간도 지루해서는 안 된다는 강박에 빠져 있다.

| 합당한 결과 |

아이들에게 혼자만의 조용한 시간을 갖는 법을 가르치고, 어떻게 시간을 보낼 것인지 스스로 생각해내도록 유도하자. 아이들의 지루함을 덜어줌으로써 절망감에서 구해주려고 노력하지 말라. 그건 부모가 해줄 일이 아니라 스스로 해결해야 할 문제다. 그러나 절망감을 극복하는 방법은 가르쳐라.

| 자기 주도적인 아이로 만드는 해결책 |

아이가 "엄마 너무 심심해. 할 일이 하나도 없단 말야"라고 징징거리면 이런 질문을 던져라. "이 문제를 어떻게 해결하면 좋을까?" 그리고 아이들에게 가끔 심심한 시간도 필요하다는 걸 설명하라. 혼자

206

심심하게 있는 시간은 녹슨 사고체계를 갈고 닦고 조일 시간이다. 아이들은 이 시간이 내면 세계에 활력을 불어넣는 '오락 시간'이라는 점을 인식할 필요가 있다.

아이들의 감정에 이해심을 보여라. "그래, 네 기분 알아. 엄마도 가끔 그럴 때가 있단다."(그렇게 심심할 수 있는 시간으로 되돌아갈 수 있다면!)

아이들을 무아지경으로 이끄는 수동적인 장난감이 아닌, 창의성을 자극하거나 적극적인 참여를 유도하는 장난감을 사주라. 또 아이들이 컴퓨터나 비디오게임, TV 같은 수동적인 오락에 빠지는 시간을 제한하라. 아이들 장난감은 외부 지향적인 반응이 아닌, 내면의 대화를 개발시키도록 고안된 것이어야 한다.

빌린 물건을 되돌려주지 않는 아이

| 아이들은 왜 이런 습관에 젖는가 |

아이들은 너무 공사가 다망하기 때문에 무엇이든 잘 잊어버린다. 자신이 다른 사람에게 끼치는 영향을 미처 생각하지 못하거나 전혀 관심조차 없는 아이들도 있다. 또 빌린 물건을 망가뜨리거나 잃어버리고 나서 시간이 지나면 잊혀질 것이라고 생각하는 아이들도 있다.

| 합당한 결과 |

만일 아이들이 빌린 물건을 잃어버리거나 망가뜨리면 변상할 방법을 찾도록 인도하라. 돈을 벌어 새 것을 사주게 하거나 어떤 방법을 동원해서라도 손해를 변상시켜라.

빌린 물건을 잊어버리고 돌려주지 않으면 당분간 그 물건을 다시 빌리지 못하게 하라. 상대방에게 우리 아이들의 물건 중 원하는 것을 빌려가게 하는 방법도 있다. 또는 상대방이 돈이든 다른 것이든 심지어 이자를 요구하게 할 수도 있다.

| 자기 주도적인 아이로 만드는 해결책 |

이 문제에 대해 규칙과 한계를 분명히 세워 놓아라. 첫째, 정식으로 부탁하지 않고 몰래 가져오는 일은 있을 수 없다. 둘째, 빌린 물건을 갖고 있는 동안 그 물건에 대한 모든 책임은 이유여하를 막론하고 빌린 사람에게 있다. 셋째, 물건을 빌릴 때는 언제까지 돌려줘야 하는지를 서로 분명하게 합의해야 한다.

질문을 이용하라. "물건을 빌리는 것에 대한 우리 집안의 규칙은 무엇이지?" "동생과 물건 때문에 다투지 않으려면 언니인 네가 어떻게 하는 게 좋겠니?" "허락 없이 누가 몰래 네 물건을 가져간다면 어떤 기분이겠니?"

공정한 설명과 정보를 제공하라. "혹시 오늘 타미에게 말도 안 하고 몰래 자전거를 탔니? 타미가 그 사실을 알면 노발대발하지 않을까?"

친구나 형제 사이에 물건을 빌리는 문제로 발생한 갈등에는 가능하면 끼어들지 말고 스스로 해결책을 찾도록 놔둬라. 다만 빌린 물건을 돌려주지 않으면 다시는 그 사람에게 물건을 빌릴 수 없게 된다는 걸 가르쳐라. 다른 사람에게 신뢰감을 얻는 것이 얼마나 중요한지를 이해시키는 것이 중요하다.

자랑을 일삼는 아이

| 아이들은 왜 자랑하기를 좋아하는가 |

아이들이 자랑을 일삼는 이유는 다른 사람이 자신을 자기 생각보다 더 나은 사람으로 믿어주길 바라기 때문이다. 과거에 어떤 식으로든 자존심에 손상을 입었기 때문에 그걸 만회하려는 이유도 있다.

| 합당한 결과 |

자랑을 일삼는 아이들은 그 자랑을 견디다 못한 상대방이 어떤 결정을 내렸을 때 묵묵히 그 결과를 감수해야 한다. 대부분의 사람들은 상대방의 지나친 자랑에 관대하기보다 결국 눈을 흘기며 떠나간다는 사실을 가르쳐라.

| 자기 주도적인 아이로 만드는 해결책 |

아이들에게 자신의 진정한 모습과 내면의 가치를 발견하도록 유도하라. 이런 가르침은 내면과 대화하도록 만드는 효과가 있다.

아이들에게 내면의 대화를 자극하는 질문을 던져라. "누군가가 자랑을 늘어놓는 걸 보면 어떤 생각이 들지? 짜증나지 않니?"

공정한 설명과 정보를 제공하라. "네가 태권도 대회에서 상 탄 얘기를 할 때마다 조니는 이마를 찌푸리더라. 그 얘기를 들으면 짜증이 나는 게 아닐까." "우리 집 식구들은 친구들에게 자랑하기보다는 그들이 우리한테 자부심을 갖을 수 있도록 노력하자꾸나."

아이들과 역할 바꾸기 놀이를 하는 것도 효과적이다. 처음에는 당신이 다음에는 아이들이 자랑을 늘어놓는 역할을 하라. 역할 바꾸기 놀이는 내면의 대화를 개발시키는 좋은 방법이다.

위생관념이 희박한 아이

| 아이들은 왜 이를 닦거나 손톱을 깎는 걸 싫어하는가 |

다른 중요한 일도 많은데 하필 이런 사소한 문제까지 언급하느냐는 사람도 있을 것이다.

당신은 밥 먹기 전에 손을 씻거나 머리를 빗는 일이 아이들에게 아드레날린의 분비를 촉진시킬 만큼 귀찮은 일이라고 생각하는가? 또 손톱을 깎는 일이 등골을 뻣뻣하게 할 만큼 짜증나는 일이라고 여기는가? 내 생각은 다르다. 만일 이런 생각을 갖고 있다면 당신은 매우 따분하게 아이들을 키우고 있는 것이다. 아이들이 이런 일을 보다 즐겁게 할 수 있는 방법을 고안해보자.

| 합당한 결과 |

아이들이 머리를 잘 빗지 않거나 목욕을 자주 하지 않는다면 점차 친구들이 지저분한 아이라는 걸 알아차릴 것이다. 아이들에게 씻지 않는다고 야단을 치는 대신 얼마나 지저분해 보이고 냄새가 나는지 설명해주자.

우선 손을 씻지 않고는 식탁에 앉을 수 없다는 규칙을 분명히 하라. 씻지 않으면 먹을 자격이 없다. 이를 닦게 만드는 일은 그렇게 간단하지가 않다. 아이가 스스로 이를 닦지 않으면 억지로라도 닦게 하라. 아이가 17살이라면 데이트를 핑계삼아 이를 닦게 만드는 방법도 있다.

길게 자란 지저분한 손톱은 정말 보기가 역겨우며, 잘 씻지 않는 손으로 코를 만지는 모습은 정나미가 떨어진다. 옷을 잘 갈아입지 않는 아이라면 냄새나는 옷이 아이의 습관을 말해줄 것이다. 다시 말하면, 위생에 관한 사소한 습관은 결과가 겉으로 드러나므로 숨길 수가 없다.

| 자기 주도적인 아이로 만드는 해결책 |

아이에게 손을 씻거나 이를 닦는 일이 왜 중요한지를 가르쳐라. 필요하다면 징그러운 요충이나 충치 유령 이야기를 동원하라.

공정한 설명과 정보를 제공하라. "벌써 9시인데 아직 이를 안 닦았구나."

선택을 하게 하라. "손을 씻어야만 저녁을 먹을 수 있단다."

유머를 이용하라. 손으로 칫솔 모양을 흉내내며 "구함, 한가한 칫솔이 새 주인을 찾음. 연락바람." 아이의 입을 들여다보고 놀라는 시늉을 하며 "어머, 작은 설탕 벌레들이 어금니에 커다란 구멍을 팠네. 거기다 새로운 쇼핑몰을 차려도 되겠구나."

아이가 아침마다 머리를 빗지 않아 원시인이나 빗자루처럼 보인다고 우리가 무슨 상관이랴! 학교에 가면 친구들의 집중사격을 받을 게 뻔하지만 그런 모욕을 당하기 전에 스스로 올바른 선택을 하길 바라는 것이다. 만일 아이가 놀림을 당하기 싫다면 알아서 머리를 빗을 것이다. 아이가 깜빡 잊고 빗질을 하지 않아 부스스한 모습이 보기 싫다면 날카롭지 않은 말로 주위를 환기시켜라. "루카스, 벌써 학교 갈 준비를 마쳤구나. 이도 깨끗이 닦고 도시락도 잘 챙기고. 머리만 좀 손질하면 완벽하겠는걸!"

남을 괴롭히는 아이

| 왜 다른 아이들을 못살게 구는가 |

아이들이 다른 친구를 괴롭히는 이유는, 아이 스스로 자신은 무능하고 인정받지 못하는 사람이라고 느끼기 때문이다. 따라서 자기가 할 수 있는 방법인 힘을 동원해서 다른 아이들을 통제하고 위협하고 협박하게 된다. 대부분은 또래 집단에서 인정받지 못하는 것이 이유지만 때에 따라서는 적절한 통제를 받지 못했거나 공격적인 행동에 대한 합당한 처벌을 받지 못했기 때문인 경우도 있다.

| 합당한 결과 |

만일 당신의 아이들이 다른 친구들을 괴롭힌다면 그 행동을 고칠 때까지 친구들과 어울리지 못하게 하라. 하지만 아이들을 또래 그룹과 격리시킬 때는 반드시 그 이유를 알려주어야 한다. 그리고 남을 괴롭히는 행위는 반드시 그 대상이 된 '희생양'과 함께 해결책을 모색해야 한다.

| 자기 주도적인 아이로 만드는 해결책 |

아이들에게 공격적인 방법이 아닌 평화적인 방법으로 갈등을 해결하는 법을 가르쳐라. 역할 바꾸기 놀이를 통해 처음에는 당신이, 다음에는 아이가 괴롭히는 아이 역할을 맡아라. 이와 반대로 서로 타협적인 관계에 대해서도 역할 바꾸기 놀이를 해보라. 여기에 장난감을 서로 사이 좋게 갖고 노는 방법, 상대방의 거절을 받아들이는 방법, 점심식사 때 친구와 의자를 나눠 앉는 방법 등을 포함시켜라.

아이들에게 자기가 속한 친구나 가족 사이에서 의미 있는 위치에 설 수 있는 방법을 가르쳐라. 예를 들면, 아이를 친구 몇몇과 극장에 데려가라. 그리고 너무 복잡한 곳이라서 혼자 돌보기가 벅차다는 이유를 대며 당신 아이에게 인도하는 임무를 맡겨라. 다른 친구들에게도 각자 하나씩 임무를 지워주라. 친구들이 흩어지지 않게 챙기거나 영화를 보는 동안 떠들지 않게 하거나 매점에서 친구들의 주문을 받는 일을 맡길 수 있다.

질문을 사용하는 것도 효과적이다. "남을 괴롭히는 아이가 친구들에게 존경받을 것 같니?" "다른 아이들을 괴롭히는 이유는 뭘까?" "남을 괴롭히는 아이들은 자기 자신에 대해 어떤 기분을 갖고 있을 것 같니?" (이런 질문은 누군가를 괴롭힐 때보다 평상시에 하는 것이 효과적이다. 아이들이 비난받는다는 느낌을 갖기 때문이다.)

아이에게 선택을 하게 하라. "지미를 괴롭히지 않으면 다시 놀게 해주마."

정도가 심각한 아이들은 비슷한 문제를 가진 동료들과 집단을 이뤄 전문가의 훈련을 받을 필요가 있다.

만일 당신의 아이가 괴롭힘을 당하는 대상이라면 심각한 신체적 위협이 예상되지 않는 한 혼자 힘으로 해결하도록 하라.

자동차에서 소란을 피우는 아이

쑥쑥 자라고 있는 아이들의 입장에서 보면, 한정된 좁은 장소에 오래 앉아 있는 건 고문이나 마찬가지이다. 아이들에겐 아무리 떠들어도 괜찮은 곳이면서 타인의 방해 없이 혼자 마음껏 뛰놀 수 있는 넓은 공간이 필요하다.

차에 탄 모든 사람이 안전벨트를 매기 전까지는 출발하지 말라. 만일 도중에 누군가가 벨트를 풀면 차를 길에 대고 다시 벨트를 맬 때까지 기다려라.

아이들이 차 안에서 지나치게 떠들고 다투면 그런 혼란 속에서 운전하는 것이 얼마나 위험한지를 설명하라. 그리고 가능하다면 차를 세우고 소동이 잠잠해질 때까지 기다려라. 아이들은 부모의 간섭 없이 형제끼리 서로 문제를 해결할 수 있어야 한다. 만일 시간을 주고 기다려도 다툼이 멈추지 않으면 달리 방법이 없다. 집으로 돌아가는 수밖에!

타임아웃 벌을 세우는 것도 좋은 방법이다. 만일 아이들이 차 안에서 소동을 피우면 차를 길에 대고 아이들을 내리게 한 다음 마음이 진정될 때까지 세워두라. 진정되는 시간이 빨라질 것이다. 나는 아이들이 벌서는 모습을 차창 밖으로 바라볼 때마다 고개를 내밀고 놀리고 싶은 충동을 가까스로 참곤 한다.

벌서는 게 끝나면 서로 좋은 자리에 먼저 타기 위해 또 한바탕 소동이 벌어진다.

질문을 사용하라. "차 안에서는 어떤 규칙을 지켜야 하지?" "왜 그런 규칙을 정했다고 생각하니?"

공정한 설명과 정보를 제공하라. "정신을 집중해서 운전하고 있는데 소란을 피우는 것은 매우 위험한 일이란다." "서로 좋은 자리를 차지하기 위해 싸우는 건 볼썽 사나운 일이란다."

아이들에게 선택권을 부여하라. "차 안에서 계속 싸울래, 아니면 동화 테이프를 들을래?"

되풀이해서 규칙을 어기는 아이들을 위해 나는 모의 훈련을 고안해냈다. 일단 목적이 드러나지 않게 주의하면서 아이들에게 신나는 장소 — 놀이 동산 등 — 에 간다고 말하고 차에 태운다. 그리고 차 안에서 소란을 피우면 집으로 돌아갈 거라고 미리 경고해둔다. 모의 훈련하는 거리는 다소 멀어야 가는 동안 아이들을 평가할 수 있다. 만일 아이들이 소란을 피우면 이미 경고했던 대로 돌아가라. 아이들이 아무리 소리지르며 애걸복걸해도 대구하지 말고 경고를 실천에 옮겨라. 그러나 아이들이 점잖게 행동하면 칭찬을 잊지 말고 모든 사람이 예의 바르게 행동하면 자동차 여행이 얼마나 즐거운지를 인식시켜라. 가끔씩 실시하는 이런 모의 훈련은 자동차에 딴 꼬마 괴물들을 꼼짝 못하게 하는 탁월한 효과가 있다.

시험 시간에 부정을 저지르는 아이

아이들이 부정을 저지르는 이유는 친구나 선생님, 부모로부터 인정받고 싶은 욕구 때문이다. 우리 사회가 좋은 점수나 승리를 너무 높이 평가하기 때문에 무슨 짓을 해서라도 좋은 결과를 보여주고 싶은 충동을 느끼는 것이다.

만일 아이들이 부정행위를 저질렀다면 다음과 같은 처벌을 내려라.

● 해당 과목을 완전히 익힐 때까지 다시 공부시켜라. 다 마칠 때까지 여가 시간이나 노는 시간을 허락하지 말라.

● 선생님께 사과를 하게 하라.

● 다른 아이들의 모범이 되던 학생일지라도 부정행위를 저지른 과목은 낙제점을 받게 하라.

● 더 이상 부정행위를 저지르지 않을 거라는 믿음이 생기기 전에는 시험시간에 철저하게 감독해줄 것을 선생님께 부탁하라.

● 아이들이 부정행위를 저지른 과목을 다 익힐 때까지 모든 과외 활동(축구, 태권도, 각종 수련회, 생일파티 등)을 중지하라.

아이들에게 성적이 최종 목표가 아님을 상기시켜라. 학업의 진정한 목표는 지식을 습득하고 배움에 대한 열정을 갖는 것이다. 아이들이 점차 이런 개념을 마음 속에 간직하게 되면 내면의 대화를 발전시킬 수 있을 것이다.

질문을 사용하라. "다른 친구들은 부정행위를 저지르는 걸 어떻게 생각하니?" "이런 행위가 어떤 결과를 초래할까?"

아이들에게 정직하게 행동하면서 성실성을 키우는 것이 얼마나 유익한 일이며 성실함이 삶을 얼마나 행복하게 만드는지 이해시켜라.

부모에게서 떨어지지 않으려는 아이

| 아이들은 왜 엄마에게서 떨어지지 않으려고 하는가 |

아이들이 엄마에게 집착하는 이유는 관심을 끌기 위해서거나 엄마를 조종할 목적이거나 단순히 두렵기 때문이다. 그리고 나이가 어리다면 엄마 곁을 떨어지지 않으려고 하는 건 당연하다. 특히 아이들이 새로운 기술을 배울 때나, 학교에서 스트레스를 받을 때나, 아플 때는 엄마에게 더욱 집착하게 된다.

| 합당한 결과 |

아이들이 관심을 끌기 위해서나 조종할 목적으로 엄마에게 매달릴 때는 엄마에게두 할 일이 있음을 설명하라. "캐롤린, 엄미는 지금 신문을 읽고 있잖니. 다 읽을 때까지 무릎에 앉아 있으렴." 아이들과 거래를 하지 말라. 소리를 지르거나 야단을 치게 되면 결국 아이는 원하는 걸 얻게 된다. 아이들이 보트의 닻처럼 달라붙으려고 하면 단호하게 뿌리쳐라. "엄마는 지금 혼자 있고 싶단다. 너도 혼자 놀 수 있잖니."

그러나 아이들이 두려움이나 불안에 빠져 있을 때, 또는 몸이 아플 때 부정적인 반응을 보이는 것은 적절하지 않다. 아이들에게 엄마는 꼭 필요한 존재이기 때문이다.

아이들에게 보호받고 있다는 기분을 주라. 그리고 가급적 겁을 주는 말은 삼가라. "다시는 엄마 곁에서 떨어지지 마. 나쁜 사람이 너를 데려갔을까봐 걱정했잖아." 이런 말은 두려움을 주어서 아이들에게 외부의 환경에 좌우되는 계기를 만들어줄 뿐이다.

아이들이 혼자서도 충분히 잘 지낼 수 있다고 믿고 있음을 보여주라.

아이들에게 일찍부터 혼자 무언가를 성취할 수 있는 기회를 제공하라. 혼자 도시락을 싸거나 자전거 탈 수 있게 가르치는 것이다.

아이들이 혼자서도 할 수 있는 일이 있다면 도와주지 말라. 8,9살 난 아이에게 시리얼을 먹여주는 엄마들을 어떻게 생각하는가. 이런 엄마들은 24시간 오직 아이에게 매달려 있는 일 외에는 달리 할 일이 없는 것처럼 보인다. 할 일이 없는 엄마들이여 날 찾아오라! 눈코 뜰 새 없이 바쁘게 만들어줄 자신이 있다!

아이들이 혼자 일을 처리했을 때는 칭찬을 아끼지 말라. "어머! 리키야, 오늘은 혼자 구두끈을 맸구나." "브리애너, 네가 손수 아침을 차려 먹다니 기특하구나."

질문을 이용하라. "네가 가장 두려운 건 뭐니?" "너 혼자 한다면 어떤 일이 생길 것 같니?"

무리를 만들어 힘을 과시하려는 아이

| 아이들은 왜 무리짓는 걸 좋아하는가 |

아이들은 대부분 무리를 만들어 힘을 과시하고 싶어한다. 무리 안에 다른 아이들을 못 들어오게 함으로써 우월감을 느끼는 것이다. 무리에서 소외된 아이들은 회원이 될 자격이 없는 것으로 간주되기 때문이다. 아이들이 무리짓는 이유는 다른 아이들을 공동의 적으로 삼기 위해서다.

| 합당한 결과 |

만일 당신의 아이가 불건전한 무리에 속해 있다면 남을 배척하는 성향이 없어질 때까지 그 무리와 못 만나게 하라. 이 말은 약속이나 데이트, 여행 등 무리 안의 친구들과 어울리는 걸 금지시킨다는 뜻이다.

아이들에게 다른 친구들과 어울리는 방법을 찾도록 인도하라. 아이들이 원한다면 도와줘도 무방하다.

왕따로 상처를 받은 친구에게 사과시키는 것도 잊지 말라.

| 자기 주도적인 아이로 만드는 해결책 |

역할 바꾸기 놀이를 통해 아이에게 왕따당한 친구 역할을 시켜보는 것도 효과적이다.

질문을 사용하라. "다른 아이들이 널 따돌리고 저희끼리만 논다면 어떤 기분이겠니?" "다른 아이들의 기분을 상하지 않게 하면서 친구들과의 우정을 유지할 수 있는 방법은 무엇일까?"

공정한 입장에서 설명과 정보를 제공하라. "네가 친구들과 술래잡기할 때, 타미를 끼워주지 않아 타미가 많이 화난 것 같더라." "친구를 왕따시키고 괴롭히는 건 해선 안 될 행동이란다.”

선택권을 제시하라. “네가 사라와 놀면서 다른 친구들을 따돌리지 않겠다고 약속하면 다시 사라와 놀게 해주마.”

아이들로 하여금 폐쇄적이고 공격적인 무리를 개방적인 무리로 바꾸도록 인도하라. “조니야, 넌 훌륭한 리더잖니. 모든 친구들이 함께 어울려 놀 수 있도록 리더십을 발휘해보렴.” 아이가 왕따의 기분을 이해한다면 내면의 대화를 개발시키는 소중한 경험을 한 것이다.

범죄를 저지르는 아이

| 아이들은 왜 범죄를 저지르는가 |

아이들이 범죄를 저지르는 이유는 여러 가지다. 호기심 때문에, 친구의 압력에 못 이겨서, 유흥비를 마련하기 위해서, 자신의 능력을 시험하기 위해서, 관심을 끌기 위해서, 질투심을 해소하기 위해서, 보복을 하기 위해서 등등.

| 합당한 결과 |

아이들이 범죄를 저질렀을 때는 범죄의 종류에 관계없이 적절한 법적 처벌을 받게 해야 한다. 돈을 써서 아이들을 빼내거나 법적 처벌에 항의하거나 변명하는 데 동조하거나 어떤 방법으로든 구제하는 것을 삼가라.

만일 아이들이 가게에서 물건을 훔쳤다면 정중하게 사과하고 훔친 물건을 돌려주라.

아이들이 당신 물건을 몰래 가져간 사실을 발견했더라도 우선은 억지로 자백을 강요하지 말라. 대신 한 시간 안에 제자리에 갖다놓게 하든지, 물건 값에 해당하는 금액을 형제들이 나눠서 용돈에서 분담하게 만들어라.

아이들이 기물을 파손했을 때는 직접 보상하게 하라. 아이들이 구멍가게의 물건을 파손했을 때는 파편을 깨끗이 치우게 하고, 수리비를 부담시키며, 일정 기간 동안 주말에 그곳에서 봉사하게 하라. 사과를 해야 하는 건 당연한 일이다.

아이들에게 모든 법적 수수료나 벌금을 부담시켜라. 만일 아이들이 망치로 뒤뜰의 바위를 깨뜨렸다면 자신의 돈으로 보상하게 하라. 그리고 BB탄으로 이웃집 유리창을 깨뜨렸다면 총을 압수하라.

아이들의 고삐를 단단히 조여라. 귀가 시간을 앞당기고, 어른을 동반하지 않고는 당신의 시야를 벗어나지 않게 하라. 학교까지 태워다 주고 교실 앞까지 동행하며 나쁜 영향을 미칠 아이들과 어울리지 못하게 하라. 아이들에게 다른 사람의 행복과 재산을 존중할 수 있을 만큼 자격을 갖추게 되면 그때 고삐를 풀어주겠다고 통고하라.

| 자기 주도적인 아이로 만드는 해결책 |

질문을 이용하라. "네가 가게에서 사탕을 훔치면 파슨스 부인이 어떤 기분일 것 같니?" "다른 사람의 물건을 훔치는 것은 강하다는 증거일까, 아니면 약하다는 증거일까?" "왜 그런 짓을 했지?" "네 행동을 고치기 위해 어떤 계획을 세우고 있니?"

만일 아이들이 과거에 범죄를 저질렀다면 아이를 데리고 가까운 구치소로 데려가 간접 경험을 시키고 경찰과도 얘기하게 하라.

공정한 설명과 정보를 제공하라. "밀러네 식구들은 준법정신이 강하더구나." "법은 사람들이 더불어 살기 위해 정한 규칙이란다." "가

게 물건을 훔친 이후로 기분이 우울해 보이는구나. 후유증이 오래 가
는 것 같다."

불평을 잘 늘어놓는 아이

| 아이들은 왜 불평을 늘어놓는가 |

아이들이 불평하는 이유는 우리를 조종하기 위해서, 관심을 끌기
위해서, 우리를 흥분시키기 위해서이다. 또 지나치게 통제를 받고 있
거나 자신에게 중요한 일에 대한 발언권이 없다고 생각할 때 불평한
다. 아이들 중에는 불평을 하면 원하는 대로 할 수 있기 때문에 자주
이용하는 경우도 있다.

| 합당한 결과 |

아이가 자신의 잘못에도 불구하고 "왜 친구와 외출하는 걸 허락하
지 않는 거야. 엄마는 너무 인색해!"라고 불평을 늘어놓으면, 아이에
게 자신의 의견을 공손하게 제안하지 못하는 것 자체가 성숙하지 못
한 증거라고 설명하라. 이런 반응을 보이는 아이들은 혼자 친구와 외
출할 만큼 성숙하지 않은 게 분명하다.

| 자기 주도적인 아이로 만드는 해결책 |

아이들 앞에서 하루 종일 불평을 늘어놓거나 함부로 말하는 것을
삼가라. 아이들은 이런 행동을 점차 정당한 것으로 받아들이게 될지
도 모른다.

아이들에게 모든 것이 자기 마음대로 될 수 없다는 이치를 가르쳐

라. 그리고 아이들이 불평을 할 때 긍정적인 표현으로 고쳐서 말해
주라.

> 샐리: "우리 집은 너무 따분해. 정말 지겨워 죽겠어."
> 엄마: "얘야, '엄마, 뭐 재미있는 일이 없을까요?' 라고 말하는 게 더
>   좋지 않을까?"

공정한 설명과 정보를 제공하라. "불평은 사람을 기분 나쁘게 만든
다. 네가 원하는 걸 더 늦게 얻을 뿐이야." "우리 집안에서 불평은
안 통한단다."

선택을 하게 하라. "불평하는 걸 멈추면 네 말을 들어주마."

아이들에게 불평하는 것보다 해결책을 찾는 게 더 중요하다고 가
르쳐라. 불평은 다른 곳에 비난을 전가시키는 무책임한 행동이다.

유머를 사용하라. 지극히 사무적인 목소리로 이렇게 말하라. "국
립 불평 방송국에서 알립니다. 이제부터 모든 지역에 불평 금지법을
선포합니다. 이를 위반한 자는 법의 처벌을 받게 됩니다."

다음과 같은 접근방식으로 아이들과 서로 존중하는 태도를 가지고
대화할 수 있는 실을 모색하라. "엄마가 보기에 넌 불평이 너무 많은
것 같구나. 엄마가 네 말에 귀기울이길 원한다면 공손한 말투로 보다
설득력 있게 표현해야 한단다."

역할 바꾸기 놀이로 서로 불평하는 사람의 역할을 해보는 것도
도움이 된다.

시도 때도 없이 우는 아이

| 아이들은 왜 울음으로 모든 걸 해결하려 하는가 |

아이들이 우는 이유는 자기가 원하는 것을 얻을 목적이거나, 피곤하거나, 아프거나, 관심을 끌기 위해서나, 당황하거나, 보복하기 위해서나, 무기력함을 느끼고 있어서, 또는 보다 좋은 방법을 찾을 수 없기 때문이다. 한편 감성이 예민하기 때문에 잘 우는 아이들도 있다.

| 합당한 결과 |

아이가 울지 않아도 될 일로 울면 이렇게 설명하라. "그건 울 일이 아니란다. 계속 울고 싶으면 다른 사람에게 피해를 주지 않는 조용한 장소에서 혼자 실컷 울렴."

| 자기 주도적인 아이로 만드는 해결책 |

아이들의 기분에 이해심을 보여라 "속이 많이 상했나보구나. 친구가 치사하게 굴면 참기 힘들다는 것 엄마도 잘 안단다. 하지만 넌 영리한 아이니까 곧 해결 방법을 찾을 수 있을 거야."

아이들이 절망감 같은 힘든 감정을 느끼고 있다면 극복하는 법을 가르쳐라. 역할 바꾸기 놀이가 많은 도움이 될 것이다.

아이들에게 독립심을 길러주라. 아이들의 할 일을 대신해주지 말고, 어려움에 처했을 때는 혼자 극복하게 도와주라. 나이에 따라 조금씩 힘든 일을 맡기는 것도 스스로 삶을 해결해가는 데 많은 도움이 된다.

아이들이 울 때마다 동정심을 느끼거나 미안한 마음을 갖지 말라. 고의적인 눈물작전으로 문제를 해결하려는 술수에 넘어가지 말라는 말이다. 그렇지 않으면 아이들은 외부의 자극을 울음으로 해결하는 외부 지향적인 전략을 배우게 될 것이다.

공정한 설명과 정보를 제공하라. "마음대로 안 된다고 또 우는구나. 하지만 어제도 별로 효과가 없었잖니?"

아이들의 울음이 정당하든 아니든 스스로 문제를 해결할 거라고 믿고 있음을 보여주라(그리고 그 문제가 당신보다 그들에게 더 중요하다는 점도 분명히 전달하라). "그래, 무슨 문제가 있구나? 어떻게 해결할 생각이니?"

사이비 종교집단에 빠지는 아이

| 아이들은 왜 사이비 종교집단에 잘 빠지는가 |

아이들이 사이비 종교집단에 발을 들여놓는 이유는 자신의 철학을 시험해보기 위해서, 남보다 튀기 위해서, 통제가 지나친 부모에게 보복하기 위해서이다. 또 집단을 통해 힘을 얻으려는 경우도 있고, 내면에서 찾을 수 없는 정체성을 사이비 종교집단을 통해 쉽게 느낄 수 있기 때문이기도 하다. 사이비 종교집단은 새로운 멤버들을 영입하기 위해 수단 방법을 가리지 않는데 가끔은 마인드 컨트롤을 사용하기도 한다. 일단 관계를 맺은 아이들은 강한 소속감과 보호받는 기분을 느끼도록 조종되며 맹목적인 믿음을 바칠 대상이 제공된다.

| 합당한 결과 |

아이들이 사이비 종교집단에 발을 들여놓았으면 지체없이 빼내야 한다. 안전에 위협을 느끼고 있는 경우에는 표현의 자유 역시 제한받고 있을 가능성이 높다. 사이비 종교집단은 아이들에게 강제로 믿음을 강요하기 때문이다.

우선 아이들을 철저히 감독할 필요가 있다. 귀가 시간을 앞당기고, 어른을 동반하지 않고는 혼자 내보내지 않으며, 등교는 물론 교실까지 동행하며, 아이들에게 나쁜 영향을 미칠 친구들과는 못 어울리게 하라. 그들이 보다 건전한 인간관계를 맺을 거라는 믿음이 생길 때, 이러한 통제를 풀어주겠다고 밝혀라.

| 자기 주도적인 아이로 만드는 해결책 |

아이들에게 자신이 얼마나 특별하고 소중한 존재인지를 가르쳐라. 그리고 당신이 아이들의 지금 모습 그대로를 자랑스럽게 여기며 그들의 부모가 된 것을 얼마나 행운으로 생각하는지를 전달하라. 이런 메시지는 아이들의 자부심을 강화시킬 뿐 아니라, 원하는 것을 굳이 외부에서 찾을 필요가 없다는 내면의 소리에 귀기울이게 한다.

아이들을 지나치게 통제하지 말라. 과도한 통제는 아이들을 외부 지향적으로 만들어 다른 그룹을 통해 소속감을 느끼고 싶은 충동을 갖게 한다.

공정한 설명과 정보를 제공하라. "우리 집안에서는 개인의 존엄성을 사이비 단체에 팔아 넘기는 행위를 용납할 수 없다." "그런 사이비 단체에 가입하게 된 동기가 뭐지?" "그 안에서 회의를 느낀 적은 없니?" 대개 아이들은 깊이 발을 들여놓은 상태가 아니므로 조금만 생각할 기회를 준다면 쉽게 빠져 나온다.

아이들에게 건전한 친구를 사귈 기회를 제공하라. 동네 야구팀에 가입시키거나 새로운 기술을 배우게 하거나 당신이 다니는 종교 단체로 인도할 수도 있다. 이런 바람직한 관계를 통해 아이들은 다른 사람의 의견보다 자신의 의견을 믿는 자신감을 키워갈 수 있다.

귀가 시간을 어기는 아이

| 아이들은 왜 귀가 시간을 지키지 못하는가 |

아이들이 귀가 시간을 어기는 이유는 시간가는 줄 모르고 놀거나, 부모 몰래 무사히 넘어갈 수 있을 거라고 믿거나, 너무 재미있어서 그만두지 못하거나, 실제 나이보다 어른 대우를 받고 싶거나, 지나친 통제에 반항하기 위해서이다.

| 합당한 결과 |

아이들이 어떤 이유로든 제한 시간을 어기면(전화사용 제한시간이든 귀가 시간이든) 자동적으로 제한 시간을 한두 시간 앞당겨라. 얼마나 앞당기느냐는 어긴 정도에 따라 다르다. 그러나 정당한 이유가 있거나 처음 어겼을 때는 이해심을 발휘하라.

하지만 어기는 횟수가 많아지면 정도에 따라 전화를 쓰지 못하게 하거나 밤 외출을 금지시켜라.

| 자기 주도적인 아이로 만드는 해결책 |

제한 시간을 지나치게 엄격하게 적용하지 말라. 아이가 얼마나 책임감 있게 행동하며, 가는 장소가 어디며, 살고 있는 동네의 우범 가능성 여부에 따라 적당하게 결정하라.

공정한 입장에서 설명과 정보를 제공하라. "통화 제한시간을 훨씬 넘겼구나."

질문을 이용하라. "네가 하루에 통화할 수 있는 시간은 몇 시간이지?" "왜 그런 규칙을 정했다고 생각하니?" "지금 몇 시인지 알고 있니?"

선택권을 부여하라. "리사야, 만일 정해진 시간 이상 전화에 매달려 있으면 방에서 전화를 없앨 거란다." "보브, 전화 제한 시간을 잘 지킨다면 다시 전화를 쓰게 해주마."

유머를 이용해 경고하라. 제한 시간이 다가오면 전화기에 혀를 내밀고 기진맥진해 있는 전화기 그림을 붙여라.

말투가 거친 아이

| 아이들은 왜 상스런 말이나 은어를 사용하는가 |

아이들이 상스런 말이나 욕을 하는 이유는 다른 사람에게 배웠거나 터프하고 어른스러워 보이고 싶기 때문이다. 또 분노를 표현하는 수단이거나 도움을 청하는 한 방법이기도 하다.

| 합당한 결과 |

아이들이 욕을 하면 방에서 쫓아내고 고운 말을 쓸 자신이 생겼을 때 돌아오라고 말하라. 만일 너무 어린 나이라서 뜻을 제대로 모르고 썼다면 알아듣게 잘 설명하라. "우리 집안에서는 그런 말을 쓰면 안 된다."

누군가에게 저속한 말을 썼다면 상대방에게 반드시 사과시키는 걸 잊지 말라.

아이들이 아무리 심한 욕을 해도 놀라는 모습을 보이지 말라. 아이들은 바로 그런 반응을 바라고 있다. 만일 당신이 실수로 아이들에게 욕을 했다면 반드시 사과하라.

선택을 하게 하라. "친구들에게 욕을 하지 않고 고운 말을 쓰겠다고 약속하면 다시 나가서 놀게 해주마."

공정한 설명과 정보를 제공하라. "리처드와 사귄 후로 욕이 많이 늘은 것 같구나." "욕을 하는 것은 다른 사람을 모욕하는 행위란다."

욕을 하는 이유가 분노나 절망감 때문이라면 아이의 기분을 이해하고 있다는 모습을 보여라. "너희 팀이 시합에 져서 화가 많이 났겠구나. 하지만 욕을 하지 않고도 기분을 푸는 방법은 많단다." 아이가 다른 말로 화풀이를 할 수 있도록 도와주라. 아이가 욕을 하고 싶은 상황에 처했을 때, 역할 바꾸기 놀이를 해보는 것도 효과적이다.

아이에게 그들이 하는 욕의 의미를 알고 있는지 물어보라. 상스러운 말이나 저속한 말이 다른 사람에게 어떤 영향을 미칠지 아이와 토론해보는 것도 좋은 방법이다. 이런 과정을 통해 아이들은 어떤 말을 사용하는 것이 바람직한지 생각해보면서 내면 세계를 강화시킬 깃이다.

게으르며 빈둥대는 아이

모든 아이들은 대체로 잘 잊어버리고 주의가 산만하지만 그 중에서도 특히 빈둥거리고 꾸물대는 아이들이 있다. 그 아이들이 빈둥거리는 이유를 살펴보면 부모의 주의를 끌기 위해서, 실패를 맛보지 않기 위해서, 무언가를 결정하는 걸 피하기 위해서, 부모의 지나친 통제에 반항하기 위해서, 보복하기 위해서 등이 그 이유이다.

아이들이 게으름을 피운 결과로 겪게 되는 당연한 고통을 스스로 감수하게 하라. 학교 숙제를 마치지 못해도 대신 해주지 말라. 스쿨버스를 놓쳤으면 걸어가게 하라.

만일 아이들이 꾸물거려 당신에게 피해를 입혔을 경우에는 손해본 시간을 어떤 식으로든 배상시켜라. "네가 제 시간에 쓰레기를 내놓지 않아서 쓰레기 차가 왔을 때 허둥지둥 뛰어나가야 했단다. 결국 바쁜 시간을 15분이나 허비했지 뭐니. 15분을 보상하는 의미로 엄마 일을 도우렴."

아이들이 약속 시간에 늦거나 일을 마치지 못하고 나서 핑계를 대면 못 들은 척하라. 자기의 잘못을 다른 사람에게 떠넘기는 행동을 그냥 넘어가주는 건 반성할 기회를 뺏는 것과 마찬가지이다.

아이에게 어떤 일을 시켰으면 반드시 점검하라. 아이에게 10분 안에 쓰레기 봉투를 밖에 내놓으라고 시켰을 때, 아이가 "아빠, 조금 있다 할게요”라고 말했다고 가정하자. 당신이 확인하는 걸 잊어 결국 다른 사람이 쓰레기 봉투를 내놓았다면, 결국 꾸물거리면 귀찮은 건 대충 누군가가 대신 해준다는 사실을 증명한 셈이다.

공정한 입장에서 설명하라. “내일까지 마쳐야 하는 숙제를 아직 못 끝냈구나. 위더스 선생님께서는 덜한 숙제에 아마 0점을 주실걸.”

선택을 하게 하라. “숙제를 마치면 나가서 놀아도 된단다.”

질문을 사용하라. “네가 일을 마치지 못한 이유가 뭔지 말해주겠니?” “일을 시작하기가 힘든 거니, 아니면 마치기가 힘든 거니?”

반항하는 아이

| 아이들은 왜 반항하는가 |

아이들이 부모에게 반항하는 이유는 자아를 가진 한 존재로서 자신의 한계를 테스트해보고 싶기 때문이다. 구체적으로 설명하자면, 지나친 통제나 과잉보호에 대항하기 위해서, 복수하기 위해서, 하기 싫은 일을 피하기 위해서 반항하는 것이다. 또 부당한 대우를 받는다고 느낄 때나 그런 행동이 받아늘여지는 관대한 환경에서 자랐기 때문이기도 하다.

| 합당한 결과 |

반항적인 아이에게 정당하지 않은 체벌을 한다면 오히려 사태를 악화시킬 수도 있다. 체벌을 반항의 기회로 삼기 때문이다. 그렇다면 반항적인 아이에게 내리는 정당한 처벌이란 어떤 것인가. 예를 들어, 빌리가 건널목을 건너는데 손을 잡지 않으려고 한다면 이렇게 말하

라. "네가 그렇게 불안하게 군다면 함께 가게에 못 가겠구나. 나중에 가도록 하자." 만일 제인이 온 가족이 피자를 먹으러 가는데 차에 타지 않으려고 떼를 쓴다면 "좋아, 함께 갈 생각이 없나보구나. 옆집 해리스 부인에게 맡기고 가야겠다. 아마 부인은 우리가 돌아올 때까지 널 잘 돌봐주실 거야." 명심할 점은 아이들의 반항적인 태도에 방관적인 자세로 대처함으로써 그들의 문제에 개입할 생각이 없음을 보여주는 것이다.

| 자기 주도적인 아이로 만드는 해결책 |

신중하게 대처하는 자세가 필요하다. 아이들이 요구하는 것마다 "안 돼!"라고 말하지 말라. 이런 말은 아이들의 반항심을 부추기는 외부적 영향으로 작용할 수 있다.

그리고 아이들을 과잉보호하지 말라. 이것도 외부 지향적인 반항심을 부추기는 요인이다.

아이들을 항상 정중한 태도로 대하고 최후의 경고 같은 말은 삼가라. 이런 자극이 반복되면 아이들은 부모를 화풀이 대상으로 삼는다.

신체적 체벌은 절대 삼가고 항상 의미가 담긴 말로 설득하고 가르쳐라. 가장 좋은 방법은 아이에게 협조를 구하는 것이다. 예를 들어, 아이가 집안일 돕기를 거절한다면 자기 일을 하면서 동생이 잘 하고 있는지 감독하게 하라. 아이의 도움을 절실히 원하고 있다는 느낌을 주라. "엄마 혼자서는 많이 힘든데 네가 도와주면 정말 고맙겠구나"라고 부탁한다면 기꺼이 도와줄 것이다. 아이에게 자신이 힘있는 존재라는 걸 느끼게 해주기 때문이다. 반항적인 아이들은 자신의 능력이 인정되어 도움을 줄 수 있는 입장에 서면 최대한 협조적인 자세를 보인다.

반항적인 아이에게 선택권을 제시하라. "식기 세척기에서 지금 그 릇을 꺼내주겠니? 아니면 아침을 먹은 다음 꺼내주겠니?" 이런 말 역 시 아이들에게 힘을 실어주는 말이다.

공정한 입장에서 설명과 정보를 제공하라. "네가 엄마를 그렇게 함 부로 대하면 엄마는 네 곁에 가고 싶지 않단다."

아이에게 무언가를 직접 지시하지 말고 주의만 환기시켜라. "지금 당장 숙제해!"라고 말하는 대신 "간식을 먹었으니 이제 뭘 해야 할 까?"라고 말하자.

그리고 가능하면 아이에게 주도권을 주라. "타미야, 오늘밤 온 가 족이 외식할 때, 어디로 가면 좋을지 네가 결정할래?" "존, 동생이 어 려운 수학 문제를 푸느라고 끙끙대고 있는데 수학 박사인 네가 좀 도 와주면 어떨까?"

요구사항이 많은 아이

아이들은 왜 끊임없이 요구하는가

아이가 지나치게 요구를 많이 한다면 그것은 부모가 너무 관대해 서 요구사항을 모두 들어주었거나 통제가 심한 부모에 대한 분노나 반항을 표현하기 위해서이다. 또 스스로 처리하기에는 능력이 부족 하거나 무엇이든 요구하는 나쁜 습관에 젖어 있기 때문이기도 하다.

요구에는 5가지 유형이 있다. 과도한 관심을 원하는 요구, 서비스 에 대한 요구, 원하는 걸 바로 가지려는 요구, 값비싼 것에 대한 요구 (유명상표 의상 등), 물건에 대한 요구(장난감, 사탕) 등이다.

· 과도한 관심을 원하는 요구

아이가 과도한 관심을 요구하면 결코 원하는 대로 해줄 수 없음을 분명히 하라. 지나친 관심을 원하는 부당한 요구는 그들만의 문제임을 알려라. 필요하다면 다른 방으로 가거나 밖으로 산책을 나가는 것도 좋은 방법이다.

· 서비스에 대한 요구

아이들이 정중하게 부탁하지 않거나 스스로 노력하는 기미를 보이지 않으면 절대 해주지 말라. 물론 아이가 혼자 할 수 있는 일을 대신 해줌으로써 우리의 사랑을 표현할 수도 있다. 그러나 모든 것에는 중용이 필요하다. 조니가 "엄마, 배고파 죽겠어. 빨리 먹을 것 좀 줘!"라고 말하면 "네가 엄마에게 정중하게 부탁하면 엄마도 기꺼이 네 부탁을 들어주마. 하지만 그렇게 함부로 말하면 널 위해 아무것도 해주고 싶지 않단다."

· 원하는 걸 바로 가지려는 요구

아이가 어떤 것이든 당장 해달라고 요구하면, 그 성급한 요구가 바로 원하는 걸 가질 수 없는 이유라는 걸 알게 하라. 만일 정중하고 적절하게 요구한다면 요구가 충족될 확률이 훨씬 커진다는 걸 가르쳐라.

당신의 아이가 그런 문제점을 안고 있다면, 갖고 싶은 물건을 사주기 전에 최소한 2주일은 뜸을 들여라.

· 값비싼 것에 대한 요구

아이가 항상 비싼 것만 요구하면 절대로 들어주지 말라. 아이에게 소박함의 미덕과 돈의 가치에 대해 가르쳐라. 아이들은 원하는 걸 모두 가질 수 없는 삶의 이치를 배워야 한다.

· 물건에 대한 요구

아이가 물건에 대한 욕심이 많으면 가급적 유혹의 기회를 피하라. 만일 장난감 가게 앞을 지나가게 되었다면 재빨리 아이를 안아 차에 태워라. 식품점에 함께 가게 되었다면 아이를 밖에 있게 하라. 아이가 무언가를 사달라고 조르면 원하는 걸 모두 가질 수는 없다고 분명히 말하라.

| 자기 주도적인 아이로 만드는 해결책 |

· 과도한 관심을 원하는 요구

아이들이 성장함에 따라 점점 높은 기술의 일을 맡김으로써 독립심을 키우는 데 주력하라. 아이를 위해 모든 일을 대신 해주는 건 절대 금물이다.

질문을 이용하라. "네가 끊임없이 엄마의 관심을 원하면 엄마가 어떤 기분일 것 같니?" "네가 지금 원하는 걸 얻으려면 어떻게 해야 할까?"

공정한 입장에서 설명과 정보를 제공하라. "넌 형이 하루 종일 너와 놀아주길 바라는구나. 형도 할 일이 많은데 너하고만 놀 수는 없지 않겠니?"

유머를 이용하라. 숨이 막히는 목소리로 구원을 청하라. 기다란 오징어(아이를 비유해서)가 얼굴을 덮고 생명을 빨아먹고 있다면서 절박한 신음소리를 내라.

· 서비스에 대한 요구

자기에게 필요한 일은 스스로 하도록 격려하라. "밀크 요정이 오늘은 휴가를 떠났단다. 혼자서도 우유를 잘 따를 수 있을 거야." "넌 이제 형이잖아. 혼자서도 얼마든지 우유를 따를 수 있을 거라고 믿어."

아이들에게 나이에 맞는 기술을 익히도록 가르쳐라. 항상 엄마가 대신 해주면 언제 스스로 하는 법을 배우겠는가. 자신이 원하는 일은 스스로 할 수 있도록 질문을 통해 인도하라.

> 탐　："우유 마시고 싶어요!"
> 아빠："그래? 그런데 무슨 문제가 있니?"
> 탐　："깨끗한 컵이 없어요."
> 아빠："더러운 컵을 어떻게 하면 될까?"
> 탐　："닦아서 쓰면 되죠."
> 아빠："그래, 맞았어! 냉장고에서 우유 꺼내는 걸 도와줄까? 너무 무겁지 않겠니?"

공정한 입장에서 설명과 정보를 제공하라. "뭔가 요구할 때는 정중하게 부탁해야 한단다." "그건 정중하게 부탁하는 게 아니라 일방적으로 요구하는 말투구나."

유머를 이용하라. 피곤에 지친 하인 흉내를 낸다. 숨을 헐떡이며 "네, 주인님, 더 시키실 일은 없으세요?"라는 말을 되풀이한다.

· 원하는 걸 바로 가지려는 요구

만일 당신의 아이가 원하는 걸 바로 갖지 못해 안달하는 아이라면 인내심을 가르쳐라. 아이에게 논리적인 사고를 하도록 인도하라. "저 스테레오가 왜 그렇게 갖고 싶은 거니?" "갖고 싶은 물건이 있다고 당장 주머니를 털어서 사는 것에 대해 어떻게 생각하니?" 만일 아이가 물건을 샀다면 시간이 흐른 후에 거기에 대해 후회하지 않는지 또는 아직도 처음처럼 잘 사용하고 있는지 확인해보라.

공정한 입장에서 설명과 정보를 제공하라. "지난주에 그렇게 우기고 롤러 스케이트를 사더니 며칠 동안 손도 대지 않는구나." "갖고 싶은 물건이 비싼 것이라면 2주 정도 시간을 갖고 생각해보렴. 아마 대개는 꼭 필요하지 않다는 걸 알게 될거야.”

· 비싼 물건을 사달라고 하는 요구

당신의 임무는 아이들에게 옷을 입히는 것이지 장식하는 게 아니라는 점을 가르쳐주라. 그래도 굳이 가격이 비싼 명품을 고집하면 나머지 차액을 부담시켜라.

질문을 이용하라. “요즘에는 명품이 유행이라면서? 그게 좋은 현상이라고 생각하니?”

공정한 입장에서 설명과 정보를 제공하라. “값이 저렴하면서도 멋진 옷도 얼마든지 있단다. 남은 돈으로 다른 물건을 사면 더 좋지 않을까?”

아이들에게 일찍부터 절약하고 분수에 맞게 사는 법을 가르쳐라. 나는 10대 아이들에게 매달 적당한 금액의 용돈을 줘서 숙식비를 제외한 모든 비용을 본인에게 부담시키라고 권하고 싶다. 의상비, 미용비, 패스트푸드 식사비, 준비물비, 자전거 유지비, 애완동물 유지비, 영화관람비 등 모든 비용을 아이 호주머니에서 지불하게 만드는 것이다. 그러면 15만 원짜리 테니스화를 살 때, 아이들은 몇 번씩 심사숙고하게 될 것이다.

· 물건에 대한 요구

아이가 사고 싶어할 물건이 많은 장소에 갈 때는 미리 몇 가지 규칙을 정하라. “지금 네 친구의 생일선물을 사기 위해 장난감 가게에 갈 거야. 하지만 네가 장난감을 사달라고 조르면 곧바로 집으로 돌아올 거야. 조르지 않으면 장난감을 구경하며 즐거운 시간을 보낼 수 있단다.”

아이들이 물건을 사달라고 조르는 걸 막으려면 아이들의 요구에 굴복하지 말아야 한다. 당신이 물건을 사주면 사줄수록 아이들을 외부의 영향에 더 쉽게 굴복하는 아이로 키우는 셈이다.

질문을 사용하라. "누군가 너한테 항상 무언가를 사달라고 조른다면 어떤 기분이겠니?"

한정된 선택권을 주라. "물건을 사달라고 조르지 않는다면 엄마와 다시 쇼핑하러 갈 수 있을 거야." "사탕 사달라고 조르는 걸 멈추지 않으면 당장 집으로 돌아갈 거야."

유머를 이용하라. "사랑스런 요술램프의 요정은 어제 다른 곳으로 이사갔단다. 더 이상 네 요구를 들어줄 수 없게 되었구나."

공정한 입장에서 설명과 정보를 제공하라. "넌 계산대 앞에만 오면 사탕을 사달라고 조르는구나. 엄마가 한 번이라도 그 말을 들어준 적 있니?" "우리 집에서는 물건을 사달라고 조르는 게 통하지 않는단다." "물건을 사달라고 조르는 건 무례하고 남을 괴롭히는 일이란다."

남의 물건을 파괴하는 아이

| 아이들은 왜 남의 물건을 파괴하는가 |

아이들이 다른 사람의 물건을 파괴하는 이유는 무력감이나 분노를 느껴서이거나 복수를 하기 위해서다.

| 합당한 결과 |

어떤 물건을 파괴했으면 반드시 원래의 상태로 되돌려놓게 해야 한다. 이 말은 벽에 낙서를 했으면 깨끗이 지워야 하며, 공을 차서 꽃병을 깨뜨렸으면 돈을 벌어 새 꽃병을 사놓아야 한다는 뜻이다. 자신의 잘못된 행동을 사과해야 하는 것은 물론이다.

| 자기 주도적인 아이로 만드는 해결책 |

아이들의 기분을 이해하도록 노력하라. "동생한테 화가 많이 났구나. 엄마도 가끔 감정을 다스리지 못할 때가 있단다. 하지만 다음에는 동생의 바비 인형 머리를 망가뜨리지 말고 말로 잘 타이르렴."

아이들에게 분노를 표현하는 보다 나은 방법을 가르쳐라. 긴장을 완화하는 명상도 많은 도움이 된다. 또 역할 바꾸기 놀이를 통해 화난 상황을 재현해보는 것도 좋다.

공정한 입장에서 설명과 정보를 제공하라. "엄마가 오랫동안 들었던 카세트 테이프를 망가뜨리다니 정말 속이 상하구나." "다른 사람의 물건을 망가뜨리는 건 주인을 매우 화나게 만드는 일이란다."

질문을 사용하라. "샐리의 CD플레이어를 망가뜨린 이유가 뭐니?" "다른 사람이 네 물건을 망가뜨린다면 어떤 기분이 들겠니?"

제한된 선택권을 주라. "엄마가 새로 산 가구에 계속 낙서를 하면 크레용을 갖고 놀지 못하게 될 거야."

태도가 불손한 아이

| 아이들은 왜 불손한 언행을 하는가 |

아이들의 태도가 불손한 이유는 자신의 한계를 시험해보고 싶거나 부모에게 어느 정도 영향력을 발휘할 수 있는지를 알고 싶기 때문이다. 또 우리의 불손한 행동을 보고 따라하거나 통제가 심한 부모에게 반항하기 위해서이기도 하다. 그리고 과거의 불손한 행동을 방치했기 때문에 고치지 못한 경우도 있다.

아이들이 말대답을 하거나 불손한 행동을 보이거나 무례하게 굴면 가급적 그냥 넘어가지 말라. "엄마는 그렇게 무례한 말에는 귀를 기울이지 않을 거란다. 밖으로 나갔다가 공손하게 행동할 마음이 생겼을 때 들어오너라."

그리고 아이들에게 무례한 행동을 사과하게 해라.

아이가 불손한 말을 할 때는 다음과 같이 좋은 말로 고쳐주라.

리처드: "엄마가 늦게까지 밖에서 놀지 못하게 해서 짜증난단 말야."
엄마　 : "그렇다면 다음부터 '늦게까지 놀면 안 돼요, 엄마?' '놀고
　　　　싶은데 어떻게 하면 되요?' 이렇게 얘기하는 건 어떠니?"

공정한 입장에서 설명과 정보를 제공하도록 노력하라. "아까 하던 부인이 어떻게 지내느냐고 물으셨을 때 아무 대꾸도 하지 않더구나. 네 불손한 태도에 기분이 상하신 것 같더라."

선택을 하게 하라. "타미 부모님께 예의바르게 행동하든지 아니면 더 이상 그 집에 놀러 가지 말거라." "네가 도서관에서 일하시는 고드프리 부인에게 공손하게 대한다고 약속하면 다시 도서관에 가게 해주마."

240

특이한 옷차림을 하는 아이

| 아이들은 왜 튀는 옷을 좋아하는가 |

아이들 중에는 옷차림을 힘의 상징으로 생각하는 아이들이 있다. 또 지나치게 옷의 촉감에 예민한 아이들도 있는데 그들에게는 양말의 솔기 부분도 마치 에베레스트 산처럼 크게 느껴진다. 그들은 옷을 몸에 꼭 끼게 입거나 아주 헐렁하게 입으며 자주 갈아입지 않고 좋아하는 옷만 마르고 닳도록 입고 다닌다.

또 패션 감각이 뒤떨어지기 때문에 전혀 어울리지 않는 옷차림을 하고 다니는 아이들이 있는가 하면 어릿광대 같은 복장으로 눈길을 끄는 아이들도 있다. 그들은 세상에서 단 하나뿐인 독특한 옷차림을 즐기고 싶은 것이다.

| 합당한 결과 |

아이가 아침마다 패션쇼를 벌여도 개입하지 말라.

아이들이 입고 싶은 옷을 맘대로 입도록 내버려두되 날씨에 어울리고 청결한지를 점검하라. 만일 아이가 지저분한 옷을 그대로 입겠다고 하면 이렇게 말하라. "좋아, 해리야. 외출할 생각이 없나부구나. 지저분한 옷을 입고 나가면 다른 사람에게 폐가 되니까 집에 있는 게 좋겠다. 나가고 싶으면 옷을 갈아입고 오렴."

만일 아이가 새로 산 옷을 두 달도 못 가서 안 입겠다고 하면 아이에게 옷값을 변상시켜라.

| 자기 주도적인 아이로 만드는 해결책 |

아이에게 올바른 패션감각을 키워주라. 함께 패션잡지를 보고 연구하거나 당신 자신이 모델이 되어 여러 스타일을 보여주고 좋아하는 스타일을 택하게 하거나 옷을 잘 입는 다른 사람을 본보기로 지적해주는 등 아이에게 다양한 기회를 제공하라.

아이가 어떤 옷차림을 하든 절대 비웃지 말라. 누구나 자신의 취향대로 옷입을 권리가 있다. 자기가 선택한 옷차림이 웃음거리가 된다면 자신감을 잃을 수도 있다. 친구들이 옷차림에 대해 놀린다고 하면 아이에게 누구나 개성대로 옷입을 권리가 있음을 상기시켜라. 다른 사람의 구미에 맞춰 우리 옷차림을 바꿀 필요는 없다.

자기만의 독특한 옷차림을 원하는 아이의 욕구를 인정하고 존중하라. 다른 사람한테 패션 감각이 없거나 가정 교육을 못 시키는 부모라고 손가락질 받는 게 두려워 아이의 옷차림을 바꾸려고 하지 말라.

아이가 어떤 옷을 입을까 고민하면 선택권을 제공하라. "오늘은 분홍색 치마바지를 입고 싶니, 파란색 점퍼스커트를 입고 싶니?"

아침에 아이가 옷과 씨름해도 잔소리하지 말라. 아이들은 〈스스로 잔소리하는 시스템〉을 개발할 필요가 있다. 아이들이 옷을 고르느라고 학교에 지각하면 다음에는 늦지 않도록 조심하는 계기가 될 것이다.

공정한 입장에서 설명과 정보를 제공하라. "아직 옷을 입지 않았구나. 빨리 입지 않으면 아침 먹을 시간이 없지 않을까?" "지저분한 옷을 입는 것은 건강에 좋지 않단다."

유머를 이용하라. "지난주에 입었던 셔츠는 개성 있는 아이인 것 같더구나. 아직 적당한 이름은 못 지어줬니?"

아이에게 새 옷을 사줄 때는 스스로 선택할 권리를 주라. 옷걸이에 걸려 있는 채로 고르게 하지 말고 직접 입어보고 잘 어울리는지 또는 느낌이 어떤지 판단하게 하라.

식습관에 문제가 있는 아이

| 아이들은 왜 잘못된 식습관에 빠지는가 |

잘못된 식습관에는 4가지 유형이 있다. 신경성 식욕감퇴나 다식증, 과식증, 설탕 탐식증, 까다로운 식성 등이다. 최근 현대 의학은 식습관 장애의 결정적인 요인은 유전인자와 관계가 있다는 사실을 밝혀냈다. 그러나 많은 아이들이 미에 대한 그릇된 사회적 인식 때문에 신경성 식욕감퇴나 거식증에 걸린다. 이런 증상은 관심을 끌기 위한 수단이거나 자기 혐오의 한 형태다. 과식하는 아이들은 슬픔이나 절망감, 지루함을 먹는 것으로 해소한다. 또 단 것을 달라고 조르는 것은 우리가 단 것을 미끼로 이용한다는 걸 알고 있기 때문이다(하지만 트윈키스 케이크는 정말 달콤하고 맛있다). 식성이 까다로운 아이들은 우리의 관심을 끌기 위해서 식성을 이용하는 경우도 있다.

| 합당한 결과 |

아이가 신경성 식욕감퇴나 거식증으로 고생한다면 전문가에게 데리고 가라. 과식하는 아이가 있으면 집안에 칼로리가 높은 음식물을 두지 말라. 그리고 아이들의 도시락도 철저히 배려하라. 체중이 정상으로 돌아올 때까지 주스나 탄산음료를 절대 못 먹게 하라.

단 것을 탐닉하는 아이들에게는 논리적인 설명이 잘 먹히지 않는다. 관심을 다른 곳으로 돌리는 수밖에 없다. 아래 설명을 참고하라.

아이가 밥투정이 심한 것에 너무 신경을 곤두세우지 말라. 어차피 배가 고프면 먹지 않겠는가. 크게 문제 삼지 말되 접시에 담긴 음식을 남기면 디저트는 주지 말라. 아무것도 먹지 못해 배가 고프면 다음번 식사에는 접시를 깨끗이 비울 것이다.

아이들에게 신체 이미지의 중요성을 강조하는 언행을 보여서는 안 된다.

음식을 통제의 수단으로 사용하지 말라. 아이들에게 강력한 외부 요인으로 작용하게 될 것이다. 이 말은 맛있는 음식이나 단 것을 체벌이나 보상, 뇌물의 수단으로 이용하지 말라는 뜻이다. 만일 당신 아이들이 우리 아이들처럼 이미 단 것에 중독이 된 상태라면 내가 사용했던 간단한 전략을 권하고 싶다. 나는 부엌 서랍을 사탕으로 가득 채운 다음 아이들에게 밥 먹기 두 시간 전까지는 얼마든지 꺼내 먹을 수 있다고 선언했다. 그러자 아이들은 학교에서 돌아오자마자 쏜살같이 부엌으로 달려가 서랍에서 사탕을 꺼내 껍질도 제대로 벗기지 못한 채 입안으로 쑤셔 넣곤 했다. 그렇게 2주일이 흘렀다. 아무리 사탕을 많이 먹어도 엄마가 전혀 관심이 없다는 걸 알게 된 아이들은 조금씩 흥미를 잃었다. 그 대신 보다 영양가 있는 음식에 관심을 보이기 시작했다.

과식하는 걸 일삼는 아이에게는 감정 제어법을 가르쳐라. 아이가 아이스크림을 퍼먹게 된 동기를 찾아낼 수 있도록 도와주라. 식성이 까다로운 아이는 식사 준비에 참여시켜라. 요리하는 걸 돕고 식탁을 차리는 일을 맡겨라. 3살짜리 아이에게도 얼마든지 시킬 일이 있다.

주의가 산만한 아이

아이들은 몸 움직이는 걸 좋아한다. 움직이지 않고 오랫동안 가만히 있는 건 고역이다. 더군다나 한 곳에 오래 집중하는 건 생각할 수도 없다.

대부분의 아이들은 선천적으로 '생리운동 감각성'을 갖고 있다. 이 말은 아이들이 몸을 움직일 때, 머리 속에 있는 작은 톱니바퀴가 더 잘 돌아간다는 뜻이다. 우리 두 아이들도 내가 낱말 공부를 시킬 때면 커다란 원을 그리며 빙빙 돈다. 따라서 나는 낱말 공부가 있는 목요일마다 신경안정제를 복용하지 않으면 안 된다.

| 합당한 결과 |

아이들이 좀 산만하면 어떤가. 크게 해될 것은 없지 않은가? 이것이 바로 〈적을 신중히 택하라〉는 기본 전략의 대표적인 본보기다. 만일 자꾸 신경에 거슬리면 하던 일을 멈추고 아이들 노는 걸 감상하든지(정말 재미있다) 아니면 다른 곳에 가서 놀게 하라.

| 자기 주도적인 아이로 만드는 해결책 |

아이들에게 아무리 재미있는 놀이라도 그 놀이에 알맞은 시간과 장소가 있음을 가르쳐라. 지나치게 떠들고 뛰어다니면 다른 사람에게 피해를 줄 수도 있기 때문이다.

공정한 입장에서 설명과 정보를 제공하라. "다른 사람에게 방해가 되지 않도록 뛰어놀아야 한다." "네가 부산하게 구니까 옆 사람에게 방해가 되잖니."

공공장소에서 점잖게 앉아 있는 아이에게 칭찬을 아끼지 말라. "샐리야, 네가 레스토랑에서 얌전하게 앉아 있으니까 옆 테이블에 있는 부부가 기특하게 생각하는 것 같구나." 산만하게 굴던 아이가 잠시 조용해진 틈을 타서 이렇게 말하는 것도 효과가 있다. "타미야, 네가 그렇게 얌전하니까 분위기가 한결 화기애애하구나."

건망증이 심한 아이

| 아이들은 왜 잘 잊어버리는가 |

아이들의 머릿속은 오만 가지 생각으로 가득 차 있기 때문이다. 만일 우리가 아이들을 위한다는 명목하에 계속 일을 대신 해준다면 아이는 스스로 많은 걸 기억해야 하는 책임감을 배우지 못한다. 그리고 아이들뿐 아니라 누구나 어느 정도의 건망증은 있다.

| 합당한 결과 |

만일 아이가 무엇이든 잘 잊어버리는 습관이 있다면 그 결과를 감수하게 하라. 예를 들어, 아이가 도시락 가져가는 걸 두세 번 이상 잊어버리면 더 이상 해결해주지 말라. 교무실에 전화를 걸어 점심 사먹을 돈도 더 이상 빌려주지 말라고 요청하라. 배고픔의 고통을 몸소 체험한다면 다음에는 잊지 않고 챙겨갈 것이다.

| 자기 주도적인 아이로 만드는 해결책 |

아이의 입장을 이해하는 태도를 보여라. "숙제한 걸 안 가지고 갔다니 많이 속상했겠구나. 그런 일을 당하면 얼마나 속상한지 엄마도 여러 번 경험했단다."

아이가 '잘 잊어버리는 습관'을 핑계삼아서 싫어하는 일을 하지 않으려고 한다면 단호히 못 하게 하라. 이런 책임 회피는 자기기만을 키우는 전략이다.

유머를 이용하라. 침묵을 지키며 아이에게 다가가서 마법을 걸 듯 아이의 손가락마다 의미가 담긴 리본을 매라.

질문으로 내면의 대화를 유도하라. "숙제를 잊어버리지 않고 챙겨 갈 수 있는 좋은 방법이 없을까?" "숙제를 제 시간에 제출하지 않으면 어떻게 되지?" "그런 일을 당하면 어떤 기분이 들겠니?"

공정한 설명을 제공하라. "어린 동생을 돌볼 때, 네 임무를 잊어버리지 않으려면 어떻게 해야 할까? 엄마랑 좋은 방법을 생각해보자꾸나."

선택을 하게 하라. "걸스카우트 모임에 잊지 않고 참석할 수 있는 좋은 아이디어를 생각하든지 아예 걸스카우트를 그만두든지 하렴."

친구를 사귀는 데 문제가 있는 아이

| 왜 친구를 잘 사귀지 못하는가 |

친구를 사귈 때 생기는 문제점들은 친구와의 싸움, 친구의 괴롭힘, 집단 왕따, 또는 질이 나쁜 아이들과 어울리거나 친구에게 욕을 배우는 것 등이 있다. 아이들이 이런 문제점에 빠지게 되는 이유는 각자 개성이 다르기 때문이다. 아이들은 각각 다른 사고방식과 견해를 갖고 있지만 나이가 어릴 때는 말하고 생각하는 모든 것을 친구와 함께 나누려는 경향이 있다. 따라서 친구와 갈등이나 다툼이 많아지게 되는 것이다. 또 아이들 사회에는 여러 형태의 힘과 압력이 존재하기 때문에 친구끼리도 서로를 괴롭히기 일쑤다. 아이들이 서로 닮은 점과 다른 점, 성격, 대화 방식, 호흡 등이 잘 맞는 상대를 찾는 데는 시간이 필요하다.

| 합당한 결과 |

아이가 친구와 티격태격하는 일에 끼어들지 말라. 사소한 다툼은 저절로 해결되기 마련이다.

아이가 특정 친구나 그룹을 괴롭히면 당분간 어울리지 못하게 하라. "네가 바비를 괴롭히지 않는 법을 배울 때까지 바비와 놀게 할 수 없구나."

당신의 아이가 친구의 압력으로 나쁜 짓을 했다면 그에 상응하는 대가(벌)를 치르게 하는 것은 물론 당분간 나쁜 영향을 주는 친구들과 격리시켜라. 예를 들어, 신분증을 위조해서 술을 샀다면 가게 주인에게 사과하고 되돌려주게 하라. 그리고 아이의 잘못된 행동을 친구 탓으로 돌리지 말라. 아이의 실수는 나쁜 친구 때문이 아니라 그런 친구와 함께 있었기 때문이다.

만일 아이가 불량스런 행동과 욕을 하고, 지배욕이 강한 친구들과 사귄다면 참견하지 말고 스스로 해결하도록 하라. 그러나 비도덕적이고 위험한 행동을 하는 등 보다 심각한 문제를 일으킨다면 관계를 끊도록 도와주라. 나중에 당신의 그런 도움을 고마워할 것이다.

| 자기 주도적인 아이로 만드는 해결책 |

아이의 감정에 이해심을 보여라. "네가 카티와의 우정을 얼마나 소중하게 생각하는지 엄마도 잘 안단다. 하지만 그 애가 괴롭힐 때마다

248

너는 상처를 입게 된단다." 예전에 당신이 겪었던 친구와의 가슴 아
픈 우정에 대해 들려줌으로써 이런 일이 아이 혼자만 겪는 개인적인
일이 아님을 알게 하라.

역할 바꾸기 놀이를 통해 협박이나 말다툼, 왕따 등을 겪는 친구의
상황을 이해시켜라. 그리고 가끔 부모인 당신이 친구와의 갈등을 어
떻게 해결했는지 들려주라.

아이가 선택한 친구에 대해 비판하지 말라. 만일 좋은 친구가 아니
라면 곧 스스로 알아차리게 될 것이다. 아이의 친구가 놀러와서 다른
형제와 노는 것에 대해서도 간섭하지 말라. 아이들 스스로 교통정리
를 잘 할 거라는 믿음을 잃지 말자.

아이에게 좋은 친구가 되는 비결을 가르쳐라. 상대방의 기분을 잘
헤아리고 서로 존중하는 것이 중요하다는 것을 알려주라. 이런 가르
침은 올바른 친구를 선택하기 위한 내면의 대화를 촉진시킨다.

아이에게 억지로 친구와의 화해를 강요하지 말라. 아이가 중재를
요청할 때만 도와주라.

아이에게 선택권을 부여하라. "지금부터 샐리와 사이 좋게 지내든
지 아니면 네가 싸우지 않고 놀 수 있을 때 다시 놀도록 하렴." "샘이
나 마이크와 놀 때 자꾸 규칙을 어기게 된다면 규칙을 잘 지키는 다
른 친구를 찾아보면 어떻겠니?"

공정한 입장에서 설명과 정보를 제공하라. "우리 집안에서는 우정
을 소중하게 여긴단다." "친구의 의견도 존중해야겠지만 자신의 견
해나 아이디어도 소중하게 여겨야 한단다." "요즘 조시랑 사이가 좋
지 않은 것 같구나. 넌 재치가 있으니까 좋은 해결책을 찾아낼 수 있
을 거야."

질문을 이용하라. "요즘 왜 사라랑 잘 안 노니?" "넌 영리하니까

싸우지 않고 문제를 해결할 방법을 찾을 수 있을 거야." "어떤 방법이 좋을 거 같니?" 친구를 괴롭히는 입장이거나 친구에게 괴롭힘을 당하고 있다면 이런 질문으로 내면의 대화를 유도하라. "다른 사람의 물건을 파괴하는 것에 대해 우리는 어떤 규칙을 정했지?" "네 친구가 강요해서 억지로 무슨 일을 한다면 기분이 어떻겠니?" "네가 친구의 압력을 거절했을 때, 그 애가 한 말에 대해 어떻게 생각하니?"

폭력단체에 가입한 아이

| 아이들은 왜 폭력단체에 가입하는가 |

아이들이 폭력단체에 발을 들여놓는 이유는 남과 달라지기 위해서, 힘을 과시하기 위해서, 통제가 지나친 부모에게 보복하기 위해서, 집에서 찾을 수 없는 소속감을 느끼기 위해서 등을 들 수 있다. 그들은 여럿이 힘을 뭉쳐 공동의 적에 대항하려는 것이다.

| 합당한 결과 |

아이들이 폭력단체에 가입했다면 반드시 막아야 한다.

폭력단체에 가입한 결과는 사이비 종교집단에 빠졌을 때와 같다. 「사이비 종교집단에 빠지는 아이」를 참고하라.

| 자기 주도적인 아이로 만드는 해결책 |

폭력단체나 사이비 종교집단에 빠지는 아이들에 대한 해결책은 동일하다. 자세한 내용은 「사이비 종교집단에 빠지는 아이」를 참고하라.

당신의 아이가 이전에 폭력단체의 멤버였다면 새로 들어간 학교에 통보하라. 또 이웃집 벽에 낙서를 하거나 유리창을 깨뜨리는 등 폭력배들이 저지른 일을 복구하는 단체에서 자원봉사를 하도록 인도하라.

다른 사람 물건에 손대는 아이

| 아이들은 왜 다른 사람의 물건에 손을 대는가 |

남의 떡이 더 커 보이듯, 다른 사람의 물건이 더 근사해 보이기 때문이다.

| 합당한 결과 |

아이들에게 다른 사람의 물건에 함부로 손대지 말라고 가르쳐라. 만일 이 규칙을 깨뜨린다면 어떤 방법으로든 보상하게 만들어라. 나는 우리 아이가 립스틱을 망가뜨리면 용돈으로 새 립스틱을 사오게 한다. 만일 다른 형제의 물건에 허락 없이 손을 댔다면 그것 역시 남의 물건에 함부로 손댄 행동이므로 응분의 대가를 치르게 한다. 사과하는 건 항상 당연한 절차다.

| 자기 주도적인 아이로 만드는 해결책 |

질문을 이용하라. "왜 동생 일기장을 몰래 읽었니?" "동생이 어떤 기분일지 생각해봤어?" "다른 사람이 네 일기장을 몰래 훔쳐본다면 기분이 어떻겠니?" "동생과 화해하려면 어떻게 해야 할까?"

당신 자신도 아이들 물건을 존중하라. 아이들 허락 없이 함부로 아이들 물건에 손대지 말라.

공정한 입장에서 설명과 정보를 제공하라. "다른 사람의 물건에 손 대는 것은 상대를 화나게 하는 일이란다." "허락 없이 남의 물건에 손대는 사람을 누가 믿겠니." "엄마에게 허락도 받지 않고 목걸이를 가져갔더구나. 너에 대한 믿음을 회복하려면 시간이 좀 걸릴 거야. 너에 대한 신뢰가 땅에 떨어져 버렸거든. 어떻게 되돌려 놓을 거니?"

아이에게 선택권을 부여하라. "남의 물건을 말하지 않고 그냥 쓰는 것보다는 먼저 너의 사정을 얘기해서 허락을 받는 게 더 마음 편하지 않을까?"

유머를 이용하라. 아이들 방에 이런 글을 써 붙여라. "주인이 없는 동안 재고 정리 세일합니다! 빨리 오는 사람이 임자!"

거짓말을 하고 다른 장소에 가는 아이

| 아이들은 왜 가는 곳을 숨기는가 |

아이들 특히 10대는 부모들이 생각하는 것보다 자기들을 더 어른 으로 여긴다. 따라서 금지된 영역까지 자기들의 책임감과 권리를 확 장시키려면 거짓말이 불가피하다고 생각한다. 때로 그 영역은 좋지 않은 영향을 끼치는 장소일 수도 있다.

| 합당한 결과 |

아이들이 약속했던 곳이 아닌 다른 곳에 갔다면 신뢰를 회복할 때 까지 당분간 외출을 금지하라.

아이들이 사실대로 고백하면 벌을 주지 말라. 정직하면 고통을 당하니까 피해야 한다는 사고방식을 갖게 된다. 그리고 아이를 비겁하게 만드는 길이다. 또 지나치게 통제하는 것도 좋지 않다. 아이들에게는 마음대로 쏘다닐 자유와 완벽하지 않을 자유가 필요하다. 외적으로든 내적으로든 자신의 잘못에 대해 기꺼이 책임질 자세만 갖춰져 있으면 된다.

질문을 이용하라. "네가 가는 곳을 솔직하게 밝히지 못할 만큼 엄마가 평소에 이해심이 부족했니?"

공정한 입장에서 설명과 정보를 제공하라. "어젯밤 조시네 집에 간다고 말하고 아이스크림 가게에 갔더구나. 그곳은 밤늦게 돌아다니기엔 위험한 장소란다. 너와 조시가 운이 나빴다면 다칠 수도 있었어." "거짓말은 너를 신뢰할 수 없는 아이로 만든단다." "진실을 말하는 것은 용기가 필요한 일이지만 자유와 해방감을 주기도 한단다."

선택을 하게 하라. "네가 믿을 수 있게 행동하면 금지시킨 권리를 다시 돌려주마."

지나치게 조숙한 아이(화장, 옷차림, 데이트, 성관계 등)

| 아이들은 왜 조숙해지질 원하는가 |

아이들은 어린애 취급받는 걸 싫어한다. 따라서 진한 화장과 선정적인 옷차림, 성에 대한 관심 등을 통해 자신의 위상을 높이고 싶어한다.

| 합당한 결과 |

나이에 맞는 옷차림과 행동 지침을 확실히 정하라. 그리고 일단 정한 규칙은 엄격하게 적용하라. '중학교를 졸업할 때까진 9시 이전에 귀가해야 한다.' '화장은 고등학교를 졸업해야 가능하다' 는 식의 규칙을 만들어라.

만일 아이가 규칙을 어기면 외출을 금지시키고 금지된 화장품을 압수하라. 그리고 당분간 여행도 허락하지 말고 전화 사용도 제한하라.

| 자기 주도적인 아이로 만드는 해결책 |

아이들에게 어린이다운 모습이 얼마나 아름다운지를 가르쳐라. 나는 우리 아이들에게 어린이들이 얼마나 훌륭한 특성을 갖고 있는지를 자주 일깨워 준다. 아이들의 풍부한 감성과 솔직함, 낙천성을 많은 어른이 닮는다면 세상은 얼마나 살기 좋게 변할 것인가.

아이들에게 어른 같은 행동을 너무 강요하지 말라. 서두르지 않아도 아이들은 금방 자란다. 나는 초등학교 4학년짜리 아이에게 어른스런 옷을 권하는 부모들을 많이 봤다. 그들은 도대체 무슨 생각을 하는 걸까? "어머, 샐리야, 그 옷을 입으니 한결 어른스러워 보이는구나"라는 말을 들은 아이는 부모의 인정을 받기 위해서 당연히 어른답게 행동해야 한다고 생각하지 않겠는가.

성에 대해 눈뜨기도 전에 섹시하다는 말을 듣는 건 아이들에게 바람직하지 않다는 걸 잘 설명하라. 또 성에 대해 지나치게 강조하는 사회적 인식은 사랑에 초점을 맞춘 게 아니라 힘이나 이미지, 지배의 수단으로 성을 이용하는 그릇된 시각임을 정확하게 알려주라.

가끔 당신이 정한 규칙을 점검하라. 혹시 지나치게 엄격한 규칙을 적용하고 있지는 않는가? 만일 우리 남편한테 규칙을 정하라고 하면 아마 우리 딸들은 35살이 될 때까지 데이트를 못 할 것이다. 규칙은 아이들이 인정하고 따를 수 있도록 이치에 합당해야 한다.

아이와 성에 대해 허심탄회하게 대화를 나누도록 하라. 아이들은 성에 대해 부모와 거리낌없이 얘기를 나눌 수 있어야 한다. 그리고 여러 형태의 화장이나 옷차림이 주는 성적 메시지에 대해서도 설명해주라. 11살짜리 아이에게 진한 볼터치의 기원이 거리의 여자들이 남자를 유혹하기 위해서였다는 사실을 설명해주면, 아이들은 천박해 보이지 않으려고 뜨거운 감자를 삼켰을 때처럼 곧 뱉을 것이다.

당신이 만약 혼전 성관계를 금하는 입장이라면 아이가 20살이 되었을 때 '만약의 경우에 대비해서'라는 명목하에 콘돔이나 피임약을 사주지 말라. 규칙을 정했으면 예외를 두지 말고 엄격하게 적용하라.

당신이 10대 시절에 빨리 어른이 되고 싶어 저질렀던 실수에 대해 얘기해주고 어떤 점을 지금도 후회하는지 들려주라. 아이들은 다른 사람의 체험담을 듣는 것만으로도 많은 것을 배울 수 있다.

질문을 이용하라. "허락을 받지 않고 립스틱을 바르는 것이 우리 사이의 신뢰에 어떤 영향을 미칠 거 같니?" "이 규칙에 대해 다른 의견을 건의하고 싶은데 엄마 때문에 말을 못 꺼내고 있는 것은 아니니?" "신뢰를 회복하기 위해 너는 어떻게 힐 생각이지?"

선택을 하게 하라. 만일 나이에 걸맞지 않는 일을 자꾸 권하는 친구가 있다면 어울리지 못하게 하라. "리사와 같이 다녀서 올바른 선택을 할 수 없다면 이쯤에서 리사와 그만 만나는 게 좋지 않을까?"

무력감에 빠진 아이

| 아이들은 왜 무력감에 빠지는가 |

아이들이 무기력한 행동을 보이는 이유는 부모의 관심을 끌고 싶거나 부모를 통제하고 싶거나 조종하고 싶거나 복수할 목적이거나 원하지 않는 일을 피하기 위해서, 또는 진심으로 우리의 도움을 필요로 하기 때문이다.

| 합당한 결과 |

만일 아이가 고의로 무기력한 행동을 보인다면 거기에 말려들지 말라. "뭔가 문제가 있는 것 같구나. 넌 영리한 아이니까 곧 해결책을 찾을 수 있을 거야."

아이들이 그릇된 행동을 했다면 그에 합당한 벌칙을 내려라. 아이들이 도시락을 혼자 챙기지 못할 정도로 무기력하다면 그냥 학교에 보내라. 또 혼자 스웨터를 챙기지 못할 정도로 무능력하다면 학교에서 덜덜 떨 수밖에 없다. 스스로 신발을 신지 못할 정도로 의존적인 아이에겐 이렇게 말하라. "신발을 신지 않으면 공원에 갈 수 없단다. 얼마나 시간이 걸리겠니? 만일 5분이 넘게 걸리면 엄마는 커피 한 잔 마셔야겠다." 그리고 어떻게 하는지 지켜보라.

| 자기 주도적인 아이로 만드는 해결책 |

아이가 무기력하다고 벌을 주거나 비웃지 말라. 그런 행동은 아이들에게 외부 요인으로 작용한다.

아이가 진심으로 당신의 도움을 필요로 할 때 "안 돼!"라고 냉정하게 거절해서 아이에게 상처를 주지 말라. 아이에게 "엄마가 좀 도와주세요"라고 정중하게 부탁하도록 가르쳐라. 이런 방법은 자신이 할수 없는 일보다 할 수 있는 일에 초점을 맞추게 만든다. 즉 전적으로 의존하기보다 부분적으로 독립심을 갖게 되는 것이다. 적어도 자신이 할 수 있는 부분은 직접하게 만들 수 있다.

아이에게 어려서부터 작은 성취감을 맛보게 함으로써 독립심을 길러줄 수도 있다. 이때 아이가 혼자 할 수 있는 일을 대신 해주지 않는 것이 중요하다.

아이에게 선택을 하게 하라. "혼자 재킷을 찾아 입는다면 밖으로 나가 눈 밭에서 놀게 해주마." "어질러 놓은 방안을 말끔히 치운다면 샐리네 집에 빨리 놀러갈 수 있을 거야."

질문을 이용하라. "우리 집안에서는 안전벨트에 대해 어떤 규칙을 정했지?" "어제는 잘 하지 않았니?"

유머를 사용해 가르쳐라. 아이들이 무력함을 나타내면 목발과 안대를 착용시킨 다음 여기저기 끌고 다녀라. 아이들이 재미있어 낄낄 거리면 무기력한 작은 해파리를 아들로 두었지만 구출해줄 수 없는 것이 유감이라고 말하라.

숙제하기 싫어하는 아이

| 아이들은 왜 숙제하기를 싫어하는가 |

솔직히 아이들 입장에서 생각해보자. 학교에서 7시간씩이나 시달리고 돌아와 또다시 숙제를 하고 수학문제를 풀고 지도를 그리고 싶겠는가. 그리고 당신은 숙제하기 싫어할 때 미끼로 제공하는 오락이 오히려 숙제를 뒤로 미루게 만든다는 사실을 알고 있는가. 일부 아이들은 관심을 끌기 위한 수단으로, 드물게는 학업을 따라가기가 벅차기 때문에 숙제를 싫어한다.

| 합당한 결과 |

가장 피해야 할 일은 아이를 벌주거나 애원하거나 달래거나 잔소리하는 것이다. 어쩌다 이런 전략이 먹힌다고 해도 그것은 아이들이 벌을 받지 않기 위해서 하는 일시적인 행동이지 책임감 때문에 하는 건 아니다. 여기서도 간섭하지 않고 방관하는 태도를 보이며 스스로 대가를 치르게 하는 게 더 낫다.

> 조니: "엄마, 전 정말 숙제하기가 싫어요. 안 할까봐요."(당신의
>   도움을 구하려는 전략이다.)
> 엄마: "숙제하기가 싫다니 유감이구나. 모르는 문제가 있으면
>   엄마는 도와줄 용의가 있단다. 하지만 내일 에드워드
>   선생님께 벌을 받든 말든 그건 네 맘대로 하렴."
> 조니: "좋아요. 엄마가 도와주시면 하겠어요. 이 수학 문제는 잘
>   모르겠어요. 어떻게 푸는지 가르쳐주시겠어요?"

아이가 교과서를 학교에 두고 오거나 숙제를 다 하지 못한 경우에도 같은 태도로 일관성을 유지하라. 절대로 아이들을 숙제의 늪에서 구해주지 말라.

| 자기 주도적인 아이로 만드는 해결책 |

선택을 하게 하라. "숙제를 다 마치면 빌리와 놀게 해주마." "5시까지 숙제를 마친다면 네가 좋아하는 만화를 볼 수 있을 거야."

질문을 사용하라. "5시까지 숙제를 마치기로 한 규칙을 잊었니?" "어! 지금은 숙제할 시간이 아니니?" "규칙을 지키려면 지금 어떻게 해야겠니?"

공정한 입장에서 설명과 정보를 제공하라. "벌써 4시 반인데도 숙제는 아직 시작도 하지 않았구나. 저녁 먹기 전에 숙제를 마치도록 하렴." 만일 아이가 스스로 숙제를 제 시간에 마쳤으면 칭찬을 아끼지 말라. "벌써 숙제를 다 했구나! 저녁식사 전까지 좀더 놀 수 있겠네."

유머를 이용하라. 냉혹한 고문자 흉내를 내며 아이의 얼굴에 밝은 조명을 비치고 이렇게 말하라. "널 숙제하게 만드는 건 간단하다. 어떤 고문이 좋을까!"

꾀병을 부리는 아이

| 아이들은 왜 꾀병을 부리는가 |

아이들이 꾀병부리는 이유는 관심을 끌기 위해서이거나 싫어하는 일, 특히 학교공부를 하지 않기 위해서다.

| 합당한 결과 |

아이가 꾀병을 부린다는 확신이 들면 이렇게 말하라. "엄마가 보기엔 전혀 아픈 거 같지 않구나, 루카스. 버스 놓치기 전에 얼른 옷 입고 아침 먹어라. 학교까지 걸어가기엔 날씨가 너무 더운 것 같다."

아이가 아플 때 선물을 사주거나 지나친 관심을 보이지 말라. 아이가 아플 때 지나친 사랑을 보이면 아픈 사람은 사랑과 관심을 많이 받을 수 있다는 사고방식을 갖게 될 수도 있다. 아이들을 꾀병이라는 외부 지향적인 반응으로 인도하는 것이다.

꾀병을 핑계로 아이가 피하고 싶어하는 것을 찾아내라. 예를 들어, 아이가 어떤 과목을 어려워하면 선생님과 의논해서 방과후에 모자란 과목을 보충시켜라. 사교적인 문제, 즉 아이를 괴롭히는 친구가 있다면 문제를 해결하도록 도와주라. 아이가 혼자 힘으로 문제를 해결할 수 있다는 자신감이 생길 때까지 역할 바꾸기 놀이를 하는 것도 효과적이다.

질문도 많은 도움이 된다. "학교에 못 갈 정도로 아픈 것 같지는 않구나. 뭔가 다른 이유가 있니? 피한다고 일이 해결될 것 같니?" "이렇게 자주 학교를 결석하면 어떻게 되지?"

참견하길 좋아하는 아이

아이들이 참견을 일삼는 이유는 인내심이 부족해서이거나 관심을 끌고 싶어서, 또는 다른 사람에게 쏠린 관심 때문에 자신의 중요성이 위협받는다고 느끼기 때문이다. 하지만 가장 큰 이유는 참견하는 버릇을 내버려두어서이다.

아이가 어른들 말에 자꾸 참견하면 얘기가 끝날 때까지 나가 있게 하라. 필요하다면 강제로라도 내보내라.

아이에게 미리 중요한 전화임을 알리고 참견하지 말 것을 부탁하라. 이렇게 미리 준비를 시키면 아이들은 자신의 '참견하고 싶은 충동'을 자제하려는 마음을 가질 수 있다.

아이와 역할 바꾸기 놀이를 통해 참견받은 사람의 입장을 이해시켜라. 아이에게 얘기하도록 시킨 다음 한창 얘기에 열중할 때 끼어들어 다른 말을 늘어놓아라. 아이는 짜증이 날 것이다. 그런 다음 아이에게 당신이 끼어들었을 때 얘기에 열중할 수 있었는지 물어보라.

선택권을 제시하라. "엄마가 얘기를 다 끝내면 너와 놀아주마."

질문을 이용하라. "말참견하는 것에 대해 어떤 규칙을 세웠지?" "네가 끼어들면 엄마가 어떤 기분일 것 같니?" "엄마와 얘기하는 상대방은 또 기분이 어떨까?"

공정한 입장에서 설명과 정보를 제공하라. "말참견을 하는 것은 무례한 버릇이란다. 말하면서 동시에 들을 수 있는 사람은 없단다." 만일 아이가 방해하지 않았다면 "오늘은 엄마가 전화하는 동안 방해하지 않더구나. 네가 방해하지 않아서 얘기가 빨리 끝났단다. 자, 우리 시간이 남았으니까 공원으로 소풍갈까?"라고 칭찬해주라.

질투심이 많은 아이

| 아이들은 왜 샘을 잘 내는가 |

우리 아이들은 생후 18개월이 지나자 내가 다른 사람과 갖는 인간 관계에 관심을 보이기 시작했다. 그리고 24개월이 지나자 다른 사람에게 관심을 보이면 자기들에게 그만큼 소홀하게 된다는 걸 알아차릴 만큼 영리해졌다. 우리가 나누어줄 수 있는 관심이 한정되어 있다는 걸 안 것이다. 그러자 비상이 걸렸다. 빨간 불이 번쩍이고, 경종과 휘슬이 울리고, 공포감에 몸을 떨었다. 아이들은 엄마와의 평온한 관계 안에 새로운 사람이 침입할 때마다 자신의 위상을 지키기 위해 안간힘을 쓰기 시작한 것이다.

| 합당한 결과 |

질투심을 느끼는 것과 그것을 행동으로 드러내는 것은 별개의 문제다. 만일 아이가 질투심을 느끼는 친구에게 고함을 지르고, 폭력을 행사한다면 아이를 방에게 나가게 하든지 멀리 떼어놓아라.

| 자기 주도적인 아이로 만드는 해결책 |

아이들에게 집안일을 돕게 하고 적절한 역할을 맡겨서 소속감을 갖게 해주라. 만일 새 형제가 태어나면 아기 돌보는 일을 맡겨 언니나 형으로서의 자부심을 갖게 하라. 아이를 다른 형제나 친구들과 비교하는 것은 아이를 원망과 질투라는 외부 영향에 방치하는 것과 같다.

아이들에게 질투심을 극복하는 방법을 가르쳐라. 나는 아이들에게 질투의 대상을 갓 태어난 아기나 늙고 힘없는 노인으로 여기라고 충고한다. 그리고 그 사람 안에서 좋은 면을 발견하도록 노력하라고 말

262

한다. 그리고 질투에 대한 당신의 경험과 극복 과정을 들려주라.

아이가 질투의 대상에게 유대감을 느낄 수 있도록 같이 고민하라. 예를 들어, 크리스마스 장식을 꾸밀 때 질투심에 사로잡힌 아이에게 감독의 역할을 맡기는 것도 한 방법이다.

아이에게 사람은 누구나 장점과 단점이 있음을 설명하라. 메리가 수학을 잘한다면 우리 아이는 국어를 잘한다. 메리가 수학을 잘 하는 것을 질투하는 대신 메리의 부족한 국어공부를 도와주고 메리에게 수학을 배우는 식으로 서로 도움이 되도록 인도하라.

아이가 질투심을 느끼는 상황을 역할 바꾸기 놀이로 재현해보라. 명심할 점은 질투심을 느끼는 건 자연스런 감정이지만 그런 기분으로 상대방에게 고통을 주는 건 나쁜 것임을 분명히 인식시켜야 한다는 점이다.

선택을 하게 하라. "바비와 사이 좋게 놀든지 그럴 자신이 없으면 바비를 돌려보내고 나중에 다시 놀아라."

질문을 이용하라. "왜 데이비드에게 그렇게 샘을 내는 거니?" "네가 그렇게 질투하면 사이좋은 친구가 될 수 있겠니?" "질투심을 잘 극복하려면 어떻게 해야 할까?"

공정한 입장에서 설명과 정보를 제공하라. "사람은 누구나 자기만의 재능을 갖고 있단다. 한 가지 재능을 가지고 두 사람 중 누가 더 잘난 사람인지 가린다는 건 불가능한 일이야." "질투심은 우정을 깨뜨릴 수도 있단다." "메리의 새 드레스가 샘나니? 메리는 너의 절친한 친구니까 그 드레스를 입을 때 메리가 얼마나 즐거울지를 생각해보렴. 너도 친구가 행복하길 바라지?"

게으른 아이

| 아이들은 왜 게으름을 피우는가 |

아이들이 게으름을 피우는 이유는 관심을 끌고 싶거나 하기 싫은 일을 피하고 싶거나 부모와 힘 겨루기를 할 목적이거나 자기가 하지 않으면 부모가 늘 대신해주기 때문이다.

| 합당한 결과 |

아이에게 게으름의 대가를 치르게 하라. 아이가 자기 빨래를 하지 않으면 더러운 옷을 그냥 입혀 불쾌감을 느끼게 하라. 방을 어질러서 물건을 찾지 못하면 그냥 내버려두라.

아이가 저녁 설거지 같은 공동의 가사일을 돕지 않으면 혼자서 그 일을 하게 만들어라.

| 자기 주도적인 아이로 만드는 해결책 |

아이에게 어려서부터 나이에 알맞는 일을 맡겨 책임감을 키워주라. 아이가 게으름을 피우느라 하지 못한 일을 대신 해주지 말라. 아이가 하고 싶어하는 일을 하기 전에 맡은 일을 다 끝내도록 가르쳐라. 지루한 일을 재미있게 하는 방법을 보여주라.

집안일에 아이의 도움이 반드시 필요하다는 걸 느끼게 하라. "네가 식탁을 차려줘야 우리 가족이 저녁을 먹을 수 있단다. 엄마는 요리하기 바쁘니까 좀 도와줄래?" 그런 다음 아이의 도움에 반드시 감사를 표하라.

정보를 제공하라. "열심히 일하면 만족감과 성취감을 맛볼 수 있단다." "네가 맡은 집안일을 소홀히 하면 다른 사람에게 불편을 준단다."

아이가 하기 싫은 일을 했을 때는 칭찬을 아끼지 말라. "어머나, 잔디를 정말 잘 깎았구나. 어떻게 하면 이렇게 고르게 깎을 수 있니?"

물건을 잘 잃어버리는 아이

| 아이들은 왜 물건을 잘 잃어버리는가 |

아이들이 물건을 잘 잃어버리는 이유는 집중하는 시간이 짧기 때문이다. 아이들은 친구와 태권도에 대해 신나게 얘기하느라 책가방을 버스에 두고 내리기 일쑤다. 또 도서관에서 빌린 책을 비오는 날 뒤뜰에 있는 그네에서 읽다가 그냥 놓고 들어온다. 그러나 물건을 잃어버리는 건 어른도 마찬가지다.

| 합당한 결과 |

항상 물건을 잘 잃어버리는 아이는 우리가 제때 도와주지 않으면 그에 상응하는 대가를 치러야 한다. 아이가 소지품을 잃어버리면 세 가지 선택권이 있다. 찾든지, 새로 사든지, 없이 그냥 지내는 것이다. 다른 사람의 물건을 잃어버렸을 경우에도 마찬가지로 세 가지 선택권이 있다. 찾아주든지, 새로 사주든지, 화가 난 물건 주인에게 대가를 치르는 것이다.

| 자기 주도적인 아이로 만드는 해결책 |

이해심을 보여라 "네가 얼마나 속상한지 알아. 엄마도 지갑을 잃어버린 적이 있는데 신용카드와 운전면허증을 새로 발급 받는 절차가 장난이 아니더라."

질문을 이용하라. "넌 왜 그렇게 물건을 잘 잃어버린다고 생각하니?" "물건을 자주 잃어버리는 걸 막을 수 있는 좋은 방법이 없을까?" "물건을 잃어버리면 기분이 어떠니?"

다른 사람의 물건을 잘 잃어버리는 아이에게 선택권을 주는 것도 효과적인 방법이다. "네가 물건을 좀더 잘 챙긴다면 엄마 책을 빌려주마."

공정한 입장에서 설명과 정보를 제공하라. "물건을 너무 잘 잃어버리는 것 같구나. 네가 원한다면 엄마가 물건을 잘 기억할 수 있는 비결을 가르쳐줄까?" "물건을 잃어버리지 않을 수 있는 방법은 얼마든지 있단다."

잃어버린 물건을 함께 찾아주는 건 좋지만, 물건 찾는 일이 아이보다 당신에게 더 절실한 일인 것처럼 보이지 않도록 하라.

거짓말을 잘 하는 아이

| 아이들은 왜 거짓말을 하는가 |

아이들이 거짓말을 하는 이유는 질책이나 비난, 거부, 비웃음, 부끄러움을 피하기 위해서다. 위협이나 압력을 느끼고 있다거나 다른 사람에게 실망을 주기 싫어서, 또는 좋아하는 사람에게 상처를 주지 않으려고 거짓말을 하는 경우도 있다.

| 합당한 결과 |

아이가 거짓말을 한 것이 명백하면 당신이 속고 있지 않다는 걸 알려주라. "그 말은 믿을 수가 없구나. 사실대로 말해보렴."

거짓말을 하고 있는 게 아니라면 아이를 굳이 궁지로 몰지 말라. 예를 들어, 방금 크레용으로 낙서해 놓은 벽 앞에 두 아이가 있어도 이렇게 묻지 말라. "누가 그랬니?" 당신은 한 아이가 자기가 그랬다고 얼른 고백하길 바라는가? 내 생각은 다르다. 둘 다 책임을 지는 것이 마땅하다. "당장 둘 다 물과 수세미를 갖고 와서 깨끗이 지우렴!" 이런 과정을 통해 아이들은 문제를 비난하기보다는 해결하는 데 중점을 두는 자세를 배운다. 만일 낙서하지 않은 아이가 억울함을 호소하면 너에겐 다른 아이가 나쁜 일을 하지 않도록 도와줄 의무가 있다고 가르쳐라. 아이들은 현대인들의 공통점인 '혼자 뛰어나길 바라는 자세'를 갖기보다는 '부족한 사람을 돌봐주는 법'을 배울 필요가 있다.

아이에게 "네가 그랬니?"라는 질문 대신 "엄마가 보니까"라는 표현을 사용하라. 전자는 아이들에게 거짓말을 하도록 유도한다. 특히 당신이 이미 진실을 알고 있는 경우에는 더욱 그렇다. 따라서 "너 쓰레기 봉투 밖에 내다놓았니?"라고 묻지 말고 "엄마가 보니까 쓰레기 봉투를 아직 내놓지 않았더구나. 쓰레기 차가 올 시간이니까 빨리 내다놓거라."

아이가 진실을 고백하면 칭찬하라.

질문을 이용하라. "사람들이 거짓말을 하는 것에 대해 어떻게 생각하니?" "거짓말을 하면 어떤 결과가 발생하지?" "진실을 밝혔을 때 생길 최악의 경우는 무엇일까?" "굳게 믿고 있던 사람이 네게 거짓말을 하면 어떤 기분이 들겠니?"

공정한 입장에서 설명과 정보를 제공하라. "거짓말을 하면 널 믿을 수 없게 된단다." "아빠한테 거짓말을 하고 있구나. 잠시 시간을 줄 테니 다시 생각해보고 솔직하게 얘기해보자꾸나.” “진실을 고백하는 사람에게는 벌 줄 생각이 없단다.”

솔직함을 〈우리가 꼭 지켜야 할 원칙〉에 포함시키자. “거짓말은 하면 안 된단다. 있는 그대로 솔직하게 말하자.”

거짓으로 행동을 가장하는 아이

| 아이들은 왜 거짓 행동을 하는가 |

아이들이 행동을 위장하는 이유는 우리가 그들의 요구에 번번히 굴복하기 때문이다. 부모간에 서로 의견이 다른 걸 이용할 목적이거나 아첨을 하거나 울거나 조르거나 동정심을 자아내는 방법으로 자신이 원하는 걸 얻으려는 것이다. 또 복수하기 위해서나 정당한 이유 없이 자신들의 요구가 거부될 때도 이런 전략을 사용한다.

| 합당한 결과 |

아이들에게 이런 거짓된 행동으로는 결코 목적을 이룰 수 없음을 깨닫게 하라. 오히려 그런 술수가 일을 더 어렵게 만드는 원인임을 알려주라.

| 자기 주도적인 아이로 만드는 해결책 |

아이가 일부러 행동을 가장할 때는 절대로 그냥 넘어가지 말라.

부모로서의 당신의 태도를 다시 한번 점검해보라. 아이들을 지나치게 지배하고 통제하거나 권위를 드러내기 위해서 “안 돼!”라는 말을 너무 남발하고 있지 않은가? 만일 그렇다면 당신의 태도가 외부 지향적인 행동, 즉 위장된 행동을 촉진하는 것이다.

아이가 당신을 조종하려는 말을 할 때는 보다 직접적인 표현으로 고쳐주라. "타미 엄마는 새로 나온 스케이트보드를 사줬대요. 타미는 좋은 엄마를 둬서 행복하겠어요"라고 말하면 이렇게 말하라. "제인, 다음부터는 '엄마, 새로 나온 스케이트보드가 갖고 싶어요. 사주실 생각 없으세요?' 라고 말하렴." 아이에게 직접적인 표현이 왜 좋은지를 가르쳐라. 그리고 위장된 각본으로는 자기가 원하는 걸 얻을 수 없지만 솔직하게 말했을 때는 얻을 확률이 늘어난다는 걸 알려주라. 질문을 사용하라. "네가 정말 말하고 싶은 건 뭐니?"

정보를 제공하라. "솔직하게 말할 때는 용기가 필요하지만 그 대신 사람들에게 믿음을 줄 수 있단다." "자기 기만은 신뢰감을 잃게 만든단다."

공정한 입장에서 설명하라. "엄마에게 네 의도를 솔직하게 밝히지 않는구나. 우리가 서로 마음을 터놓고 얘기할 수 있으면 좋겠다."

선택권을 부여하라. "엄마한테 지금 솔직하게 터놓고 얘기하든지 아니면 그럴 용기가 생겼을 때 말하렴."

자신이 원하는 걸 진지하게 밝힐 때, 엄마도 기꺼이 도울 마음이 생긴다는 사실을 알려주라.

만일 아이가 아빠한테 거절당한 일을 엄마인 당신에게 다시 요구할 때는 이렇게 말하라. "그건 너와 아빠 문제인 것 같구나. 엄마는 끼어들고 싶지 않단다." 만일 당신이 이를 닦으라고 말했는데 아이가 돌아와서 "아빠가 토요일에는 이를 닦지 않아도 된대요"라고 말한다면 단호함을 보여라. "엄마는 이를 닦으라고 했고 그건 아빠와 상관없는 일이란다." 아이를 키우는 문제에 대해 부부 간에 견해차가 있더라도 그 문제로 아이 앞에서 다투거나 상대방의 권위를 손상시키는 행동은 삼가라. 아이들은 부모의 서로 다른 스타일과 사고방식에 잘 적응한다. 오히려 아이들에게 세상 사람들은 모두 서로 다른 견해를 갖고 있다는 걸 알게 할 좋은 기회다.

예의범절이 부족한 아이

| 아이들은 왜 버릇없이 행동하는가 |

아이들이 공손하지 않은 이유는 제대로 예절교육을 받지 못했거나 예절이 부족한 부모 밑에서 자랐기 때문이다. 또는 예절 교육을 받았더라도 미처 행동에 옮기지 못해서이다.

| 합당한 결과 |

아이들이 정중하게 부탁하지 않으면 요구를 들어주지 말라. 또 "감사합니다"라는 말을 하지 않으면 할 때까지 대가를 보류하라. 아이들이 식사 예절을 지키지 않으면 예의 바르게 행동할 때까지 식탁에 앉지 못하게 하라.

아이들이 고의로 떠들면서 무례하게 굴면 방에서 내보내고 공손히 행동할 때까지 못 들어오게 하라.

| 자기 주도적인 아이로 만드는 해결책 |

아이가 지켜야 할 예의범절을 조목조목 적어서 눈에 잘 띄는 곳에 붙여놓아라. 그리고 아이에게 각 항목의 중요성을 설명해주라.

아이가 "감사합니다"나 "부탁합니다"라는 말을 잊었으면 큰 소리로 모범을 보여라. "아빠, 숙제를 도와주셔서 감사합니다." 아이들이 그대로 따라할 때까지 되풀이하라.

예의범절을 〈우리가 꼭 지켜야 할 원칙〉에 포함시켜라.

유머를 사용하라. 만일 아이들이 예의범절을 잘 안 지키면 그들 앞에서 나쁜 매너를 보여주고 어떤 기분이 드는지 물어보라. 수프를 소리내어 먹거나 음식을 가로채거나 아이들 너머로 팔을 뻗어 음식을 집어오거나 손가락을 빨아먹거나 남의 음식에 대고 재치기를 하거나 코를 후비는 등 온갖 무례한 행동을 시범보여라. 직접 당하는 입장을 경험하게 하는 것이다. 〈눈에는 눈, 이에는 이〉 법칙을 적용하라.

질문을 사용하거나 공정한 설명이나 정보를 제공하라. "토마스 씨가 네게 말을 걸었는데도 대답을 안 하더구나. 예절이란 존경심을 표시하는 한 방법이란다. 그분의 기분이 어땠겠니?" "네가 누군가에게 물었을 때, 상대방이 아무 대답도 하지 않는다면 어떤 기분이겠니?"

물질만능주의와 소비중심주의에 빠진 아이

「요구사항이 많은 아이」를 참고하라(물건에 대한 요구, 비싼 것에 대한 요구, 원하는 걸 바로 가지려는 요구).

식사시간에 번잡하게 구는 아이

많은 아이들이 식사시간을 힘 겨루기의 전쟁터로 여긴다. 아이들에게는 한 시간 동안 가만히 앉아 있는 것이나, 형제들과 마냥 화목한 척하는 것, 친구(형제들)와 뛰놀고 싶은 마음을 참는 것 모두 힘든 일이다.

| 합당한 결과 |

만일 아이가 식사시간에 자주 늦는다면 밥을 주지 말라. 만일 이런 습관이 상습적이라면 좋아하는 음식을 못 먹게 하라.

아이가 음식을 갖고 장난치면 음식을 빼앗은 다음 이렇게 말하라. "음식은 먹는 것이지 장난감이 아니란다. 네가 음식을 소중하게 생각할 때 다시 먹게 해주마."

아이가 식탁에서 떠들거나 번잡하게 굴면, 다른 방에서 먹게 한 다음 점잖게 행동할 준비가 되었을 때 돌아올 수 있다고 말하라. 아니면 당신이 접시를 들고 다른 곳으로 가는 방법도 있다. 아이들은 집단에서 떨어져 혼자 있는 걸 싫어하기 때문에 두 방법 모두 효과적이다.

| 자기 주도적인 아이로 만드는 해결책 |

선택을 하게 하라. "식탁에서 예의를 지키며 밥을 먹을래? 네 방에 가서 따로 먹을래?"

공정한 입장에서 설명과 정보를 제공하라. "음식을 먹는 동안에는 돌아다니는 게 아니란다." "넌 큰 소리로 떠들기만 했지 음식에는 손도 대지 않았구나." "10분 안에 저녁을 먹지 않으면 식탁을 치워버릴 거야.”(만일 그들이 배가 고프다면 조용히 앉아 밥을 먹을 것이다. 이전에 접시에 가득 찬 음식을 빼앗긴 경험이 있다면 더욱 효과적이다.)

유머를 사용하라. 조용히 당신의 접시를 들고 다른 곳으로 가서 먹거나 시끄러움을 막아주는 보호장비(귀마개 등)를 착용하고 나타나라. 밥먹는 아이들 앞에서 색소폰이나 드럼을 연주하거나 냄비나 프라이팬을 두드리며 시끄럽게 구는 것도 효과적이다. 그들도 느끼는 게 있을 것이다.

질문을 이용하라. “스파게티를 갖고 장난치는 사람을 보면 기분이 좋겠니?” “우리 집에서는 식탁에서 떠들거나 번잡스럽게 구는 것에 대해 어떤 규칙을 세우고 있지?”

아이들의 권력다툼에 말려들지 말라. 부모를 조종하다보면 자기 자신을 조종하는 법(자기 기만)도 배우게 된다.

정리 정돈을 못 하는 아이

| 아이들은 왜 어지르기를 좋아하는가 |

아이들, 특히 호기심이 많고 활동적인 아이들은 선천적으로 잘 어지른다. 이런 타입의 아이들은 한 활동에서 다른 활동으로 재빨리 옮겨가길 좋아하기 때문이다. 그리고 그들은 주변 정돈보다 하고 싶은 일이 더 많다. 이 밖에도 지나친 통제나 결벽증이 심한 부모에게 보복하기 위해서이거나 잘 어질러놓는 부모를 보고 자랐기 때문인 경우도 있다.

아이가 자기 방 이외에 다른 곳을 어질러놓았다면 말끔히 치우기 전에는 다른 놀이를 허락하지 말라.

나는 아이들이 장난감을 치우지 않으면 커다란 쓰레기통에 장난감을 담아 다락방에 몇 주 동안 감춰놓는다. 그런 다음 아이들이 찾으면 이렇게 말한다. "음, 그래. 며칠 전에 기차놀이 장난감을 본 기억이 난다. 발에 걸려 넘어질 뻔했지 뭐니. 아마 지금쯤 안전한 곳에 있을 거야. 가만 있자. 엄마가 어디다 치워놓았지? 금방 생각이 안 나는데 시간을 갖고 기억을 더듬어봐야겠는걸!"

만일 어질러놓는 정도가 심하다면 잡동사니가 너무 많지 않은지 점검해보라. 아이에게 필요 없는 장난감은 필요한 사람에게 직접 주도록 하라.

아이 방이 진도 9.6의 지진이 지나간 것처럼 어지럽다면 조용히 문을 닫고 나와라. 아이가 물건을 잘 찾을 수 없을 정도면 오히려 잘된 일이다. 치울 생각이 들지 않겠는가. 옷을 벗어놓기만 하고 빨지 않아 갈아입을 옷이 없거나 발 디딜 틈이 없어 장난감을 밟아 망가뜨렸더라도 당신과는 상관없다는 태도를 보여라.

아이에게 청소를 시키기 위해 잔소리하거나 달래거나 위협하거나 뇌물을 제공하지 말라. 아이들은 스스로 내면의 잔소리 체계를 개발할 필요가 있다. 절대로 대신 치워주지 말라!

질문을 사용하라. "주변을 잘 정돈할 수 있는 좋은 방법이 없을까?"

유머를 이용하라. 아이의 방문 앞에 '접근금지' 나 '격리 수용' 이라는 글을 붙여놓아라. 그리고 폭약 전문반이 그 방을 깨끗이 날려버리기 위해 오고 있는 중이라고 말하라.

공정한 입장에서 설명하라. "방이 정말 엉망이구나. 필요한 물건을 제때 찾는 게 얼마나 힘들까."

정보를 제공하라. "빨래가 제 발로 걸어서 빨래 바구니로 들어가지는 않는단다."

선택을 하게 하라. "장난감을 말끔히 정돈하면 식품점에 데려가마." "빨래감을 내놓지 않으면 빨아주지 않을 거야. 나중에 네가 직접 하렴."

아이가 깨끗이 정돈하면 칭찬을 아끼지 말라. "와우, 벌써 장난감 정리를 마쳤구나. 사라와 놀 시간이 더 많아졌네."

아침에 일어나기 힘든 아이

| 아이들은 왜 아침 일찍 못 일어나는가 |

월요일 아침에 일어나는 건 누구나 힘들다. 어른인 우리도 아침에 아늑하고 따뜻한 침대를 벗어나는 게 싫은데 아이들은 오죽하겠는가.

| 합당한 결과 |

자명종 시계 소리를 못 들을 정도로 큰 아이가 아침에 못 일어난다면 학교에 늦어도 깨우지 말라. 지각을 자주 하면 선생님과 연락해서 적절한 해결책을 의논하라.

아이가 제 시간에 학교 갈 준비를 마치지 못하면 학교에 늦도록 그냥 내버려두고 나머지 아이들만 태우고 나가라. 만일 아이가 스쿨버스를 놓치면 도보나 자전거로 등교시켜라. 만일 아이가 꾸물거려 당신이 직장에 지각했다면 아이에게 늦은 시간만큼 돈으로 환산해서 일로 변상시켜라.

나는 아이들이 자명종 시계를 끄고 다시 침대로 기어들어갈 때마다 이렇게 말한다. "지금 안 일어나면 늦을 거야. 하지만 맘대로 하렴. 가끔 아침밥을 굶는다고 죽는 건 아니니까."

잔소리를 하거나 소리를 지르는 건 당신과 아이 사이에 외부 지향적인 힘 겨루기를 조장할 뿐이다.

제 시간에 일어나 학교 갈 준비를 일찍 마치는 일이 아이보다 당신에게 더 중요하게 보이지 않도록 하라. 아이가 학교에 늦든, 파자마를 입고 가든, 아침을 굶든, 이에서 이끼가 돋아나든, 머리가 구석기 원시인 같든 당신과는 전혀 관계없음을 보여주라.

아이가 제 시간에 학교 갈 준비를 산뜻하게 마쳤다면 칭찬을 아끼지 말라. "벌써 이를 닦고, 밥을 먹고, 옷도 단정하게 입었네! 학교 갈 준비를 다 마쳤구나. 와, 10분이나 남았으니 아침 신문에 연재되는 만화도 볼 수 있겠다!" 아이가 잊어버리고 빠뜨린 게 있다면 이렇게 말하라. "어머, 애니카. 벌써 옷도 다 입었고, 아침도 혼자 챙겨 먹었고, 머리도 예쁘게 잘 빗었구나. 이제 이만 닦으면 완벽하겠는데!"

정보를 제공하라. "15분 후에 버스가 올 거야."

공정한 입장에서 설명하라. "10분 후에 출발할 텐데 아직 아침밥을 먹지 않았구나. 앞으로 밥 먹을 때까지 시간은 충분하단다. 1시까지는 점심을 먹지 못할 테니까."

질문을 이용하라. "지금은 7시 15분이란다. 버스가 몇 시에 오는

지는 알고 있지?" "학교 갈 준비는 아직도 멀었니?" "너희들 지금 늦었단다. 그렇게 둘이 싸우고만 있으면 어떻게 되겠니?"

신경질적인 아이

| 아이들은 왜 부정적인 성향을 띠는가 |

아이들 중에는 부정적인 성향을 타고난 아이가 있으며, 부정적이고 냉소적인 역할 모델을 유난히 잘 본받는 아이도 있다. 또 일부 아이들은 부정적으로 행동하는 것이 터프하고 멋있어 보인다고 생각한다. 이 밖에도 스트레스가 심하거나 잠이 부족하거나 의기소침하거나 자신감이 부족할 때, 그리고 가정 안에서 소외감을 느낄 때 신경질적인 반응을 보인다.

| 합당한 결과 |

아이가 특별한 이유 없이 습관적으로 부정적이거나 냉소적인 언행을 보이면 방에서 내보내라. 그리고 긍정적이고 기분 좋게 말할 준비가 되었을 때, 돌아오라고 말하라.

| 자기 주도적인 아이로 만드는 해결책 |

아이에게 고민거리뿐 아니라 즐겁고 재미있는 일에 관해서도 듣고 싶다고 말하라. 삶이란 항상 기대대로 이루어지진 않지만 문제를 받아들이는 마음 자세에 따라 결과가 전혀 달라질 수도 있다는 삶의 이치를 가르쳐라.

아이들의 부정적인 언행이 당신을 조종하려는 의도에서 나온 행동이라면 문제를 해결하기 위해 너무 서두르지 말고 시간을 가지고 풀어나가라.

당신의 아이가 가족 안에서 의미 있는 존재가 되도록 마음을 써라. 아이들이 삶을 긍정적인 자세로 받아들이기 위해서는 자신에 대한 강력한 자부심이 필요하다.

주변 사람이나 상황을 아이들이 긍정적인 시각으로 볼 수 있도록 인도하고, 낙천적인 마음을 가졌을 때 어떤 기분이 드는지 경험시켜라. 이것은 아이가 슬럼프에 빠져 있을 때 매우 효과적이며 시간이 흐른 뒤에도 몸에 배게 된다.

아이에게 보다 긍정적인 시각을 가지라고 말로만 잔소리해봤자 아무 효과가 없다. 오히려 아이에게 혼자 생각할 시간을 주는 것이 적절하다.

선택을 하게 하라. "너를 힘들게 하는 것이 무엇인지 얘기하렴. 엄마는 언제든지 들을 준비가 되어 있단다."

질문을 이용하라. "너는 매사를 부정적으로 생각하는구나. 그런 태도가 네 삶에 어떤 영향을 미칠 거라고 생각하니?" "늘 부정적인 생각에 잠겨 있으면 어떤 기분이 들지?" "좀더 긍정적으로 바라본다면 어떤 기분이 들겠니?"

악몽에 시달리는 아이

아이들은 늘 새로운 것을 배우고, 삶에 대해 새롭게 깨닫고, 새로운 기술을 익혀가기 때문에 무의식중에 그것들을 잃어버릴지도 모른다는 걱정을 한다. 그런 불안감이 꿈에 반영된 것이다.

악몽은 고의로 저지르는 잘못이 아니기 때문에 어떤 고통스런 결과도 겪어서는 안 된다.

아이에게 습관적인 악몽에서 벗어나는 방법을 가르쳐라. 예를 들어, 아이가 거대한 백상어에 시달리는 악몽을 꾼다면 잠자리에 들기 전에 침대에 누워 눈을 감고 그 꿈을 해피엔딩으로 바꿔서 상상하도록 인도하라. 백상어가 아름다운 발레리나로 둔갑해 아이와 춤을 추는 건 어떤가. 중요한 건 아이가 행복한 상상 속에서 두려움의 대상과 직접 접촉을 하도록 만드는 것이다. 아이가 그 대상을 제어할 수 있다는 기분을 느끼게 해줘야 한다.

아이가 악몽을 통해 느끼는 두려움을 충분히 이해하라. 그리고 아이가 잠에서 완전히 깨어났을 때 악몽에 대해 대화를 나눔으로써 최근 아이의 생활에 문제가 있는 건 아닌지 파악하라. 이런 대화를 통해 아이들은 내면의 대화를 개발시켜 나갈 것이고 이런 과정은 살면서 두려움과 마주칠 때마다 극복할 힘을 줄 것이다.

시끄럽게 떠드는 아이

아이들은 감성이 풍부하고 자유로운 존재이다. 따라서 큰 소리로 자신을 표현하는 것을 선천적으로 좋아한다.

아이들이 실내에서 너무 떠들면 밖으로 내보내라. 아이들에게 실내에 알맞는 목소리로 얘기할 수 있을 때 돌아오라고 말하라.

아이들이 스테레오 볼륨을 너무 높이면 줄이도록 가르쳐라. 그리고 시끄러운 소리 때문에 아이 귀에 이상이 생길까봐 염려된다고 말하라. 만약 말을 잘 듣지 않으면 당신은 그들의 안전과 건강을 책임져야 하므로 적절한 소리로 들을 때까지 스테레오는 잠시 꺼두겠다고 통고하라. 만일 이런 방법이 잘 먹히지 않으면 당분간 그들의 스테레오를 압수하는 수밖에 없다.

아이들이 공공장소에서 떠들면 집으로 데리고 와라.

집안에서 아이들의 '즐거운 재잘거림'을 지나치게 억압하지 말라. 아이를 기르는 집이 바늘 떨어지는 소리도 들릴 만큼 고요하길 바라는 건 불가능한 일이다. 아이들이 떠든다고 함께 소리 지르지는 말라. 엄마는 소리 지르면서 아이들에게 조용히 하라는 건 불공평한 처사다.

아이들이 떠든다고 잔소리를 하거나 야단치지 말라. 이런 접근 방법은 아이들을 외부 지향적으로 반응하게 할 뿐 아니라, 내면의 대화를 통해 문제를 해결할 기회를 빼앗는 것이다.

아이들이 조용하게 행동하면 칭찬을 아끼지 말라. "조용히 잘 놀고 있구나. 너희들이 사이 좋게 노니까 집안이 참 평화롭고 행복하다."

공정한 입장에서 설명과 정보를 제공하라. "집안에서는 큰 소리로 떠들면 안 된다." "너희들이 소리를 지르면 엄마 귀가 따갑기 때문에 너희를 밖으로 내보낼 수밖에 없단다."

질문을 이용하라. "네가 어떤 일에 열중하고 있는데 옆에서 다른 사람이 떠든다면 기분이 어떻겠니?" "떠들지 않을 좋은 방법이 없을까?"

공격적인 아이

| 아이들은 왜 공격적이 되는가 |

공격적인 아이들을 억압하면 교묘한 방법으로 친구나 형제들을 괴롭힌다. 그들의 궁극적인 목적은 다른 아이들을 울려서 벌을 받게 하려는 것이기 때문이다. 이런 행동을 보이는 이유는 자부심이 부족하거나 관심을 충분히 받지 못하거나 소속감을 느끼지 못하기 때문이다.

| 합당한 결과 |

당신의 아이가 다른 아이들과 어떤 관계를 맺고 있는지 주의 깊게 살펴라. 가능하면 잘못된 행동에 대한 책임으로 고통을 당해도 내버려두라. 친구들로부터 따돌림이나 비난, 보복, 또는 소외를 당해도 당분간 그냥 두어라.

만일 괴롭힘을 당한 아이가 정당한 대응을 할 만한 능력이 없는 어린아이라면 서로 떨어뜨려 놓아라. 친구와 사이 좋게 놀지 못하는 아이는 혼자 놀 수밖에 없다.

평소 같으면 상대방을 괴롭힐 상황인데도 아이가 그런 행동을 보이지 않으면 칭찬을 잊지 말라. "헨리야, 오늘 동생이 생일 선물을 풀었을 때 빼앗지 않고 지켜보고만 있더구나. 그게 얼마나 힘든 일인지 엄마도 잘 안단다. 이제 둘 사이가 더욱 좋아지겠구나."

정보를 제공하라. "누군가를 괴롭히면 그 사람이 너와 아무것도 하고 싶어하지 않는단다.""내가 대접받고 싶은 만큼 남을 대접해야 하는 거란다."

질문을 사용하라. "다른 사람을 괴롭히고 못살게 굴면 어떻게 하기로 했지?""네 행동으로 동생은 어떤 기분을 느꼈을까? 너랑 계속 놀고 싶을까?""네가 다른 사람에게 그런 취급을 당한다면 기분이 어떻겠니? 동생의 기분을 풀어주려면 어떻게 해야 할까?"

선택을 하게 하라. "너 브래들리와 사이 좋게 놀고 싶니 아니면 네 방에 올라가서 혼자 놀고 싶니?"

포르노물을 밝히고 성적으로 무책임한 아이

| 아이들은 왜 성에 관심을 갖는가 |

아이들이 나이를 먹으면서 성에 눈 뜨기 시작하는 것은 당연한 일이다. 문제는 부모들이 억지로 막으려는 태도에 있다. 억지로 억압하지만 않는다면 이런 호기심은 자연스럽게 해결된다.

| 합당한 결과 |

성에 대한 규칙을 분명하게 정하고 엄격하게 실행하라. 만일 아이

들 방에서 포르노 잡지가 발견되었다면 잡지를 몰수하고 그런 종류의 포르노물을 사는 데 돈을 낭비하지 않는다는 확신이 들 때까지 용돈을 주지 말라.

아이들이 성인용 정보전화를 사용했다면 그 비용을 지불시키고 개인 전화기를 없애라.

만일 아이가 성인용 웹사이트에 들어가 포르노물을 봤다면 한 달 동안 컴퓨터 사용을 금지하라. 인터넷 대화방을 통해 낯선 사람과 채팅을 했을 경우도 마찬가지다. 친구와 채팅할 수 있는 청소년 전용 대화방이 있는 특정 사이트만 사용하도록 인도하라.

| 자기 주도적인 아이로 만드는 해결책 |

성에 대한 아이들의 질문을 개방된 자세로 받아들여라. 당신이 당황하는 모습을 보이면 다른 사람이 그 역할을 대신하게 될 것이다.

아이가 성에 대해 물어볼 때까지 기다리지 말고 필요한 나이가 되면 나이에 맞는 방법으로 먼저 성교육을 시켜라. 성에 대한 지식을 제공해주는 책을 사주는 것도 좋다. 그러나 전적으로 책에 자신의 책임과 의무를 떠넘기지 말고 참고만 하게 하라.

아이들의 성에 대하 호기심을 비난과 비웃음으로 수치스럽게 하지 말라. 그리고 사춘기 아이들의 정상적이고 건전한 성에 대한 탐구(행동이나 질문 등)를 책망하지 말라.

몸에 대해 적절한 명칭을 사용하는 것도 중요하다. 아이들 앞에서 '소시지'나 '쌍방울' 같은 은어를 사용하는 것은 성기가 부끄럽고 수치스러운 것이라는 인상을 주므로 삼가야 한다.

질문을 이용하라. "아빠가 보기에 요즘 아이들은 성을 사랑의 표현 방법이라기보다는 과시나 힘의 상징으로 보는 것 같구나. 여기에 대해서 어떻게 생각하니? 너도 그런 사회적 인식에 영향을 받고 있는 것 같니?" "성에 관해서 궁금한 것이 있으면 늘 적절한 해답을 얻고 있다고 생각하니? 성에 대해 엄마에게 물어보고 싶은 건 없니?" "미처 준비가 안 된 상태에서 성관계를 가지면 어떤 결과가 생길 것 같니?" "학교 친구 중에 무책임한 행동으로 문제를 일으킨 친구가 있니? 그로 인해 그 친구가 어떤 결과를 감수해야 했지?"

공정한 설명을 제공하라. "너 요즘 남자애들한테 관심이 많은 거 같구나. 우리 서로 성에 관한 지식을 나눠볼까. 네가 잘 모르는 부분은 엄마가 이야기해줄게."

약속을 잘 지키지 않는 아이

| 아이들은 왜 약속을 어기는가 |

아이들은 자기들이 원하는 것을 얻으려고 순간적으로 지킬 생각도 없는 약속을 한다. 또 그냥 마음이 바뀌어 약속을 지키지 않는 경우도 있고 정치가가 될 재목이라서 약속 어기는 걸 대수롭지 않게 생각하는 아이도 있다.

| 합당한 결과 |

아이들에게 성실에 대해 가르쳐야 한다. 그 성실 안에 약속을 잘 지키는 것도 포함시켜라. 아이들 세계에서는 당신 모르게 많은 약속이 깨지겠지만 걱정하지 말라. 아이가 상대방에게 실망을 안겨주었다면 반드시 그에 합당하는 대가를 받게 될 것이다. 집 밖을 나서면 냉혹한 사회가 기다리고 있다는 걸 배워야 한다. 약속을 밥먹듯 어기는 아이들은 친구들의 따돌림을 받는 것은 물론 신뢰감 쌓기도 어렵다. 친구를 배반하는 아이들은 성실하지 못한 데 대한 응분의 대가를 치르면서 후회하게 될 것이다. 인간관계는 심은 대로 거둔다.

┃자기 주도적인 아이로 만드는 해결책┃

어쩔 수 없는 사정으로 아이와의 약속을 어겼다면 구체적인 이유를 설명하고 사과하라. 당신이 약속을 얼마나 중요하게 생각하며 약속을 어긴 사실에 대해 얼마나 마음 아파하고 있는지를 알려라.

약속을 깨뜨리는 것 따위의 교묘한 술수에 의존하지 않고도 정당하게 자신이 원하는 걸 얻을 수 있는 방법을 가르쳐라.

〈우리가 꼭 지켜야 할 원칙〉에 약속 조항을 포함시켜라. "약속은 반드시 지켜야 한다."

질문을 이용하라. "약속을 어긴 이유가 뭐니?" "네가 약속을 어기면 테일러가 너를 어떻게 생각할 것 같니? 앞으로 네 말을 믿겠니?"

공정한 설명을 제공하라. "네가 요요를 줬다가 다시 빼앗아서 마이클이 많이 속상해하더구나."

아이들이 약속을 잘 지키면 칭찬을 잊지 말라. "방과후에 지미에게 수학을 가르쳐주기로 한 약속을 잘 지켰더구나. 축구 연습이 있어서 힘들었을 텐데 정말 훌륭하다. 지미는 너 같은 친구를 자랑스러워할 거야."

공공장소에서 질서를 안 지키는 아이

| 아이들은 왜 공공장소에서 번잡하게 구는가 |

아이들이 공공장소에서 시끄럽게 구는 이유는 대개 공공장소에서 예의바르게 행동해야 한다는 교육을 받지 못했기 때문이다. 우리는 아이들이 태어나는 순간부터 공공장소에 데리고 다니지만 올바르게 행동하는 방법은 잘 가르치지 않는다. 따라서 아이들은 공공장소를 자기 멋대로 행동해도 좋은 곳이라고 여기게 된다. 나는 요즘 레스토랑이나 식품점에서 볼 수 있는 부모들의 행동에 놀라지 않을 수 없다. 그들은 아이들에게 점잖게 행동하라고 애원하거나 심지어 뇌물을 제공하기도 한다. 아이들의 반사회적인 행동이 오히려 보상을 받는 꼴이다.

| 합당한 결과 |

아이들이 공공장소에서 올바르게 행동하지 않으면 곧바로 돌아오라. 그리고 이런 행동이 되풀이되면 보다 강력한 처방을 사용하라. 예를 들어, 아이들이 보고싶어 안달하는 영화가 있다면 보여주겠다고 통보하라. 그리고 아이들에게 점잖게 행동한다면 영화를 재미있게 보겠지만 그렇지 않으면 집으로 돌아오겠다는 규칙을 정하라. 아이들이 조금이라도 옆 사람에게 방해되는 행동을 하면 지체 없이 집으로 돌아오라. 절대 두 번의 기회를 주지 말라.

아이들이 공공장소에서 기물을 파손했으면 원상태로 되돌려놓도록 하거나 손해 배상을 하게 하라. 만일 아이들이 쓰레기를 아무 데나 버렸으면 주변에 있는 쓰레기를 모두 줍게 하라. 벌금이 부과되었으면 아이에게 직접 부담시켜라.

아이들에게 공공장소에서 지켜야 할 규칙과 한계를 분명하게 설명한다면 스스로 내면과 대화하면서 규칙을 지켜나갈 것이다.

아이들이 공공장소에서 소란을 피우면 반드시 정한 벌칙을 적용시켜라. 아이들에게 '이런 방법을 쓰니 잘 먹히더라' 라는 전례를 남기지 않는 게 중요하다.

그리고 아이에게 뇌물을 제공하면서 부탁하지 말라. 아이들이 질서를 지켜야 하는 이유는 그것이 올바른 행동이기 때문이지 자신이 원하는 걸 얻기 위해서 일부러 해야 하는 것은 아니다. 뇌물은 아이들로 하여금 전략을 잘 짜면 모든 걸 가질 수 있다는 사고방식을 갖게 할 뿐이다.

아이에게 수치심을 주는 언행도 삼가라. "사람들이 널 쳐다보고 있구나. 얼마나 부끄러운 일이니. 아마 널 제멋대로 자란 망나니라고 생각할 거야." 이런 수치심은 다른 사람의 의견이 자신의 존엄성에 큰 영향을 미친다고 생각하게 만든다.

우리가 흔히 사용하는 다른 사람을 이용한 위협도 좋지 않은 방법이다. "경비 아저씨한테 혼내주라고 할까?" 이런 말을 들은 아이들은 밤에 무서운 웨이티나 식품점 경비원이 나오는 악몽에 시달릴 것이다. 이런 모습은 당신이 그들의 행동을 통제할 능력이 없어서 보다 높은 권위에 의존하는 것으로 보인다. 그들은 무서운 아저씨에게 무조건 반응하며 겁을 먹는 외부 지향적인 아이로 자라게 된다.

질문을 이용하라. "공공장소에서는 어떻게 행동해야 하지?" "네가 그렇게 소란을 피우면 다른 사람들의 기분이 어떻겠니?" "잘못된 행동을 바로잡으려면 어떻게 해야 할까?"

아이들이 공공장소에서 질서 있게 행동하면 칭찬을 잊지 말라. "네가 그렇게 의젓하니까 함께 장보는 게 정말 즐겁구나."

공정한 설명과 정보를 제공하라. "그렇게 떠들면 영화 보는 사람들에게 방해가 되잖니.""네 목소리가 너무 커서 옆 테이블에 있는 사람들이 많이 괴로웠을 거야.""가게에서 그렇게 번잡스럽게 구는 건 용서할 수 없단다."

선택을 하게 하라. "네가 마음을 진정하고 조용히 한다면 다시 영화관에 들어갈 수 있단다.""자리에 가만히 앉아 있든지 아니면 레스토랑 밖에서 기다리렴."

최소한의 말과 행동으로 가르쳐라. "크리스토퍼……."(손가락을 입에 대고 조용히 하라는 신호를 보낸다.)

가출하는 아이

| 아이들은 왜 가출을 하는가 |

아이들은 여러 이유로 가출한다. 불안정한 가정 환경(이혼, 부모의 죽음, 성적·신체적 학대, 부모의 알코올이나 약물 중독 등등) 때문인 경우도 있고 부모의 지나친 통제나 무관심, 조건적인 사랑이 원인인 경우도 있다. 또 힘을 과시하기 위해서나 관심을 얻기 위해서, 부모를 조종하거나 복수하기 위해서 가출하는 아이들도 있다. 이 밖에도 임신이나 약물중독, 범죄 등 개인적으로 중대한 위기에 처한 아이들도 가출을 결심한다. 또 다른 이유로는 기분이 우울하거나 모험을 감행하고 싶어서, 가출한 친구의 영향을 받아서 등이 있다.

가출한 아이에게 무책임한 행동으로 빚어진 뒷일을 온전히 겪게 하는 것은 전혀 유익하지 못하다. 그보다는 가출에 합당한 처벌을 내려야 한다. 아이 뒤를 그림자처럼 따라다니며 고삐를 단단히 죄어야 한다. 아이가 더 이상 가출하지 않을 거라는 확신이 설 때까지 바늘과 실처럼 붙어다니겠다고 미리 알려라.

| 자기 주도적인 아이로 만드는 해결책 |

아이가 아직 어리고 빈 가방을 들고 일부러 시위하는 것이라면 신문에서 눈을 떼지 말고 작별인사를 건네라. "빌리야, 네가 집을 나간다니 유감이구나. 많이 보고싶을 거야. 하지만 네가 택한 일이니 어쩌겠니. 직업을 구하면 연락하렴." 이런 반응을 보이면 더 이상 위장 가출은 위협의 수단이 될 수 없다. 그들의 문제는 이제 온전히 그들만의 것이다. 그리고 가족의 역학구도에 문제가 없는지 점검하라. 아이들을 지나치게 통제하지는 않았는가? 아이들에게 가출 이외에 다른 선택권이 없지는 않았는가? 아이들이 집안에서 자신의 역할이나 위치를 확실히 찾을 수 있도록 도와주라. 아이들에게는 자신의 존재가 가족에게 얼마나 중요한지를 체감하는 과정이 꼭 필요하다.

역할 바꾸기 놀이나 장·단점 리스트, 앞서 설명했던 다른 방법을 이용해 가출의 원인을 찾아 해결할 수 있도록 도와주라.

가장 중요한 것은 대화를 많이 나누는 것이다. 아무리 바빠도 시간을 내서 아이들의 말에 귀기울이고 이해하도록 노력하라. 아이들 말에 비판이나 마지막 경고, 또는 한 귀로 듣고 한 귀로 흘리는 무관심한 태도를 보이지 말라. 가출을 경험한 대부분의 아이들은 공통적으로 부모들이 자기들 말에 귀기울이지 않았고 이해심이 없었다고 불평한다.

질문을 이용하라. "가출만이 유일한 해결책일 만큼 심각한 문제가 대체 무엇이지?" "네 생각에 다른 해결책은 없는 것 같니?"

정보를 제공하도록 노력하라. "필 삼촌이 16살 때 한 가출로 지금까지 얼마나 많은 어려움을 견뎌야 하는지 너도 알잖니."(가능한 한 많은 실례를 들어 가출의 폐해를 설명하라.)

안전수칙을 어기는 아이

| 아이들은 왜 안전수칙을 어기는가 |

아이들이 지켜야 할 규칙 중에는 어떤 상황에서든 반드시 지켜야 하는 것들이 있다. 대부분 안전에 관한 규칙들이다. 공공장소에서 부모와 떨어져 배회하거나 거리나 주차장에서 뛰어다니거나 성냥을 갖고 놀거나 아이들이 가장 잘 저지르는 '젓가락으로 콘센트를 찌르는' 행위들이 그 범주에 속한다. 아이들이 이런 규칙을 깨뜨리는 이유는 미처 기억해내지 못했거나 얼마나 위험한지 깨닫지 못해서, 또는 일부러 우리를 화나게 하려고 그런 것이다.

| 합당한 결과 |

아이가 바깥에서 안전규칙을 지키지 않으면 곧바로 집으로 데려와라. "네가 규칙을 지키지 않기 때문에 다칠까봐 걱정이 되는구나. 네가 안전하게 행동할 수 있을 때 다시 오자."

만일 아이가 성냥을 갖고 논다면 보이지 않는 곳으로 치워라. 호기심이 많은 아이라면 욕조에 물을 가득 채우고 당신이 보는 데서 지칠 때까지 실컷 불장난할 기회를 주라.

아이가 지켜야 할 안전수칙 목록을 만들어라. 그리고 각 항목마다 논리적인 근거를 들어 설명하라.

질문을 이용하라. "폭죽을 갖고 놀려면 어떤 규칙을 지켜야 하지?" "보다 안전해지려면 지금 어떻게 해야 할까?"

선택권을 제시하라. "맥가이버 칼을 가지고 네가 좀더 나은 일을 할 수 있을 때 돌려주마." "네가 안전벨트를 매야 우리가 출발할 수 있단다."

최소한의 말을 사용하라. "에릭, 자전거 헬멧!"

아이에게 겁을 주지 말라. 유괴사건에 관한 사회면 기사를 읽어주는 것은 아이에게 지나친 두려움을 갖게 한다. 이런 두려움은 외부의 위협에 의식적이든 무의식적이든 맹목적으로 반응하게 만든다. 예를 들어, 아이와 식품점에 갔을 때 구체적인 사례를 들어 아이에게 겁을 주지 말고 "사람이 많은 곳에서 엄마와 떨어지는 건 위험하단다"라고만 말하라. 또 낯선 사람과 얘기하지 말라는 말도 다른 사람들을 무작정 두려워하게 한다. 아이들은 직관적으로 좋은 사람과 나쁜 사람을 구분한다. 나는 아이들에게 내 허락 없이는 누구와도 어디든 못 가게 한다. 심지어 래리 삼촌과 공원에 가는 것도 내 허락을 받아야만 가능하다.

학교에서 말썽을 부리는 아이

ㅣ아이들은 왜 학교에서 말썽을 부리는가ㅣ

집에서는 에너지를 마음껏 발산하던 아이들도 학교에서는 적당히 자신을 제어해야 한다. 친구의 머리를 잡아당길 때 나오는 비명소리 외에도 배워야 할 것이 많기 때문이다. 학교에서 말썽을 자주 부리는 아이들 중에는 집에서 충분한 관심을 받지 못하거나 자부심이 부족하거나 학교에서 인정을 받지 못하는 아이들이 많다. 이런 욕구불만을 부정적인 방법으로 해결하려다 보니 말썽을 부리는 것이다.

ㅣ합당한 결과ㅣ

아이들의 잘못된 행동을 적절하게 체벌할 권리를 선생님께 위임하라. 벌을 받아도 행동이 달라지지 않으면 전화를 걸어달라고 부탁해서 집으로 데려와라. 믿어지지 않겠지만 아이들은 이런 식으로 혼자 돌아가는 걸 보너스로 생각하지 않는다. 이럴 경우, 집에 온 아이들에게 놀 시간을 주지 말고 숙제가 있든 없든 방에서 공부하게 만들어라.

아이에게 자신의 잘못된 행동을 사과하도록 인도하라. 필요하다면 반 친구 전체에게 사과할 수도 있다. 이런 창피를 당하기 싫으면 다음부터는 보다 나은 선택을 할 것이다.

ㅣ자기 주도적인 아이로 만드는 해결책ㅣ

일 주일에 하루 정도 오후 시간에 학급 일을 돕게 해달라고 부탁하라. 당신은 곰돌이 그림을 가위로 오리면서 많은 것을 관찰할 수 있을 것이다. 그리고 아이의 행동을 보면서 말썽의 원인을 찾아낼 수도 있다. 이런 기회는 아이가 가진 문제점을 해결하는 데 많은 도움이 될 것이다.

질문을 이용하라. "학교에서는 어떻게 행동해야 하지?" "네가 수업 시간에 그렇게 떠들면 다른 친구들이 공부하는 데 얼마나 방해가 되겠니?"

공정한 입장에서 설명과 정보를 제공하라. "선생님께서 네가 수업 시간에 많이 떠든다고 하시더라. 너의 그런 행동은 선생님이나 친구들 모두에게 손해를 주는 것이란다."

아이가 반에서 자신의 역할을 가질 수 있도록 선생님께 도움을 청하라. 아이들은 자기가 뭔가 기여하고 있다고 느끼면 행동이 달라진다. 나는 특히 자신의 잘못된 행동과 관계된 역할을 시키라고 권하고 싶다. 예를 들어, 수지가 너무 떠든다면 수지에게 다른 아이들을 조용히 시키는 역할을 맡기는 것이다. 만일 지미가 점심시간에 줄을 서서 식당으로 갈 때 여기저기 뛰어다닌다면 며칠 동안 맨 앞에서 줄을 인도하는 임무를 부여해보라.

학교가기 싫어하는 아이

| 아이들은 왜 학교가기를 싫어하는가 |

과잉보호를 받고 자라서 부모에게 지나치게 의존적인 아이들이나, 광장공포증(공공장소나 사람이 많은 곳을 싫어하는 증상)을 가진 아이들, 우울증이 있는 아이들, 비판이나 평가·실패에 지나치게 예민한 아이들은 학교가는 걸 두려워한다.

학교에 가는 것은 협상의 대상이 아니라 이유 여하를 막론하고 반드시 지켜야 하는 의무다.

아이의 두려운 마음을 인정해주라. "학교 가기 싫지? 엄마도 너의 마음을 잘 알겠어. 하지만 그래도 학교는 가야지. 처음에는 좀 힘들겠지만 엄마는 널 믿어. 분명히 잘 극복할 수 있을 거야."

아이를 떼어놓는 것이 염려스럽다고 아이에게 집착하지 말라. 아이들 스스로 문제를 해결하지 못할 거라고 생각하고 있는 당신의 마음을 아이들은 예민하게 알아차린다.

아이들에게 일찍부터 나이에 맞는 책임감을 갖게 하라. 아이들이 할 수 있는 일을 대신 해주거나 힘든 일이나 실수로부터 아이들을 구해주지 말라. 혼자 자립할 수 있을 거라고 믿고 있다는 메시지를 끊임없이 보내는 게 필요하다.

앞서 설명했듯이 아이에게 절망감을 극복할 수 있는 기술을 가르친다면 어려움에 처하거나 실수를 해도 두려움 없이 잘 헤쳐나갈 것이다.

공정한 설명과 정보를 제공하라. "학교에 가는 걸 아주 좋아하는 아이들은 없단다." "두려운 마음이 들면 당당히 맞서렴. 두려움은 차차 줄어들거야."

이른 시기에 성에 눈뜬 아이

「포르노물을 밝히고 성적으로 무책임한 아이」와 「지나치게 조숙한 아이」편을 참고하라. 때가 될 때까지 계속 감시하고 허락하지 말라.

지나치게 욕심이 많은 아이

| 아이들은 왜 나눠 갖길 싫어하는가 |

아이들이 나눠 갖길 싫어하는 이유는 자기 물건을 다른 사람에게 빼앗길까봐 두려워서이다. 또 다른 이유는 자기가 가지고 있는 물건이 힘을 얻을 수 있는 유일한 수단이라고 생각하기 때문이다.

| 합당한 결과 |

억지로 강요하지는 말되 나눠 갖기를 강력하게 권하라. 아이를 가르칠 때, 물건을 혼자 독차지하면 서로 말다툼이나 폭력 같은 갈등이 생긴다는 점을 상세히 설명하라.

만일 아이가 형제나 친구들과 장난감을 사이 좋게 나눠 갖지 않는다면 친구를 잃거나 아무도 함께 놀아주지 않는 불쾌한 경험을 겪게 될 것이다.

| 자기 주도적인 아이로 만드는 해결책 |

3살 이하의 아이에게는 나누기를 기대하지 말라. 너무 어려서 다른 사람의 기분을 헤아릴 능력이 없다. 그러나 그 이상의 아이에게는 자기 장난감을 '친구에게 정중하게 양보하는 법'이나 '조심해서 갖고 놀아주길 요청하는 법'을 가르쳐라.

아이에게 나눠 갖는 것의 좋은 점에 대해 알려주라. 나는 우리 아이들에게 만일 장난감을 나누지 않는다면 장난감만 갖게 되지만 사이 좋게 나누면 장난감과 친구를 모두 갖게 된다고 설명한다.

만일 아이들이 물건을 서로 차지하려고 싸우면 어느 편도 들지 말고 간섭하지 말라. 지나치게 다툼이 심해지면 서로 협상할 때까지 물건을 빼앗아라.

선택을 하게 하라. "조니가 네 트럭 중 하나를 갖고 싶어하는구나. 덤프 트럭을 줄까 아니면 굴착기를 줄까?"

공정한 설명을 제공하라. "티미에게 네가 좋아하는 장난감을 줬구나. 아마 양보하기가 쉽지 않았을 거야. 그 대신 티미가 얼마나 행복해하는지 보렴."

부끄럼을 많이 타는 아이

| 아이들은 왜 수줍음을 잘 타는가 |

아이들 중에는 선천적으로 수줍어하는 성격을 타고난 경우가 있다. 또 지나친 통제나 과잉보호를 받고 자랐거나 실패나 스트레스 극복하는 법을 못 배운 아이도 많이 수줍어한다. 독립심이나 자발성이 부족한 경우에도 수줍음을 잘 탄다.

| 합당한 결과 |

수줍어하는 아이에게 체벌을 가하는 것은 수줍음에 부채질을 하는 격이다.

아이를 억지로 남들 앞에 세우지 말라. 당신의 치마폭 뒤에 숨은 아이를 억지로 끌어내어 말을 시키면 아이는 다른 사람을 무조건 두려워할 수도 있다. 그리고 어떤 일을 회피하는 핑계로 수줍음을 사용하는 것 또한 못 하게 해야 한다.

사람마다 개성이 다른 걸 인정하고, 아이의 수줍음을 개성의 한 부분으로 인정한다는 걸 표현하라. 그러나 아이의 말을 대신 해주지는 말라.

아이에게 나이에 맞는 적절한 임무를 부여함으로써 자신의 능력에 자신감을 가질 수 있도록 배려하라. 패배를 극복하는 법도 가르쳐야 한다. 수줍음을 잘 타는 아이들은 실패 다루는 법을 배움으로써 자신의 능력에 자신감을 가질 필요가 있다.

아이가 바람직한 친구를 사귈 수 있도록 인도하라. 특히 공격적이고, 남을 조종하고, 골목대장 행세를 하는 친구와는 어울리지 않게 주의하라. 역할 바꾸기 놀이에서 불편한 여러 유형의 친구 역할을 시켜보는 것도 효과적이다.

아이가 새로운 경험에 도전하도록 격려하되 강요하지는 말라. 당신의 능력이 허락하는 한 아이에게 많은 경험을 시켜리.

아이가 가정에서 자기 역할을 찾을 수 있도록 도와주라. 집안일을 직접 도울 수 있는 꺼리를 적절히 제공해 주는 것도 좋다.

형제끼리 잘 싸우는 아이

형제끼리 싸우는 이유는 집에서 보다 확고한 서열을 다지기 위해서이다. 때로는 당신의 관심을 끌기 위해 싸우기도 하지만 일단 간섭하기 시작하면 벗어나기 힘들다. 빛도 피해갈 수 없는 블랙홀처럼 그 안으로 빨려들어갈 수밖에 없다.

| 합당한 결과 |

아이들의 싸움은 아이들끼리 해결하도록 하라. 나이가 어린 동생 편을 들거나 언니를 야단치지 말고 중립을 지켜라. 그들이 원하는 건 당신의 관심이다.

아이들이 서로 좋은 자리에 앉으려고 다투면 서로 해결책을 찾을 때까지 아무도 자리에 앉히지 말라. TV 채널을 먼저 차지하거나 컴퓨터를 서로 쓰려고 싸운다면 서로 합의해서 순서를 정하기 전까지 아무것도 사용하지 못하게 하라.

| 자기 주도적인 아이로 만드는 해결책 |

아이들의 감정을 이해하도록 노력하라. 아이가 "엄마, 에릭은 항상 날 놀리고 괴롭혀요. 정말 나빠요"라고 말하면 "그래, 오빠가 괴롭힐 때마다 얼마나 속상한지 엄마도 알아. 엄마도 가끔 오빠 때문에 화가 난단다"라고 이해심을 보여라. "그렇게 말하면 못 써. 그래도 에릭은 네 오빠잖아"라는 말로 아이의 기분을 무시하지 말라. 이런 반응에 아이들은 사랑이라는 감정과 속상한 감정 사이에서 혼란을 느낀다.

아이들에게 당신의 어렸을 때 경험을 들려주고 지금은 형제들과 얼마나 사이 좋게 지내는지 설명하라. 만일 당신이 형제들과 우애가 좋지 않은 상태라면 사이가 어긋나게 된 이유와 시기를 설명해주고, 어떤 점이 후회되며, 자랄 때 서로 어떤 점에 유의했어야 했는지에 대해 토론하라.

새로운 형제가 태어나면 형이나 언니에게 동생을 보살핀다든가 하는 적절한 임무를 부여하라. 이렇게 아이들을 참여시키면 소외되었다고 느꼈던 아이도 새로운 상황에 잘 적응할 수 있다.

질문을 이용하라. "너 오늘 동생과 안 좋아 보이는구나. 어제는 잘 놀더니 오늘은 무슨 문제가 생겼니?" "서로 사이가 좋지 않으니까 친할 때와 비교해서 기분이 어떠니?" "동생은 지금 어떤 기분일 것 같니? 네가 어떻게 해야 할까?"

공정한 설명을 이용하라. "동생과 사이 좋게 잘 지내는구나. 싸우는 것보다 재미있게 노니까 좋지? 둘 다 행복해 보이는구나." "오빠와 싸우고 나니까 같이 놀 사람이 없어 심심하지?"

침을 뱉는 아이

아이들은 왜 침을 뱉는가

아이들이 침을 뱉는 이유는 터프해 보이고 싶어서이거나 갈등을 말로 해결할 만한 능력이 부족할 때 기선을 제압하기 위해서이다.

합당한 해결책

아이가 다른 아이에게 침을 뱉을 경우, 깨끗이 닦아주는 것은 물론 정중하게 사과하도록 가르쳐라. 만일 사람이 아닌 물건에 침을 뱉었다면 침을 닦고 주변 사람에게 사과하는 것이 마땅하다. 습관적으로 침을 뱉는다면 '희생양'으로부터 격리시켜라. 적절하지 못한 행동을 했을 땐 당연히 그에 대한 대가를 치러야 한다.

유머를 이용하라. 사무적인 목소리로 우리 집안은 침을 뱉지 못하는 지역에 살고 있다고 말하라. 또 신문에 실린 뉴스를 읽는 흉내를 내며 '침의 강'이 범람해서 존슨 씨네 집이 물에 잠겼다고 전하라.

아이에게 갈등을 말로 해결하는 방법을 가르쳐라.

선택권을 부여하라. "불만을 표현할 때, 침을 뱉는 대신 대화한다면 친구와 다시 놀게 해주마."

공정한 입장에서 설명과 정보를 제공하라. "바닥에 침을 뱉더구나. 지나다니는 사람들이 얼마나 불쾌하겠니?" "결핵과 많은 질병들이 침을 통해 전염된단다."

질문을 이용하라. "침을 뱉는 것에 대한 〈우리가 꼭 지켜야 할 원칙〉은 무엇이지?" "네가 침을 뱉은 네이딘은 지금 어떤 기분일까?" "다른 사람이 네게 침을 뱉으면 네 기분이 어떨 것 같니?" "네이딘과 화해하려면 어떻게 해야 할까?"

스포츠맨쉽이 부족한 아이

| 아이들은 왜 스포츠맨쉽을 갖추지 못하는가 |

아이들 중에는 경쟁에 대해 올바른 견해를 갖지 못한 아이들이 있

다. 그들은 패배를 자신들의 존엄성에 대한 치명적인 손실로 받아들이기 때문에 욕설과 무례한 행동으로 화풀이하고 운동 장비를 던지며 이를 간다. 일부 부모들을 포함한 우리 사회도 승자 아니면 패자라는 흑백논리식 사고방식을 부추기며 경쟁의식을 조장하는 경향이 있다.

| 합당한 결과 |

아이가 신사다운 스포츠맨쉽을 보이지 않는다면 경쟁에 참여시키지 말라. 만일 아이가 정당하게 게임에 참여하지 못했다면 다음 게임에 참가시키지 말라. "네가 정당한 스포츠맨쉽을 배울 때까지 게임에 참가시킬 수가 없구나"라고 말하라. 그리고 무례한 행동의 희생양이 된 상대방에게 반드시 사과하도록 하라.

| 자기 주도적인 아이로 만드는 해결책 |

아직 패배감을 극복할 만한 사회성이나 인식 능력이 갖춰지지 않은 어린 나이의 아이들에게는 경쟁적인 게임보다 협조적인 게임을 권하라. 아이와 게임을 할 때 아이가 항상 승리하도록 만들지 말라. 아이들도 모든 경기에서 이길 수 없다는 이치를 배울 필요가 있다.

스포츠맨쉽을 〈우리가 꼭 지켜야 할 원칙〉에 포함시켜라. "우리 모두 건전한 스포츠맨쉽을 실천하자."

아이들에게 무조건적인 사랑을 베풀어라. 이기거나 지는 것에 관계없이 얼마나 열심히 싸웠는지 얼마나 스포츠맨답게 행동했는지 게임을 얼마나 즐겼는지 자기 팀의 한 멤버로 얼마나 기여했는지에 초점을 맞추라.

만일 당신 아이의 담당 코치가 '상대방을 쳐부수자! 시합에선 오직 승리만이 존재한다!' 라는 사고방식을 가진 사람이라면 아이를 팀에서 끌어내라. 팀 멤버의 부모들이 피에 굶주린 사람들처럼 승리에만 집착할 때도 마찬가지다.

질문을 이용하라. "축구 시합에 져서 속이 많이 상하겠구나. 하지만 신사답게 스포츠맨쉽을 지켰으니 괜찮지 않니?" "스포츠맨쉽에 어긋난 행동을 했을 때 기분이 어땠니?"

역할 바꾸기 놀이를 통해 스포츠맨쉽을 지키지 않는 상황을 재현해보는 것도 도움이 된다.

공정한 입장에서 설명과 정보를 제공하라. "네가 보인 행동은 정말 훌륭한 스포츠맨쉽이었어. 중요한 시합에 지고도 그런 행동을 보인다는 건 쉬운 일이 아니란다. 너 자신이 무척 자랑스럽겠구나. 그리고 친구들도 네 행동에 감동받았을 거야."

아이와 어떤 종류의 시합이나 스포츠를 관람할 때마다 선수들의 훌륭한 스포츠맨쉽과 그렇지 못한 행동에 대해 대화하라.

물건을 훔치는 아이

「범죄를 저지르는 아이」 편을 참고하라.

잘 토라지는 아이

| 아이들은 왜 잘 토라지는가 |

토라지는 것은 '화났다' 는 말을 침묵으로 표현하는 방법이다. 그리고 솔직히 말해서 토라지는 걸 빼면 아이가 할 수 있는 게 뭐가 있겠는가! 아이들이 토라지는 이유는 자신의 생각을 관철시키기 위해서, 관심을 끌기 위해서, 복수하기 위해서 등이다. 특히 지나친 통제를 받고 자란 아이들은 원하는 걸 말로 표현하는 방법을 배우지 못했기 때문에 잘 토라진다. 한편 관대한 부모 밑에서 자란 아이들도 토라지면 원하는 걸 얻을 수 있기 때문에 자주 이용한다.

| 합당한 결과 |

아이가 토라지는 행동을 이용하여 원하는 걸 얻으려고 한다면 어떤 경우에도 바라는 바를 얻을 수 없다는 규칙을 분명히 정하라.

아이들이 당신 앞에서 토라지는 것 자체를 용납하지 말라. 아이들이 동정받을 목적으로 토라지면 풀릴 때까지 다른 곳에 가 있게 하라.

| 자기 주도적인 아이로 만드는 해결책 |

아이들의 문제가 그들 자신보다 당신에게 더 중요하다는 인상을 주지 말라. 그렇다고 토라진 아이를 벌 주거나 위협하거나 질책하지도 말고 혼자 해결하도록 내버려둬라. 간섭하고 싶은 생각이 들면 방에서 나가라. "으음!" 하며 방관하는 자세를 잊지 말라.

아이를 토라지게 만드는 상황을 역할 바꾸기 놀이를 통해 재현해 보는 것도 좋은 방법이다.

질문을 이용하라. "엄마한테 하고 싶은 말이 뭐니? 네가 말을 해줘야 엄마가 알지." "그런 방법으로 네가 원하는 걸 얻을 수 있다고 생각하니?" "다른 사람이 너한테 토라진 모습을 보이면 좋겠니?" "그럴 때 어떤 기분일 것 같니?"

선택을 하게 하라. "네 방에 가서 혼자 토라져 있고 싶니, 아니면 여기 남아서 문제를 해결하고 싶니?"

최소한의 제스처를 이용하라. 아이의 이름을 불러 주의를 끈 다음 손가락을 양쪽 입술 끝에 대고 위로 올려 미소짓는 모습을 만들어라.

떼를 잘 쓰는 아이

| 아이들은 왜 걸핏하면 떼를 쓰는가 |

아이들이 떼를 쓰는 건 모든 부모들이 악몽처럼 싫어하는 일이다. 아이들이 막무가내로 떼를 쓰기 시작하면 우리는 마치 크라카토아 화산(인도네시아의 화산섬)의 폭발을 쳐다보고 있는 것처럼 무기력함을 경험하게 된다. 아이들은 우리의 이런 두려움을 귀신같이 알아차린다.

아이들이 울며 떼를 쓰는 이유는 여러 가지다. 절망감이나 실망, 분노, 욕망을 말로 표현하는 기술을 배우지 못했거나 관심을 얻기 위해서, 보복을 하기 위해서, 자신의 주장을 관철시키기 위해서, 또는 단지 어떻게 해야 할지 모르기 때문이다.

| 합당한 결과 |

아이들이 떼를 쓸 때 절대로 굴복하지 말라. "으음, 네 문제는 네 힘으로 해결하렴." 하는 방관자적인 자세를 고수하라.

아이들이 잠잠해지길 조용히 기다리거나 아무 말도 하지 말고 아이를 다른 방에 데려다 놓아라. 말은 적게 할수록 효과적이다. 만일 아이가 공공장소에서 떼를 쓰면 당장 집으로 데려와라.

아이들이 떼를 쓸 때, 절대 잔소리를 하거나 구슬리거나 뇌물을 주거나 위협하지 말라. 이런 행동은 외부 지향적인 반응을 촉진시킬 뿐이다. 아이를 혼자 내버려두는 것이 가장 좋은 방법이다.

아이의 감정을 이해하는 태도를 보여주라. "네가 얼마나 화났는지는 알겠어. 충분히 화낼 만하니 네가 울음을 그칠 때까지 기다려주마."

선택을 하게 하라. "화를 내는 건 좋아. 하지만 방에서 혼자 떼를 쓰겠니, 아니면 보다 나은 방법으로 네 감정을 표현하겠니?"

아이가 떼쓰기를 그만두고 마음이 진정되면 다음 질문을 던져라. "오늘 식품점에서 떼쓸 때 엄마가 네 말을 들어줬니?"

아이와 역할 바꾸기 놀이를 해보는 것도 효과적이다.

고자질하는 아이

| 아이들은 왜 고자질을 하는가 |

아이들이 고자질하는 이유는 문제 해결 방법을 몰라서이거나 관심을 끌기 위해서, 또는 다른 사람을 비하시켜 자신에 대한 평가를 높이기 위해서이다. 그런데 이러한 행동을 섣불리 고치려고 덤볐다가는 오히려 망가뜨리기 쉽다. 마치 스위스 시계를 망가뜨린 것과 같아서 하루 종일 망가진 부속들을 주워 담아야 할 것이다.

| 합당한 결과 |

아이가 고자질을 일삼는다면 고자질당한 상대방로부터 강한 항의

와 질타를 받을 것이다.

고자질에 대한 분명한 규칙을 세워라. 기본적으로 생명이나 신체, 재산의 위협을 받기 전에는 고자질을 허용하지 말아야 한다. 문제를 말로 해결하는 방법을 가르쳐라. 손길이 잘 닿는 곳에 '고자질 박스'를 만드는 것도 좋은 아이디어다. 아이가 글을 익힐 만한 나이가 되면 고자질하고 싶은 문제를 글로 써서 고자질 박스에 넣은 다음 나중에 읽어보도록 인도하라. 시간이 흐르는 동안 다급하게 당신의 관심을 끌어보려던 마음이 누그러질 것이다. 이런 방법은 아이들에게 스스로 알아서 할 시간과 여유를 준다.

다음과 같은 접근 방법도 효과적이다.

"지금 고자질하는 거 아니지?" (⇒ 이 일에 나는 전혀 간섭하지 않을 생각이란다!)

"네가 빌리에게 얼마나 화가 났는지 알겠어. 어떻게 해결할 생각이니?" (⇒ 네 기분을 이해하며 네가 혼자 잘 해결하길 바란다.)

"너와 빌리는 문제를 잘 풀어나갈 수 있을 거야." (⇒ 너를 믿는다.)

질문을 이용하라. "너 지금 고자질하고 있구나. 고자질에 대한 우리의 규칙은 뭐지?" "아빠 도움을 받지 않고 문제를 해결하려면 어떻게 해야 할까?"

아이가 갈등을 잘 해결했을 때는 노력을 인정해주라. "조나단, 타미가 너한테 욕을 했을 때 혼자 잘 해결하더구나. 야, 우리 아들 그동안 많이 컸구나!"

놀리거나 욕을 하는 아이

| 아이들은 왜 남에게 욕을 하는가 |

아이들이 말로 상대방을 괴롭히는 이유는 샘이 나거나 보복하고 싶어서, 또는 강해 보이길 원하거나 갈등 해소의 방법을 모르기 때문이다.

| 합당한 결과 |

당신의 아이가 누군가에게 욕을 하면, 아이는 그에 상응하는 대가를 꼭 치르게 된다. 누군가가 그 아이에게 욕을 하면 그때서야 자신의 잘못을 깨닫고 고치게 될 것이다. 그러나 사태가 심상치 않게 발전한다면 상대방에게 사과를 시킨 다음 아이를 격리시켜라. 그리고 친구들과 다정하게 지낼 수 있어야 함께 놀 수 있음을 상기시켜라.

| 자기 주도적인 아이로 만드는 해결책 |

아이에게 갈등을 해결할 수 있는 적당한 방법을 가르쳐라. 당신의 아이가 놀림을 당하는 입장과 놀리는 입장 모두를 경험할 수 있도록 역할 바꾸기 놀이를 하라.

질문을 이용하라. "너 다니엘을 놀렸지? 놀리는 행동에 대한 규칙이 뭔지 기억하고 있니? 그래, 그런 행동을 하니 기분이 어떠니? 네가 놀릴 때, 그 애 기분이 어땠을 것 같니? 네가 반대 입장이라면 어떤 기분일까? 네 감정을 다스릴 다른 방법은 없을까?"

선택권을 부여하라. "여기 남아 친구들하고 사이 좋게 놀겠니, 아니면 혼자 안으로 들어가겠니?"

공정한 설명과 정보를 제공하라. "너 제인에게 욕을 했다면서? 고운 말만 쓰겠다고 약속하지 않았니?" "욕은 다른 사람에게 상처를 주는 일이고 문제를 해결하기보다 악화시키는 일이란다. 누군가와 의견이 맞지 않으면 대화로 풀어가는 것이 가장 효과적이지."

전화, TV, 컴퓨터, 비디오게임에 중독된 아이

| 아이들은 왜 이런 것에 쉽게 중독되는가 |

요즘 아이들은 이런 전자제품과 접할 기회가 많다. 벤자민 프랭클린, 토마스 에디슨, 기타 많은 발명의 귀재들이 지하에서 손뼉치며 기뻐할 일이다. 그러나 레스토랑에서 휴대품 보관소 아가씨에게 소지품을 맡기듯이 아이들은 전자제품에 자신의 뇌를 저당 잡히고 있다. 이런 수동적인 오락기기들은 아이들을 최면 상태나 무기력한 상태로 몰아 뇌를 사용하지 않게 만든다. 아이들은 누군가의 요구나 기대에 부담감을 느끼지 않으며, 외부 세계의 냉혹한 비판이나 평가도 무조건 받아들이게 된다.

전화도 마찬가지다. 나는 '전화기 제거 전문의'라는 새로운 직업이 필요하다고 생각한다. 대부분의 사춘기 아이들은 귀에 붙어버린 수화기를 제거하는 응급수술이 필요하기 때문이다. 사춘기에는 친구가 삶의 가장 중요한 요소이며 전화선이 그 우정을 연결하는 생명줄이라고 생각하기 마련이다.

| 합당한 결과 |

만일 아이가 이런 전자기기에 관한 규칙을 어긴다면 차라리 당분간 사용할 권리를 박탈하라.

308

아이가 오락기나 전화기를 붙잡고 지나치게 오랜 시간을 보냈다면 일 주일 동안 사용을 금지시켜라. 아이가 컴퓨터 등에 열중해서 의무를 다 하지 못해도 마찬가지다.

| 자기 주도적인 아이로 만드는 해결책 |

아이의 TV, 컴퓨터, 전자오락기, 전화기의 사용 시간을 적절히 제한하라. 그리고 아이에게 기계의 도움 없이도 삶을 즐길 수 있는 방법을 가르쳐라. 좋은 아이디어 목록을 만들어 냉장고에 붙이는 것도 효과적이다.

질문을 이용하라. "전화 사용에 대한 규칙은 뭐지? 그런 규칙들이 왜 중요하다고 생각하니? 이제 어떻게 해야 할까?"

선택권을 부여하라. "네가 알아서 적당히 닌텐도 게임을 즐길래, 아니면 엄마 방에 두고 허락을 맡으면서 사용할래?"

공정한 설명과 정보를 제공하라. "정해진 시간을 넘기고 비디오게임을 하고 있구나. 아직 숙제도 안 했잖니. 어쨌든 9시 반에는 잠자리에 들어야 한다는 거 알고 있지?" "밖에 나가 뛰노는 것이 건강에 훨씬 좋단다."

아이가 전자기기와 상관없는 놀이를 개발했다면 관심과 칭찬을 듬뿍 안겨주라. "종이 찰흙을 갖고 노는구나. 굉장히 재미있어 보이는데! 정말 좋은 생각이구나."

손가락을 빠는 아이

| 아이들은 왜 손가락을 빠는가 |

아이들이 엄지나 다른 손가락을 빠는 이유는 빠는 촉감을 즐기거나 습관이어서, 또는 스트레스 때문이다.

| 합당한 결과 |

손가락을 빠는 것은 지극히 정상적인 행동이므로 처벌은 안 된다. 손가락 좀 빤다고 어떻게 되겠는가? 투쟁할 대상을 잘 선별하라. 큰 문제도 아닌 일로 아이를 들볶는 것보다 손가락을 빨도록 내버려두는 것이 한결 낫다.

| 자기 주도적인 아이로 만드는 해결책 |

손가락을 빠는 행위를 가지고 잔소리하면서 괴롭히거나 벌을 주는 등 수치심을 유발시키지 말라. 잘 때 장갑을 끼우거나 매운 핫 소스를 바르는 것도 금하라. 이런 방법은 잘 먹히지 않을 뿐 아니라 아이들을 외부 지향적으로 만든다.

아이들이 두려움을 거리낌없이 표현하도록 인도하라. 스트레스를 당신에게 허심탄회하게 털어놓을 수 있는 분위기를 만들어주라.

나쁜 습관을 고치기 위해 아이가 당신에게 직접 도움을 요청할 때만 개입하라. 그리고 엄지손가락을 빨면 앞니가 튀어나올 수 있다는 점을 가르쳐라.

대소변을 못 가리는 아이

| 아이들은 왜 대소변을 잘 가리지 못하는가 |

내가 알기로 아이들은 축구 연습을 하다 말고 화장실에 가기 위해 결코 집으로 돌아오지 않는다. 그리고 아이마다 정신적, 신체적 성숙도가 다르기 때문에 대소변을 가리는 시기가 각자 다른 것은 지극히 정상이다.

| 합당한 결과 |

대소변을 가리지 못하는 아이들이 결국 경험하게 되는 것은 축축한 옷과 기저귀이다. 이런 불쾌한 느낌을 잘 견디지 못하는 아이가 있는가 하면 전혀 상관 없는 아이들도 있다.

| 자기 주도적인 아이로 만드는 해결책 |

아이가 대소변을 가리지 못한다고 잔소리를 하거나 위협하거나 벌을 줘서는 안 된다. 아이들을 꾸짖는 것은 연인 사이의 말다툼처럼 외부 지향적인 힘 겨루기를 부추길 뿐이다. 대소변을 가리게 하기 위해 뇌물이나 보상을 제공하는 것도 같은 결과를 초래한다.

아이가 대소변을 가리든 못 가리든 조건 없는 사랑을 베풀라.

나이가 찼는데도 대소변을 가리지 못하면 그 문제에 대해 어떻게 생각하는지 물어보라. 아직 나이가 어리다면 대소변을 가리는 것에 대해 차근차근 준비를 시키는 것이 가장 바람직하다.

아이가 대소변을 가리는 시기를 다른 형제와 비교하지 말라.

기저귀에서 냄새가 나는 데도 아이가 기저귀 갈기를 거부하면 선택권을 제시하라. "기저귀를 지금 갈겠니, 아니면 갈고 싶을 때까지 밖에 나가 있겠니?”

아이가 대소변을 가리면 칭찬하는 걸 잊지 말라. “어머, 변기에 오줌을 눴구나. 팬티가 축축하지 않아서 기분이 산뜻하겠다.”

아무 물건이나 일단 만지는 아이

| 아이들은 왜 만지는 것을 좋아하는가 |

아이들은 자신의 세계를 탐험할 때 오감을 동원해 즐기길 원한다. 거기에는 그들의 지저분한 작은 손도 예외가 될 수 없다!

| 합당한 결과 |

아이에게 만져도 좋은 것과 만지면 안 되는 것에 대한 규칙을 분명히 정하라. 그리고 아이가 그 규칙을 어기면 가게 밖으로 데리고 나오라. 아이가 현명한 선택을 한다는 믿음이 생기기 전에는 가게 안에 들어갈 수 없다고 말하라.

| 자기 주도적인 아이로 만드는 해결책 |

아이에게 한계가 분명한 규칙을 정해주되 지나치게 엄격한 적용은 피하라.

더군다나 아이와 외부 지향적인 힘 겨루기를 원치 않는다면 아이가 물건을 만졌다고 벌을 주거나 위협하거나 잔소리하지 말라.

질문을 이용하라. “깨지기 쉬운 물건을 만지는 것에 대해 어떤 규칙을 정했지? 만일 물건을 만지다가 잘못해서 깨뜨리면 어떻게 해야 할까?”

아이가 물건을 만지고 싶은 걸 참았을 때는 잘했다고 칭찬해주라. "가게 안에 만지고 싶은 물건이 많았을 텐데도 잘 참더구나. 네가 물건을 깨뜨릴까봐 걱정하지 않아도 되니까 함께 쇼핑하는 게 즐겁더구나."

선택을 하게 하라. "물건에 함부로 손대지 않으면 더 오래 쇼핑할 수 있단다."

무단 결석을 하는 아이

| 아이들은 왜 제멋대로 학교에 가지 않는가 |

아이들이 학교에 가지 않으려는 이유는 공부가 뒤떨어져 따라가기가 힘들거나, 자기 힘의 한계를 테스트해보고 싶거나, 친구의 압력을 받고 있거나, 우울하거나, 학교에서 받는 스트레스를 피하고 싶기 때문이다.

| 합당한 결과 |

아이들이 학교를 무단 결석하면 다시는 그러지 않을 거라는 확신이 설 때까지 학교에 데려다주고 교실에 들어가는 걸 확인하겠다고 말하라. 만일 이런 절차가 창피하다면 앞으로 조심할 것이다. 아이들에게 결석한 것에 대해 선생님께 사과하도록 가르쳐라.

| 자기 주도적인 아이로 만드는 해결책 |

아이들에게 배움의 소중함과 중요성을 가르쳐라. 아이와의 대화 채널을 개방해서 학교에서 겪는 어려움을 토로할 수 있는 분위기를 만들어라.

공정한 설명과 정보를 제공하라. "지난주에 학교를 두 번이나 무단 결석했다고 선생님께 연락이 왔더구나. 학교를 자주 빠지면 같은 학년을 한 번 더 다녀야 한단다."

질문을 이용하라. "결석에 대한 규칙이 뭔지는 알고 있지?" "이런 유혹을 극복하기 위해서는 어떤 방법이 좋을까?"

선택권을 제시하라. "학교를 빠지지 않겠다고 약속하면 엄마가 더 이상 교실까지 데려다주지 않으마."

아이가 사귀는 친구들을 잘 조사해보라. 만일 학교를 자주 무단 결석하는 아이들과 어울려 다닌다면 아이가 올바른 선택을 할 수 있을 때까지 만나지 못하게 하라. 다른 부모들과 연락해서 연합전선을 만드는 것도 좋은 방법이다.

책임감 없고 신뢰할 수 없는 아이

ㅣ왜 이런 아이로 자라는가ㅣ

어려서부터 할 일을 부모가 대신 해주었거나 잘못된 선택으로 인한 적절한 책임을 늘 면제받아온 아이들은 신뢰할 수 없는 아이로 자라게 된다.

ㅣ합당한 결과ㅣ

아이가 자신의 책임을 다하지 못하면 그에 따른 결과를 마땅히 수습해야 한다. 아이가 빌린 책을 제 때에 도서관에 반납하지 않았다면 스스로 벌금을 내는 게 당연하다. 당신이 요구한 일을 마치지 못했다면 권리를 일부 박탈당해야 한다. 얼마나 권리를 누릴 수 있느냐는 얼마나 책임감이 있고 믿을 수 있느냐에 달려 있다는 점을 가르쳐라. 이 두 가지는 아이가 얼마나 성숙했는지 알아볼 수 있는 척도라는 사실도 표현하라.

| 자기 주도적인 아이로 만드는 해결책 |

어려운 상황에 빠진 아이를 구제해주지 말라. 아이가 많은 경험을 누릴 기회를 박탈하지 말라는 말이다.

아이를 위해 모든 일을 대신 해주기보다는 어려서부터 나이에 맞는 책임감을 부여하라. 앞에서 설명했듯이 아이에게 실패를 극복하는 기술을 가르치는 게 무엇보다도 중요하다.

아이가 책임감 없는 행동을 했더라도 먼저 잔소리하거나 벌을 주지 말라.

질문을 이용하라. "오늘 아침에 신문을 돌리지 않았더구나. 자기가 맡은 일에 책임감을 갖는 것이 왜 중요하다고 생각하니? 네가 잘못된 선택을 함으로써 일자리를 잃을 수도 있다는 걸 생각해봤니?"

공정한 설명과 정보를 제공하라. "존스 부인이 휴가를 보내는 동안 네가 우편물을 관리하기로 약속했는데 지키지 않았다면서? 엄마는 네가 자기가 한 말은 꼭 책임지는 사람이 되었으면 좋겠구나."

아이가 책임감 있게 행동했을 때는 칭찬을 잊지 말라. "엄마가 빌려온 비디오를 돌려주기 쉽게 한데 모아놓았구나. 덕분에 할 일이 많이 줄었단다. 네가 정말 믿음직스럽다."

허영심이 많은 아이

| 아이들은 왜 허영심을 갖게 되는가 |

아이들은 외모가 호감을 주는 가장 중요한 요소라고 생각할 때, 몸치장에 집착하게 된다. 안타깝게도 우리 사회는 아이들에게 어떤 사람인가보다도 얼마나 예쁘냐가 더 중요하다는 메시지를 끊임없이 전달하고 있다.

| 합당한 결과 |

허영심이 많은 아이들은 친구들에게 따돌림받기 쉽다. 그럴 때마다 얻는 메시지가 있을 것이다.

| 자기 주도적인 아이로 만드는 해결책 |

겉으로 드러난 외모에 지나치게 집착하지 않게 가르쳐라. 아이들에게 얼마나 예쁜지 말하는 대신 내면의 장점을 칭찬하라. 아이들에게 비싼 유명상표 의상이나 화장품, 기타 허영심을 부추기는 물건들을 사주지 말라.

영화나 TV, 공공장소에서 다른 사람의 외모에 대해 부정적이든 긍정적이든 평가하는 걸 삼가라.

질문을 이용하라. "요즘 우리 사회가 왜 그렇게 외모를 강조한다고 생각하니? 여기에 대한 네 의견은 어떠니?" "지나치게 외모에 치중하는 사람을 보면 어떤 기분이 드니?"

공정한 설명과 정보를 제공하라. "지나치게 머리에 신경을 쓰는구나. 네 친구들은 자기 치장하기 바빠서 너한테 별로 관심이 없을 거야. 다른 사람을 평가할 때는 외모보다 그 사람의 성실성, 신의, 동정심 같은 것에 더 비중을 둬야 한단다."

낭비벽이 심한 아이

| 아이들에게 낭비벽은 왜 생기는가 |

아이들이 낭비를 하게 되는 이유는 그 행동이 가져오는 결과를 이해하지 못했기 때문이다.

| 합당한 결과 |

당신의 아이가 낭비벽이 심하다면 아이에게 부족함이 주는 불편함을 경험시켜라. 예를 들어, 음식을 많이 덜어서 남긴다면 다음 식사 시간에 남긴 음식을 마저 먹도록 만들어라. 복사용지를 함부로 낭비했다면 문방구에 가서 자기 돈으로 복사용지를 사오게 하라. 그리고 고의로 연필을 부러뜨렸다면 연필 없이 크레용으로 숙제하게 하라.

| 자기 주도적인 아이로 만드는 해결책 |

아이에게 절약이 왜 중요한지를 가르쳐라.

질문을 이용하라. "물건을 낭비하는 것에 대해 어떤 규칙을 세웠지? 왜 그런 규칙을 세웠을 것 같니? 네 낭비벽을 고치기 위해 어떻게 해야 할까?"

공정한 설명과 정보를 제공하라. "아침에 학교에 가면서 방에 불을 끄지 않았더구나. 여름에는 안 그래도 전기요금이 많이 나온단다." "음식을 남기는 건 나쁜 버릇이란다." "물은 소중한 자원이란다. 이를 닦는 동안에는 수도꼭지를 잠그렴."

선택권을 부여하라. "아까 남긴 음식은 지금 먹을 거니, 아니면 내일 점심 때 먹을 거니?" "네가 접착제를 낭비하지 않을 거라는 믿음이 생길 때 맘대로 쓸 수 있는 권리를 주마."

아이가 물건을 절약하면 칭찬의 말을 건네라. "아침에 학교에 가면서 불을 켜놓지 않았나 확인하더구나. 전기 요금이 많이 절약될 거야. 정말 고맙구나!"

잘 우는 아이

| 아이들은 왜 잘 우는가 |

아이들이 우는 이유는 관심을 끌고 싶거나 보복을 하려는 목적이거나 자신의 영향력을 테스트해보고 싶거나 그런 방법이 잘 먹히기 때문이다.

| 합당한 결과 |

아이가 울면서 뭔가를 요구하면 절대 들어주지 말라. 아이가 울음을 그치고 의젓한 목소리로 얘기할 때까지 귀를 기울이지 말라. 아이가 금방 울음을 그치지 않으면 아이를 방에서 내보내든가 당신이 방을 떠나라.

| 자기 주도적인 아이로 만드는 해결책 |

때로 아이들은 소속감을 느끼지 못하기 때문에 울기도 한다. 그럴 땐 뭔가 기여할 역할을 찾도록 도와주라.

유머를 이용하라. 아이의 우는 소리를 녹음해 놓은 후 기분이 풀렸을 때 들려주라. 그리고 자신의 우는 소리를 들은 소감을 물어라. 그러나 결코 놀리는 수단으로 사용하지는 말라.

아이가 운다고 위협하거나 놀리거나 벌을 주지 말라. 외부지향적인 힘 겨루기를 유도할 뿐이다. 아이들은 무관심보다는 부정적인 것이라도 관심을 보이는 걸 좋아한다.

질문을 이용하라. "우는 아이에 대한 우리 집의 규칙은 무엇이지? 왜 그런 규칙을 만들었다고 생각하니?" "그렇게 우는 소리로 말하면 엄마 기분이 어떨 것 같니?" "누군가가 너에게 그렇게 우는 소리로 얘기하면 네 기분은 어떻겠니?"

잘 울던 아이가 의젓하게 행동하면 칭찬으로 보답하라. "오늘은 디저트 달라고 징징거리지 않고 의젓하게 말하는구나. 밝은 네 목소리를 들으니 기분이 좋은걸!"

공정한 설명과 정보로 도움을 주라. "또 우는구나. 그런 방법은 아무 효과가 없단다."

선택권을 제시하라. "징징거리지 말고 명랑한 목소리로 부탁하든지 아니면 방에서 나가렴." "울음을 그치면 네 말을 들어주마."

방에 틀어박혀 있는 아이

| 아이들은 왜 방에서 나오지 않는가 |

사춘기 아이를 둔 부모들은 아이들이 방에 틀어박혀 있는 걸 문제점으로 여기기보다 보너스로 생각할 것이다. 그렇다, 이건 지극히 자연스럽고 정상적인 현상이다. 그렇다면 그 이유는 무엇인가? 사춘기 아이들은 신체적 변화와 삶에 대한 책임감의 증가로 불안감에 시달리고 있다. 이런 불안감 때문에 그들은 통제에서 벗어나고 싶은 욕구를 가지게 된다. 그래서 익숙한 혼자만의 공간을 피난처로 삼는 것이다. 특히 지나친 통제를 받고 있거나, 인정받지 못하고 있거나, 무관심 속에 방치된 아이들은 더욱 이런 성향을 보인다. 이 시기의 아이들은 비난할 만한 일들을 저지르고 자기 방으로 가서 숨어 버린다. 왜냐하면 자신의 표정이나 몸짓, 늘어진 입술 동작 하나하나가 자기의 잘못을 누설할까 두려워서이다. 그리고 드물기는 하지만 지나치게 내성적이거나 비사교적인 성격 때문에 은둔생활을 하기도 한다.

| 합당한 결과 |

방안에 틀어박혀 있는 아이들은 신나고 재미있을 어떤 기회들을 놓치게 될 것이다.

| 자기 주도적인 아이로 만드는 해결책 |

아이들이 놀림이나 비판에 대한 두려움 없이 마음을 털어놓을 수 있는 환경을 만들자. 아이들의 의견에 반박이나 비판을 하지 말고 자신감을 찾을 수 있도록 격려하자. 사춘기 아이와 대화를 나눌 수 있는 가장 적절한 시간은 잠자리에 들 때다. 나는 침대에 걸터앉아 머리를 쓰다듬어주며 아이들과 얘기 나누는 걸 좋아한다. 아이들은 이런 계기를 통해 우리가 그들과 가깝게 지내고 싶어한다는 것을 느끼게 된다.

가능하면 아이와 단 둘이 있는 시간을 많이 가져라. 아이들이 좋아하는 일을 함께 하도록 노력하라. 예를 들면, 아들과 함께 조립식 장난감 가게에 들러 새로 나온 트랙터가 없나 살펴보는 것도 좋다. 그렇다고 란제리를 사러가면서 억지로 아들을 데리고 가지는 말라.

아이의 부족한 점을 인정하고 받아들여라. 그리고 당신이 부족함을 어떻게 받아들이는지 모범을 보여라. 만일 당신이 완벽한 사람이라면 서점에 가서 이 책을 환불하고 마서 스튜어트(유명한 요리전문가로 이상적인 여성상으로 꼽히고 있다 — 옮긴이)에게 가라.

아이들이 어떤 잘못을 저지르든지 변함없이 사랑한다는 것을 보여주라. 당신이 사춘기였을 때 저질렀던 잘못에 대해 아이와 함께 토론해보는 것도 좋은 방법이다.

아이들의 프라이버시를 존중하라. 허락 없이 함부로 아이들 방을 뒤지거나 억지로 얘기하도록 강요하지 말라. 스스로 얘기할 때까지 기다려라.

유머감각을 발휘하라. M&M 초콜릿을 아이 방에서 식탁까지 뿌려놓는 건 어떤가.

10대 아이와 함께 여행가는 행운을 얻었다면 당신이 얼마나 기뻐하는지 표현하라. "너랑 함께 있어서 정말 즐겁구나."

공정한 설명과 정보로 주의를 환기시켜라. "하루 종일 방안에만 틀어박혀 있구나. 하지만 6시에는 내려와서 함께 저녁식사를 하자꾸나." "혼자 있는 시간을 좋아하는 건 괜찮지만 네가 맡은 집안일은 해야 하지 않겠니?" "혼자 노는 걸 좋아하는 사람은 많지 않단다."

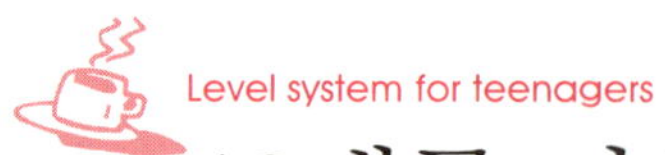

10대를 키우기 위해 꼭 알아야 할 3단계 전략

각 단계별 권리

3단계 : 모든 권리를 마음껏 누릴 수 있는 단계이다. 친구와의 약속이나 외출이 가능하고, 전화도 마음대로 걸 수 있다. 모든 소유물을 마음껏 사용할 수 있는 이 단계에서는 취침 시간과 전화 사용 시간이 30분 더 허용된다. 가끔 부모가 기분이 좋으면 특별 보너스도 기대할 수 있다.

2단계 : 전화 사용(휴대폰 포함)이 금지되며 친구를 집에 초대한다든지 하는 등의 권리들이 박탈된다. 하지만 음악을 듣거나, TV 보는 것, 컴퓨터, 비디오게임 등은 허용된다. 외출, 목욕, 낮잠, 그림 그리기 등도 자유롭게 할 수 있다. 하지만 어디를 가든 정해진 시간에 들어와야만 한다.

1단계 : 모든 권리가 중지된다. 숙제하기, 신문이나 교과서 읽기, 집안에서 소일하기 이외에는 아무것도 할 수 없다. 자전거 타기, 낮잠 자기, 간식 먹기, 목욕하기, 그림 그리기, 오락하기, 심부름하기, 식구들과 즐겁게 대화하기 등등 모든 즐거움이 박탈된다.

규 칙

- 매일 3단계부터 시작한다. 이 규칙에는 한 가지 예외가 있다. 만일 오후 8시 이후에 규칙을 위반했으면 권리 박탈의 시점은 다음날 아침부터이다.
- 아래의 위반행위를 저질렀을 때는 다음 단계로 내려가게 된다.
- 위반을 했는지 안 했는지 판단하는 것은 아이들이 아니라 부모다.

위반 사항

- 말대답이나 불손한 행동(강도와 빈도에 따라)
- 언성을 높이거나 짜증을 부리는 행위
- 욕을 한 경우(강도와 빈도에 따라)
- 형제와 다툰 경우(강도와 빈도에 따라)
- 폭력을 가한 행위
- 잔인한 행위
- 거짓말
- 권리를 남용한 경우(전화, 귀가 시간)
- 집이나 학교에서 책임을 다하지 않았을 경우

옮긴이의 글

　"아이들을 키우는 가장 좋은 방법은 그들을 행복하게 만드는 것이다."

　본문에 인용된 오스카 와일드의 말이다. 그렇다면 아이들을 행복하게 만들기 위해 부모인 우리가 할 일은 무엇인가. 좋은 음식, 비싼 물건이 아이들에게 행복을 안겨줄까? 그렇지 않다. 외부의 영향에 좌우되지 않고 자신의 가치관에 따라 살아갈 수 있도록 힘을 길러주는 것이 부모 몫이다. 저자는 이런 아이들을 '자기 주도적인 아이'라고 표현했다.

　한 송이 꽃도 제 나름대로의 아름다움이 있다. 개나리, 진달래, 목련, 장미가 모두 같은 모양, 같은 빛깔이라고 상상해보라. 혹시 우리는 지금 아이들을 이렇게 똑같은 모습으로 키우고 있지는 않은가.

　아이들의 내면에는 각기 독특하고 고유한 특성이 있다. 그 개성이 잘 표출되어 세상에 하나밖에 없는 소중한 존재로 피어날 수 있게 하는 것이 바로 우리 부모의 역할이다.

　우리는 아이를 키우면서 지나치게 남의 눈을 의식한다. 남 보기에 똑똑하고, 남 보기에 공부 잘하고, 남 보기에 착한 아이를 원한다. 그리고 스스로에게 얼마나 만족하며 살아가느냐보다 남 보기에 그럴듯한 성공요소를 되도록 많이 갖추길 바란다. 이제 우리 부모들의 의식도 달라져야 한다.

저자는 의사로서의 오랜 임상 경험을 바탕으로 아이를 키우면서 부딪치게 되는 여러 사례를 구체적으로 분석해 그 해결책을 제시하고 있다. 아이를 키우는 부모라면 누구나 겪게 되는 답답한 문제들을 족집게처럼 집어 속시원하게 풀어가고 있다. 이 책의 또 한 가지 특징은 막연한 정보를 나열한 게 아니라 우리가 아이들과 흔히 주고받는 대화를 본보기로 제시하고 있다는 점이다. 머리로는 정보를 알고 있으면서도 막상 상황이 닥치면 어떤 말로 전달해야 할지 망설일 때가 있다. 같은 의미라도 표현하는 방식에 따라 아이들에게 미치는 영향은 크게 다를 수 있기 때문에 이 책에서 예로 든 대화문들을 적절하게 활용한다면 많은 도움이 될 것이다.

이 책을 번역하면서 나는 많은 아쉬움을 느꼈다. 좀더 빨리 이 책을 접했더라면 아이들을 보다 잘 인도했을 것이라는 생각 때문이다. 우리 부모들이 이 책을 읽고 아이들을 스스로의 의지에 따라 원하는 선택을 할 줄 아는 자기 주도적인 아이로 키운다면, 그들이 자라 어른이 되었을 때 세상은 지금보다 많이 달라질 것이다.

오대호 호숫가에서
이 상 춘

옮긴이 | 이상춘 이화여대 영어영문과를 졸업하고 〈Korea Trade News〉기자로 일했으며 에덴교역 대표를 지냈다. 현재 전문번역가로 활동하고 있다. 〈다시 태어나는 중년〉이라는 책을 쓰고 〈폐경기 여성의 몸 여성의 지혜〉〈단순함의 미학〉〈소망을 이루어 주는 감사의 힘〉 등을 우리말로 옮겼다.

스스로 생각하고 행동하는
아이로 키우는 노하우 7가지

초판 1쇄 발행 2002년 9월 27일
2판 2쇄 발행 2009년 5월 15일

지은이 · 엘리사 메더스 Elisa Medhus
펴낸이 · 심정숙
펴낸곳 · (주)한문화멀티미디어
등 록 · 1990. 11. 28. 제 21-209호
주 소 · 서울시 강남구 논현2동 277-20 삼우빌딩 6층 (135-833)
전 화 · 영업부 2016-3500 편집부 2016-3533 팩스 2016-3541
http://www.hanmunhwa.com

편집 · 이미향 방은진 김은하 강정화 최연실 | 디자인 · 이정희 이은경 | 그림 · 이부영
마케팅 · 강윤정 조은희 박진양 | 영업 · 윤정호 한예훈 | 물류 · 류동한

만든 사람들
책임편집 | 교정 · 박정하 | 디자인 · 인수정